中等职业供热通风与空调专业系列教材

锅炉与锅炉房设备

夏喜英　主编

邢玉林　主审

中国建筑工业出版社

图书在版编目(CIP)数据

锅炉与锅炉房设备/夏喜英主编.—北京:中国
建筑工业出版社,2004
　(中等职业供热通风与空调专业系列教材)
　ISBN 978-7-112-06198-3

　Ⅰ.锅...　Ⅱ.夏...　Ⅲ.①锅炉—专业学校—
教材②锅炉房—设备—专业学校—教材　Ⅳ.TK22

中国版本图书馆 CIP 数据核字(2004)第 003677 号

中等职业供热通风与空调专业系列教材

锅炉与锅炉房设备

夏喜英　主编

邢玉林　主审

*

中国建筑工业出版社出版、发行(北京西郊百万庄)
各地新华书店、建筑书店经销
北京市铁成印刷厂印刷

*

开本:787×1092毫米　1/16　印张:17½　字数:422千字
2004年5月第一版　　2011年11月第二次印刷
定价:**28.00**元
ISBN 978-7-112-06198-3
(21653)

本书是中等职业学校供热通风与空调专业"锅炉与锅炉房设备"课程的教材。

本书较为系统地阐述了工业锅炉及锅炉房设备的组成、种类、构造、工作原理及其选型计算等基本知识,同时还叙述了锅炉房汽-水、烟-风等各系统、锅炉房运行管理及锅炉热平衡等方面的知识。对于锅炉房设备的选型计算,书中列举了例题,各章还附有复习思考题,便于读者复习和自学。

本书也可供有关专业的工程技术人员参考。

* * *

责任编辑:姚荣华　齐庆梅
责任设计:崔兰萍
责任校对:王　莉

前　　言

本书是根据建设部颁发的中等职业学校供热通风与空调专业"锅炉与锅炉房设备"课程教学大纲编写的。

本书较为系统地阐述了工业锅炉及锅炉房设备的组成、构造、工作原理及设备选型计算等基本知识，同时还介绍了锅炉的热平衡、锅炉房的汽-水、通风、燃料供应等各系统及锅炉房运行管理等方面的知识。

本书在编写中力求做到文字叙述通俗易懂、简明扼要，在内容上充分反映专业领域国内外先进的科技成果。在编排上，本书基本保持原中专教材的结构和风格，并根据多年的教学实践及课程教学大纲的要求，对其内容做了许多重大修改，更新和扩充。譬如，锅炉型号的表示、燃料品种代号、燃料的分析基准、锅炉大气污染物排放、水质指标单位及工业锅炉水质等均采用了国家新标准或规定；在锅炉炉型中，新增了循环流化床锅炉、燃气锅炉；在锅炉水处理中，新增了海绵铁除氧和全自动软水器等；还新增了燃油、燃气供应系统等内容。

本书由黑龙江建筑职业技术学院夏喜英教授主编，各章编写分工如下：

第一、二章由黑龙江建筑职业技术学院芦瑞丽编写；第三、十二章由夏喜英编写；第四、五、六、七章由黑龙江省轻工设计院魏晓枫编写；第八、十章由黑龙江旅游职业技术学院李丽岩编写；第九、十一章由黑龙江省建筑设计研究院王建华编写。

本书由黑龙江建筑职业技术学院邢玉林主审。

由于编者水平有限，书中漏误之处在所难免，敬请读者批评指正。

目　录

第一章 锅炉房设备的基本知识

第一节 概 述

锅炉是利用燃料燃烧释放的热能(或其他热能),将工质加热到一定温度和压力的设备。

锅炉按其用途不同通常可以分为动力锅炉和工业锅炉两类。动力锅炉是用于发电和动力方面的锅炉。动力锅炉所生产的蒸汽用作将热能转变成机械能的工质以产生动力,其蒸汽压力和温度都比较高,如电站锅炉的蒸汽压力≥3.9MPa、蒸汽温度≥450℃。工业锅炉是用于为工、农业生产和建筑采暖及人民生活提供蒸汽或热水的锅炉,又称供热锅炉,其工质出口压力一般不超过2.5MPa。

作为供热之源,工业锅炉日益广泛地应用于现代生产和人民生活的各个领域。如在化工、纺织、机械、食品加工、医药等行业中,生产工艺需要大量的蒸汽;又如工业和民用建筑的采暖通风、农业温室、城市集中热水供应等也需要蒸汽或热水提供的热能。随着我国工、农业生产的迅速发展,以及人民生活水平的不断提高,工业锅炉的应用将会更加广泛。

面对量大面广的工业锅炉,本专业人员面临的任务是:力求节约能源消耗,以降低生产成本,提高锅炉热效率;有效地燃用地方性劣质燃料,减少烟尘及各种污染,保护自然环境;提高操作管理水平,减轻工人的劳动强度,改善工作环境,保证锅炉额定出力及运行效率,安全可靠地供热。因此,要通过本课程的学习,掌握完成以上任务的基本知识和手段。同时还要进行锅炉房工艺设计的基本训练,为从事锅炉房施工安装工作打下基础。

第二节 锅炉的分类及锅炉房设备的组成

除了按用途对锅炉分类外,还可以按其他方法对锅炉进行分类。

对于工业锅炉,按输出工质不同,可以分为蒸汽锅炉、热水锅炉和导热油锅炉;按燃料和能源不同,可分为燃煤锅炉、燃气锅炉、燃油锅炉和余热锅炉;燃煤锅炉按燃烧方式不同,又可以分为层燃炉、室燃炉和沸腾炉;按锅炉本体结构不同,可分为烟管锅炉和水管锅炉;按锅筒放置方式不同,可分为立式和卧式锅炉;按其出厂形式不同,又可分为整装(快装)锅炉、组装锅炉和散装锅炉。

锅炉房设备包括锅炉本体及其辅助设备两部分。以下就以SHL型锅炉为例,简要介绍锅炉本体及其辅助设备的组成。

一、锅炉本体

锅炉本体主要是由"锅"与"炉"两大部分组成。"锅"是指容纳水和蒸汽的受压部件,包括锅筒(又称汽包)、对流管束、水冷壁、集箱(联箱)、蒸汽过热器、省煤器和管道组成的一个封闭的汽水系统。其任务是吸收燃料燃烧释放出的热能,将水加热成为规定温度和压力的热水或蒸汽。

"炉"是指锅炉中使燃料进行燃烧产生高温烟气的场所，是由煤斗、炉排、炉膛、除渣板、送风装置等组成的燃烧设备。其任务是使燃料不断良好地燃烧，释放出热能。"锅"与"炉"一个吸热，一个放热，是密切联系的一个有机整体。

此外，为了保证锅炉正常工作、安全运行，锅炉上还必须设置一些附件和仪表，如安全阀、压力表、温度表、水位警报器、排污阀、吹灰器等。此外，还有构成锅炉支撑结构的钢架。

二、锅炉辅助设备

锅炉辅助设备是保证锅炉安全、经济和连续运行必不可少的组成部分，主要包括燃料供应与除灰渣、通风、给水等设备以及一些控制装置。它们分别组成锅炉房的燃料供应与除灰渣系统、通风系统、水-汽系统和仪表控制系统。

（一）燃料供应与除灰渣系统

其作用是连续供给锅炉燃烧所需的燃料，及时排走灰渣。

如图 1-1 所示的锅炉房中，煤由煤场运来，经碎煤机破碎后，用皮带输送机 11 送入锅炉前部的煤仓 12 中，再经其下部的溜煤管落入炉前煤斗中，依靠自重煤落入炉排上，煤在炉膛中燃尽后生成的灰渣则由灰渣斗落到刮板除渣机 13 中，由除渣机将灰渣输送到室外灰渣场。

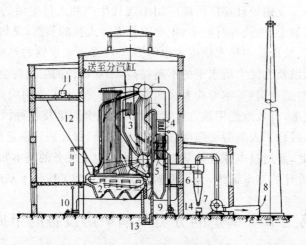

图 1-1　锅炉房设备简图

1—锅筒；2—炉排；3—蒸汽过热器；4—省煤器；5—空气预热器；

6—除尘器；7—引风机；8—烟囱；9—送风机；10—给水泵；

11—皮带输送机；12—煤仓；13—刮板除渣机；14—灰车

（二）通风系统

其作用是供给锅炉燃料燃烧所需要的空气，排走燃料燃烧所产生的烟气。

空气经送风机 9 提高压力后，先送入空气预热器 5，预热后的热风经风道送到炉排 2 下的风室中，热风穿过炉排缝隙进入燃烧层。

燃烧产生的高温烟气在引风机 7 的抽吸作用下，以一定的流速依次流过炉膛和各部分烟道。烟气在流动过程中不断将热量传递给各个受热面，本身温度逐渐降低。

为了除掉烟气中携带的飞灰，以减轻对引风机的磨损和对大气环境的污染，在引风机前装设除尘器 6。烟气经除尘器净化后，通过引风机 7 提高压力后，经烟囱 8 排入大气。除尘

2

器捕集下来的飞灰,由灰车 14 送走。

（三）水-汽系统

其作用是不断地向锅炉供给符合质量要求的水,将产生的蒸汽或热水分别送到各个热用户。

为了保证锅炉要求的给水质量,避免汽锅内壁结垢或受腐蚀,锅炉房内通常要设水处理设备(包括软化、除氧)。经过处理的水进入水箱,再由给水泵 10 加压后送入省煤器 4,提高水温后进入锅炉。水在锅内循环,受热汽化产生蒸汽,从蒸汽过热器引出送至分汽缸内,由此再分送到各用户。

对于热水锅炉房,则有热网循环水泵、换热器、热网补水定压设备、分(集)水器、管道及附件等组成的供热水系统。

（四）仪表控制系统

为了使锅炉设备安全经济地运行,除了锅炉本体上装有的仪表外,锅炉房内还装设其他各种仪表和控制设备,如蒸汽流量计、压力表、风压计、水位表以及各种自动控制设备。

锅炉的运行包括三个同时进行着的过程,即燃料的燃烧过程、高温烟气向水或蒸汽的传热过程以及蒸汽的产生过程。其中任何一个过程进行得正常与否,都会影响锅炉运行的安全性和经济性。

第三节　锅炉的主要性能指标

为了表明锅炉的构造、容量、参数和运行的经济性等特点,通常用下述指标来表示锅炉的基本特性。

一、蒸发量或热功率

蒸汽锅炉每小时生产的额定蒸汽量称为蒸发量,常用符号 D 来表示,单位是 t/h。蒸汽锅炉用额定蒸发量表明其容量的大小,即在设计参数和保证一定效率下锅炉的最大连续蒸发量,也称锅炉的额定出力或铭牌蒸发量。工业锅炉的蒸发量一般为 0.1～65t/h。

对于热水锅炉,则用额定热功率来表明其容量的大小,常用符号 Q 表示,单位是 MW。

蒸汽锅炉的蒸发量与热功率之间的关系为:

$$Q = 0.000278 D(h_q - h_{gs}) \quad \text{MW} \tag{1-1}$$

式中　D——锅炉的蒸发量,t/h;

h_q、h_{gs}——蒸汽和给水的焓,kJ/kg。

热水锅炉的热功率为:

$$Q = 0.000278 G(h_{gs} - h_{hs}) \quad \text{MW} \tag{1-2}$$

式中　G——热水锅炉每小时供出的水量,t/h;

h_{gs}、h_{hs}——锅炉供水、回水的焓,kJ/kg。

二、压力和温度

蒸汽锅炉出汽口处蒸汽的额定压力或热水锅炉出水口处热水的额定压力称为锅炉的额定工作压力,又称最高工作压力,常用符号 P 表示,单位是 MPa。

对于生产饱和蒸汽的锅炉,只需标明蒸汽压力。对于生产过热蒸汽的锅炉,必须标明蒸汽过热器出口处的蒸汽温度,即过热蒸汽温度,常用符号 t 表示,单位是℃。

对于热水锅炉则有额定出水口供水温度和额定的进口回水温度之分。

与额定热功率、额定供水温度及额定回水温度相对应的通过热水锅炉的水流量称为额定循环水量,单位是 t/h,常用符号 G 表示。

三、受热面蒸发率或受热面发热率

锅炉受热面是指锅内的汽、水等介质与烟气进行热交换的受压部件的传热面积,一般用烟气侧的金属表面积来计算受热面积,用符号 H 表示,单位为 m^2。

每平方米受热面每小时所产生的蒸汽量,称为锅炉受热面蒸发率,用符号 D/H 表示,单位是 $kg/(m^2 \cdot h)$。同一台锅炉,各受热面所处的烟气温度不同,其受热面蒸发率也各不相同。例如:炉内辐射受热面的蒸发率可能达到 $80kg/(m^2 \cdot h)$ 左右,对流受热面的蒸发率只有 $20 \sim 30kg/(m^2 \cdot h)$,对整台锅炉来讲,这个指标反映的只是蒸发率的一个平均值。

由于各种型号锅炉生产蒸汽的压力和温度各不相同,为了便于统计和比较,就引入了"标准蒸汽"的概念,取其焓值为 2676kJ/kg。锅炉的实际蒸发量 D 与标准蒸汽蒸发量 D_{bz} 的换算关系为:

$$D_{bz} = \frac{D(h_q - h_{gs})}{2676} \times 10^3 \, kg/h \qquad (1\text{-}3)$$

则标准蒸发率以 $\dfrac{D_{bz}}{H}$ 表示。

热水锅炉每平方米受热面每小时所产生的热量称为受热面的发热率,用符号 Q/H 表示,单位为 $kJ/(m^2 \cdot h)$。

锅炉受热面蒸发率或发热率是反映锅炉工作强度的指标,其数值越大,表示传热效果越好,锅炉所耗金属越少。

一般工业蒸汽锅炉的 $D/H < 40kg/(m^2 \cdot h)$;热水锅炉的 $Q/H < 83700kJ/(m^2 \cdot h)$。

四、锅炉热效率

锅炉热效率是指送入锅炉的全部热量中被有效利用的百分数,也称为锅炉效率,用符号 η 表示。它是表明锅炉热经济性的指标,我国工业锅炉的热效率应不低于表 1-1 所规定的值。

我国工业锅炉应保证的最低热效率 表 1-1

燃料品种		燃料低位发热值(kJ/kg)	锅炉容量/(t·h 或 MW)					
			<0.5 或 <0.35	0.5~1 或 0.35~0.7	2 或 1.4	4~8 或 2.8~5.6	10~20 或 7~14	>20 或 >14
			锅炉热效率(%)					
劣质煤	I	6500~11500	55	60	62	66	68	70
	II	>11500~14400	57	62	64	68	70	72
烟煤	I	>14400~17700	61	68	70	72	74	75
	II	>17700~21000	63	70	72	74	76	77
	III	≥21000	65	72	74	76	78	79
贫煤		≥17700	62	68	70	73	76	77
无烟煤	I	<21000,$V^{daf} \leqslant 5\% \sim 10\%$	54	59	61	64	69	72
	II	≥21000,$V^{daf} < 5\%$	52	57	59	62	65	68
	III	≥21000,$V^r = 5\% \sim 10\%$	58	63	66	70	73	75
褐煤		≥11500	62	67	69	74	76	79
重油			80	80	81	82	84	85
天然气			82	82	83	84	86	87

有时为了概略衡量蒸汽锅炉的热经济性,还常用煤水比或煤汽比来表示,即锅炉在单位时间内的耗煤量和产汽量之比。煤水比的大小与锅炉形式、煤质及运行管理水平等因素有关。工业锅炉的煤水比一般为 1∶6～1∶7.5。

五、锅炉的金属耗率及耗电率

锅炉的金属耗率是指相应于锅炉每吨蒸发量所耗用金属材料的重量,也称钢水比。工业锅炉这一指标为 2～6t/t。

耗电率是指生产 1t 蒸汽,锅炉房设备耗用电的总度数,单位为 kWh/t。工业锅炉一般为 10kWh/t。

锅炉不仅要求热效率高,还要求金属耗量低,运行时耗电量少。衡量锅炉总的经济性应从这三个方面综合考虑。

第四节　锅炉的规格与型号

工业锅炉的容量,既要满足用户的要求,又要便于锅炉配套设备的供应,以及锅炉本身的标准化,因而规定了一系列的锅炉参数。

我国工业蒸汽锅炉的规格系列见表 1-2。

蒸汽锅炉参数系列　　　　　　　　　　　　　　　表 1-2

额定蒸发量 (t/h)	额定出口蒸汽压力 MPa(表压)										
	0.4	0.7	1.0	1.25			1.6		2.5		
	额定出口蒸汽温度(℃)										
	饱和	饱和	饱和	饱和	250	350	饱和	350	饱和	350	400
0.1	△										
0.2	△										
0.5	△	△									
1	△	△	△								
2		△	△	△			△				
4		△	△	△			△		△		
6			△	△	△	△	△	△	△		
8			△	△	△	△	△	△	△		
10			△	△	△	△	△	△	△	△	△
15			△	△	△	△	△	△	△	△	△
20			△		△	△	△	△	△	△	△
35					△	△	△	△	△	△	△
65										△	△

表中的额定蒸发量,对于小于 6t/h 的饱和蒸汽锅炉是指在 20℃给水温度下锅炉的额

定蒸发量。对于大于或等于6t/h的蒸汽锅炉是指在105℃给水温度下锅炉的额定蒸发量。

国产热水锅炉的规格系列见表1-3。

热水锅炉的基本参数 表1-3

额定热功率(MW)	额定出口/进口水温度(℃)									
	95/70			115/70		130/70		150/90		180/110
	允许工作压力 MPa(表压)									
	0.4	0.7	1.0	0.7	1.0	1.0	1.25	1.25	1.6	2.5
0.1	△									
0.2	△									
0.35	△	△								
0.7	△	△		△						
1.4	△	△		△						
2.8	△	△	△	△	△	△	△	△		
4.2		△	△	△	△	△	△			
7.0		△	△	△	△	△	△			
10.5					△					
14.0					△			△		
29.0							△	△	△	△
46.0									△	△
58.0									△	
116.0									△	△

每台锅炉都用一个规定型号来表示。我国工业锅炉产品型号由三部分组成,各部分之间用短横线相连。表示方法如下:

型号的第一部分分为三段。第一段用两个汉语拼音字母表示锅炉本体形式,代号见表1-4;第二段用一个汉语拼音字母表示锅炉的燃烧设备(余热锅炉无燃烧设备代号),燃烧设备代号见表1-5;第三段用阿拉伯数字表示蒸汽锅炉的额定蒸发量(t/h)或热水锅炉的额定热功率(MW)(余热锅炉则以受热面表示)。

锅炉形式的代号

表 1-4

锅炉总体形式	代 号	锅炉总体形式	代 号
立式水管	LS(立、水)	单锅筒纵置式	DZ(单、纵)
立式水管	LH(立、火)	单锅筒横置式	DH(单、横)
卧式外燃	WW(卧、外)	双锅筒纵置式	SZ(双、纵)
卧式内燃	WN(卧、内)	双锅筒横置式	SH(双、横)
单锅筒立式	DL(单、立)	纵横锅筒式	ZH(纵、横)
		强制循环式	QX(强、循)

燃烧设备代号

表 1-5

燃烧方式	代 号	燃燃方式	代 号
固定炉排	G(固)	抛煤机	P(抛)
固定双层炉排	C(层)	沸腾炉	F(沸)
活动手摇炉排	H(活)	室燃炉	S(室)
链条炉排	L(链)	振动炉排	Z(振)
往复推动炉排	W(往)	下饲炉排	A(下)

燃烧种类代号

表 1-6

燃料种类	代 号	燃料种类	代 号	燃料种类	代 号
I类劣质煤	LI	III类烟煤	AIII	柴 油	YC
II类劣质煤	LII	褐 煤	H	重 油	YZ
I类无烟煤	WI	贫 煤	P	液化石油气	QY
II类无烟煤	WII	型 煤	X	天 然 气	QT
III类无烟煤	WIII	木 柴	M	焦炉煤气	QJ
I类烟煤	AI	稻 壳	D	油页岩	YM
II类烟煤	AII	甘蔗渣	G	其他燃料	T

注：煤矸石归为 I 类劣质煤。

型号的第二部分表示介质参数。共分两段,中间用斜线分开。第一段用阿拉伯数字表示额定蒸汽压力或允许工作压力(MPa);第二段用阿拉伯数字表示过热蒸汽温度或热水锅炉的出水温度及进水温度。对于生产饱和蒸汽的锅炉,则无斜线和第二段。

型号的第三部分表示燃料种类。以汉语拼音字母表示燃料种类,同时以罗马数字代表燃料分类,见表 1-5。如同时使用几种燃料,则主要燃料代号放在前面。

例如型号为 SHL10-1.25/350-AII 的锅炉,表示为双锅筒横置式锅炉,采用链条炉排,额定蒸发量为 10t/h,额定工作压力为 1.25MPa,出口过热蒸汽温度为 350℃,燃用 II 类烟煤。

又如型号为 DZW1.4-0.7/95/70-AII 的锅炉,表示为单锅筒纵置式锅炉,采用往复推动炉排,额定热功率为 1.4MW,允许工作压力为 0.7MPa,出水温度为 95℃,进水温度为 70℃,燃用 II 类烟煤。

复习思考题

1. 简要说明锅炉房设备的组成。
2. 举例说明工业锅炉型号各部分的含义。
3. 何谓锅炉热效率?
4. 热功率与蒸发量之间如何换算?
5. 一台 DZL4-1.25-AⅡ型锅炉,正常运行时,该锅炉每小时生产的蒸汽量相当于多少供热量?

第二章 燃料与燃烧计算

燃料是指可以燃烧并能释放出热能加以利用的物质。

燃料是锅炉的食粮。只有连续不断地将燃料送入锅炉炉膛，并使之充分燃烧放热，才能保证锅炉的连续运行。锅炉的安全经济运行及其燃烧设备的选用都与燃料的种类和品质有密切的关系。因此，了解燃料的分类、组成及其特性是十分必要的。

燃料的燃烧计算是锅炉热力计算的一部分，为送、引风机的选择提供可靠的依据。它包括确定燃料燃烧所需的空气量及生成的烟气量。

第一节 工业锅炉的燃料

工业锅炉燃用的燃料按其物理状态分为固体燃料、液体燃料和气体燃料。

一、固体燃料

固体燃料包括煤、油页岩、稻壳和甘蔗渣等燃料。目前工业锅炉燃用的燃料主要是煤。

二、液体燃料

锅炉常用的液体燃料有重油、渣油和轻柴油三类。

重油是石油提炼出汽油、煤油和柴油后，剩余的各种渣油按不同比例调制而成，也称燃油。

燃油的特点是碳和氢的含量较高（$C_{daf}=85\%\sim88\%$，$H_{daf}=10\%\sim13\%$），水分含量极少，所以发热量很高，约为 $40600\sim43100kJ/kg$。通常规定发热量为 $Q_{ar,net}=41686kJ/kg$（10000kcal/kg）的油为标准油。

燃油按其黏度特性分为 20、60、100 和 200 四种牌号。20 号燃油适用于较小油喷嘴（30kg/h 以下）的燃油炉；60 号燃油用在中等喷嘴的燃油炉上；100 号和 200 号燃油用在具有预热设备的大型喷嘴的锅炉上。各种重油质量指标见表 2-1。

燃料重油的质量指标　　　　　　　　　　　　　　　　　　表 2-1

质量指标	20 号	60 号	100 号	200 号
黏度（°E_{80}）不大于	5.0	11.0	15.5	—
黏度（°E_{100}）不大于	—	—	—	5.5～9.5
闪点℃不低于	80	100	120	130
凝固点℃不高于	15	20	25	36
灰分%不大于	0.3	0.3	0.3	0.3
水分%不大于	1.0	1.5	2.0	2.0
含硫量%不大于	1.0	1.5	2.0	3.0
机械杂质%不大于	1.5	2.0	2.5	2.5

石油炼制过程中得到的残余物统称为渣油。可直接作为燃料使用。渣油没有统一的质量指标，随着原油种类及加工工艺而变化。

渣油和重油黏度大，加热到一定温度就能流动，其贮存、输送及管理都很方便。

燃油燃烧易于实现自动化，不需运煤、除渣设备及煤场、灰场。但锅炉本体(含自控设备)价格较高，燃料价格较贵，运行费用较高。有些油含硫较多，而且重油中含氢较多，燃烧后生成大量水蒸气，因此重油要比含等量硫分的煤对锅炉的腐蚀更为严重。在燃用燃油时，还要重视防火、防爆。

随着城市建设的发展，小型油炉使用 0 号轻柴油作燃料的日渐增多，燃用轻柴油对环境保护更为有利，但其价格比重油要贵得多。表 2-2 为目前我国设计用代表性燃油品种。

设计用代表性燃油品种

表 2-2

名　　称	$M_{ar}(\%)$	$A_{ar}(\%)$	$C_{ar}(\%)$	$H_{ar}(\%)$	$O_{ar}(\%)$	$S_{ar}(\%)$	$N_{ar}(\%)$	$Q_{ar,net}$ (kJ/kg)	相对密度
200 号重油	2	0.026	83.976	12.23	0.568	1	0.2	41868	0.92～1.01
100 号重油	1.05	0.05	82.5	12.5	1.91	1.5	0.49	40612	0.92～1.01
渣　　油	0.4	0.03	86.17	12.35	0.31	0.26	0.48	41797	
0 号轻柴油	0	0.01	85.55	13.49	0.66	0.25	0.04	42915	

注：M_{ar} 为水分；A_{ar} 为灰分。

燃油的特性主要有以下几项：

（一）黏度

黏度是液体对其自身的流动具有的阻力。燃油黏度的大小，直接影响燃油的运输和雾化质量。黏度越大，流动性越差，运输和雾化会发生困难。我国通常采用恩氏黏度来表示油黏度的大小。它是指在一定温度下，200ml 重油从恩氏黏度计中流出的时间与 20℃同体积的蒸馏水从同一黏度计中流出时间的比值，用 °E 表示。黏度与油温有关，油温升高，黏度降低。为了便于运输和提高雾化质量，必须把燃油加热。油的黏度在 30～80°E 时，才能保证其在油管中顺利输送，因此要求将油预热至 30～60℃。加热温度要根据油质、油路系统各段的不同要求和运行的安全性来确定。

（二）相对密度

相对密度指 20℃时的油品与 4℃时的水在同体积下的质量比，用符号 ρ_4^{20} 表示，它是无量纲数值，在数值上和密度 $\rho(kg/m^3)$ 相等。重油的相对密度 ρ_4^{20} 值在 0.9～1 之间。

（三）凝固点

凝固点是指燃烧油丧失流动性、开始凝固时的温度，即油品在试管中冷却，试管倾斜 45°，油面经过 1min 保持不变，此时的温度称为凝固点。油中含蜡量越高，凝固点就越高。在低温时输送凝固点高的油应给予加热。按照质量标准，100 号重油、200 号重油和 0 号轻柴油的凝固点分别不高于 25℃、36℃和 0℃。

（四）闪点和燃点

油温升高，油面蒸发的油蒸气会增多。当油蒸气与空气的混合物同明火接触时发生短暂的闪光，这时燃油的温度称为闪点。当油蒸气与空气的混合物遇明火能连续燃烧时，此时油的最低温度称为燃点，燃油的闪点一般为 80～130℃，燃点比闪点高出 20～30℃。油的闪点和燃点是油安全性的重要指标，闪点和燃点高，储存时起火的危险性就小，油的加热温度必须低于油的闪点。按质量标准，100 号重油的闪点（开口）不低于 120℃，200 号重油不低于 130℃，0 号轻柴油的闪点(闭口)不低于 65℃。

三、气体燃料

锅炉用的气体燃料主要有天然气、高炉煤气、焦炉煤气和城市煤气。

除了有天然气源的城市常用天然气作为工业锅炉的燃料外，其他气体燃料用于工业锅炉的较少。煤气的主要成分为 H_2、CO、CH_4 以及其他碳氢化合物(C_mH_n)。

天然气一般分为两类：从天然气田开采出来的，称干天然气；在石油产区和石油产品一起开采出来的天然气，含有石油蒸汽，称为伴生天然气。

天然气主要成分是甲烷，含量可达 80%～98%。其次为乙烷等饱和碳氢化合物，还有重碳氢化合物，少量硫化氢及惰性气体等。

天然气发热量较高，一般为 $Q_{ar}^{dw} = 33490～37680kJ/Nm^3$。表 2-3 为设计用代表性天然气品种。

设计用代表性天然气品种   表 2-3

名　　称	CO_2 (%)	CO (%)	CH_4 (%)	H_2 (%)	N_2 (%)	O_2 (%)	C_mH_n (%)	H_2S (mg/Nm^3)	S (mg/Nm^3)	H_2O (mg/Nm^3)	$Q_{ar.net}$ (kJ/kg)
四川纳溪天然气	0.5	0.1	95	1	1	0	2.4	400	100	0.2～2	35588

天然气是宝贵的化工原料和工业燃料，也是理想的民用燃料。天然气可用管道长距离输送给城市用户直接使用，例如我国的"西气东输"工程。此外，经加压处理成液化天然气，贮存于高压罐中，可作为生活用燃料或汽车内燃机的动力燃料。它的优点是能减少废气对环境的污染。

高炉煤气是高炉炼铁的副产品，无色无味，其主要可燃成分是一氧化碳和氢气。并含有大量的二氧化碳和氮气(体积分数为 63%～70%)。其发热值较低，约在 3.7MJ/Nm^3 以下。高炉煤气中含有较多灰尘，使用前需净化处理，一般要与煤粉或重油掺合使用。高炉煤气常用于冶金炉，只有剩余时才作为锅炉燃料。由于高炉煤气中含有大量一氧化碳，在使用时应特别注意防止煤气中毒。

焦炉煤气是炼焦的副产品，其主要成分是氢(50%～60%)和甲烷(20%)。杂质含量少，发热值在 17mJ/Nm^3 左右。它是主要的化工原料，作锅炉燃料烧掉是不经济的。

城市煤气比较复杂，除用液化石油气外，常用人工煤气。分为煤制气及油制气两大类。煤气组成也是变化的，有时是两种煤气掺混后供应城市。液化石油气是开采和炼制石油过程中的副产品，其主要成分是丙烷(C_3H_8)、丁烷(C_4H_{10})、丙烯(C_3H_6)和丁烯(C_4H_8)，发热量约为 83740～113040kJ/Nm^3。煤制气中，干馏煤气主要成分是甲烷和氢，发热量 16750～20900kJ/Nm^3；水煤气和发生炉煤气主要成分是一氧化碳和氢，发热量很低约为 5440～10500kJ/Nm^3；压力气化煤气主要成分为氢和甲烷，发热量在 15070kJ/Nm^3 左右。油制气中，催化裂解气主要成分是氢、甲烷和一氧化碳，发热量约为 18840～23030kJ/Nm^3；热裂解气主要成分是甲烷、乙烯和丙烯，发热量在 41870kJ/Nm^3 左右。气体燃料的品位差异很大，通常将 $Q_{ar.net}$ 33494kJ/Nm^3(8000kcal/Nm^3)的煤气称为高热值煤气；$Q_{ar.net} = 16747～33494kJ/Nm^3$(4000～8000kCal/$Nm^3$)的煤气称为中热值煤气；$Q_{ar.net} < 16747kJ/Nm^3$ 的煤气称为低热值煤气。

煤气容易点火，燃烧迅速、完全，燃烧设备简单，调整方便，易于实现自动化，便于管道输送,卫生条件好。其氮、硫、灰分含量少,是比较清洁的燃料,燃料气体燃料有利于环境保护。但某些气体具有毒性和使用不当易发生爆炸的危险,使用时必须严格遵守有关操作规程和采取安全措施。

第二节 燃料的化学成分

燃料的形成过程极为复杂,其成分也十分复杂。气体燃料的成分一般通过气体分析得出,固体和液体燃料的化学成分及含量通常通过元素分析求出。

固体燃料和液体燃料由碳(C)、氢(H)、氧(O)、硫(S)、氮(N)、水分(M)和灰分(A)组成。燃料不是这些成分的机械混合物,而是一种极为复杂的化合物。燃料的这种元素组成成分称为元素分析成分。

气体燃料不做元素分析,它的成分指组成燃料的某一个别气体,如 CO_2、H_2、CO、N_2、O_2、CH_4、C_2H_6、C_4H_{10} 等。

一、燃料的元素分析成分

(一) 碳(C)

它是燃料中主要的可燃成分。1kg 纯碳完全燃烧时可释放 33900kJ 的热量。含碳量高的煤,发热量也高。但碳的着火点高,所以含碳量高的煤着火和燃烧均较困难。燃料中的碳不是以单质形态存在的,而是与氢、氧、硫、氮等组成复杂的高分子有机化合物。煤的含碳量随地质年代增长而增加。煤的含碳量约为可燃成分总量的 30%～90% 之间,燃油中含碳量约为 83%～86%。在气体燃料中,碳是构成各种烷烃和烯烃的主要元素之一。

(二) 氢(H)

它是燃料中重要的可燃成分。1kg 氢完全燃烧时能放出 125600kJ 的热量。氢极易着火燃烧,含氢量高的燃料(如重油),不仅发热量高,而且容易着火燃烧。煤中氢的含量只有 2%～4% 左右。地质年代愈久的煤,含氢量越少。对于气体燃料,氢是构成各种烷烃和稀烃的主要元素。

(三) 硫(S)

固体燃料中的硫包括三种形态,即有机硫、硫化铁硫和硫酸盐硫。前两种硫能参加燃烧,称为可燃硫;后一种硫不参加燃烧,算在灰分中。

全硫含量是指可燃硫的含量。可燃硫虽能燃烧,但其放热量很少,仅为 9050kJ/kg。硫的燃烧产物二氧化硫和三氧化硫气体部分与烟气中的水蒸气结合生成亚硫酸及硫酸,会对锅炉低温受热面产生腐蚀;另一部分随烟气排入大气中,会污染环境,对人体和动、植物产生危害,所以燃料中的硫是一种有害成分。液体燃料中硫以元素硫、硫化氢等形式存在,其含量在 0.5%～3% 左右。气体燃料的含硫量很少,且主要以硫化氢的形式存在。

(四) 氧(O)和氮(N)

它是燃料中的不可燃成分。它们的存在使燃料中的可燃成分相对减少,使燃烧放出的热量降低。氧的含量随燃料地质年代的增长而降低,氧在无烟煤中仅有 1%～3%,在泥煤中最高可达 35% 左右。

氮是一种有害元素。煤燃烧时,部分氮与氧化合生成有害气体,污染大气;当氮氧化合物与碳氢化合物在一起受到紫外线照射时,会产生一种浅蓝色烟雾状的光化学反应剂,当它

在空气中的浓度超过一定值后,对人体和动植物极为有害。氮在煤中的含量占可燃成分的
0.5%~2.5%。天然气含氮量较少。液体燃料氮含量通常在0.2%以下。

（五）水分（M）

水分是燃料中的主要杂质。由于它的存在,不仅使燃料中可燃元素相对减少,发热量降低,而且燃料燃烧时水分汽化还要吸收热量,使炉膛温度降低,燃烧着火困难,排烟带走的热损失增加,同时还可能加剧尾部低温受热面的低温腐蚀和堵灰。固体燃料的水分含量变化很大,在5%~6%内波动。液体和气体燃料中的水分一般都很少。

煤中的水分由外水分和内水分两部分组成。内水分是凝聚或吸附在煤炭内部毛细孔中的水分,也称固有水分。内水分要将煤加热到105℃左右并持续一定时间才能除去。外水分是煤炭在开采、贮运过程中受外界影响而吸附或凝聚在煤炭颗粒表面的水分,它可以通过自然干燥除去。

（六）灰分（A）

灰分是燃料中不可燃的固体矿物杂质。它不仅使固体燃料的发热量降低,燃烧困难,而且增加运煤、出灰的工作量和运输费用。此外,灰分中的一部分飞灰在锅炉中随烟气流动,造成受热面和引风机磨损,排入大气污染环境。若灰的熔点过低,会造成炉排和受热面结渣,影响传热和正常燃烧。固体燃料中灰分含量变化很大,一般为5%~50%。通常将灰分含量超过40%的煤称为劣质煤。液体燃料中灰分很少,在0.1%以下。气体燃料基本不含灰分。

二、燃料成分分析基准

固体燃料和液体燃料的组成成分均用质量分数来表示:

$$C+H+O+N+S+M+A=100\% \tag{2-1}$$

式中　C、H、O、S、N、M、A——分别表示燃料中碳、氢、氧、硫、氮、水分和灰分的质量百分数。

对于既定燃料,其碳、氢、氧、氮、硫的绝对含量是不变的,但燃料中的灰分和水分含量是随着开采、运输和贮存条件的不同而变化。所以,同一燃料各种成分的质量百分数也随之变化。为了更准确地评价燃料的种类和特性,表示燃料在不同状态下各种成分的含量,通常采用四种分析基准对燃料进行分析,即收到基、空气干燥基、干燥基和干燥无灰基。

用准备燃烧的燃料成分总量为基准进行分析得出的各种成分,称为收到基成分(旧标准称为应用基成分),用下角标"ar"(旧标准为"y")表示。它计入了燃料的灰分和全部水分,其组成为:

$$C_{ar}+H_{ar}+O_{ar}+S_{ar}+N_{ar}+M_{ar}+A_{ar}=100\% \tag{2-2}$$

用经过自然风干除去外水分的燃料成分总量为基准进行分析得出的成分,称为空气干燥基成分(旧标准为分析基),用下角标"ad"(旧标准为"f")表示:

$$C_{ad}+H_{ad}+O_{ad}+S_{ad}+N_{ad}+M_{ad}+A_{ad}=100\% \tag{2-3}$$

以烘干除去全部水分的燃料成分总量为基准分析得出的各种成分称为干燥基成分,用下角标"d"(旧标准为"g")表示,其组成为:

$$C_d+H_d+O_d+S_d+N_d+A_d=100\% \tag{2-4}$$

以除去水分和灰分的燃料成分总量为基准分析得出的成分称为干燥无灰基成分(旧标准为可燃基),用下角标"daf"(旧标准为"r")表示,其组成为:

$$C_{daf}+H_{daf}+O_{daf}+S_{daf}+N_{daf}=100\% \tag{2-5}$$

以上四种分析基准各有用途,应根据不同情况加以选用。当进行锅炉热工计算和锅炉热平衡试验时,采用收到基成分;为了避免燃料中的水分在分析过程中发生变化,实验室中进行燃料分析时采用空气干燥基成分;为了表示燃料中的灰分含量,需要用干燥基成分,因为只有在不受水分变化的影响下,才能真实地反映灰分含量;为了表明燃料的燃烧特性和对煤进行分类,常采用比较稳定的干燥无灰基成分。

燃料的各种基准之间可以互相换算。由一种基成分换算成另一种基成分时,只要乘以一个换算系数即可,不同基成分的换算系数见表 2-4。

燃料不同基成分换算系数表　　　　　　　　　　　　　　表 2-4

已　知　基	所　求　基			
	空气干燥基 ad	收到基 ar	干燥基 d	干燥无灰基 daf
空气干燥基 ad		$\dfrac{100-M_{ar}}{100-M_{ad}}$	$\dfrac{100}{100-M_{ad}}$	$\dfrac{100}{100-(M_{ad}+A_{ad})}$
收到基 ar	$\dfrac{100-M_{ad}}{100-M_{ar}}$		$\dfrac{100}{100-M_{ar}}$	$\dfrac{100}{100-(M_{ar}+A_{ar})}$
干燥基 d	$\dfrac{100-M_{ad}}{100}$	$\dfrac{100-M_{ar}}{100}$		$\dfrac{100}{100-A_{d}}$
干燥无灰基 daf	$\dfrac{100-(M_{ad}+A_{ad})}{100}$	$\dfrac{100-(M_{ar}+A_{ar})}{100}$	$\dfrac{100-A_{d}}{100}$	

欲求基成分＝已知基成分×换算系数

【例 2-1】 已知山西阳泉一号煤的收到基成分为:$C_{ar}=65.70\%$　$H_{ar}=2.70\%$　$O_{ar}=2.80\%$　$S_{ar}=0.35\%$　$N_{ar}=1.05\%$　$M_{ar}=8.18\%$　$A_{ar}=19.22\%$　求这种煤的干燥基成分。

【解】 从表 2-4 查出换算系数为:

$$K=\frac{100}{100-M_{ar}}=\frac{100}{100-8.18}=1.089$$

则煤的干燥基成分:

$$C_d=C_{ar}\cdot K=65.7\%\times1.089=71.55\%$$
$$H_d=H_{ar}\cdot K=2.70\%\times1.089=2.94\%$$
$$O_d=Q_{ar}\cdot K=2.80\%\times1.089=3.05\%$$
$$S_d=S_{ar}\cdot K=0.35\%\times1.089=0.38\%$$
$$N_d=N_{ar}\cdot K=1.05\%\times1.089=1.14\%$$
$$A_d=A_{ar}\cdot K=19.22\%\times1.089=20.94\%$$

验算　$C_d+H_d+O_d+S_d+N_d+A_d=71.55\%+2.94\%+3.05\%+0.38\%+1.14\%+20.94\%=100\%$

第三节　煤的工业分析

我国现行的燃料政策是锅炉以燃煤为主,并应尽量使用当地的劣质煤。目前我国工业锅炉的燃料主要是煤炭。

通过煤的元素分析可以测得煤的各种元素成分含量。但进行元素分析需要比较复杂的仪器和较高的技术,一般单位没有条件进行这项工作。工业分析则比较简单。一般情况下常采用工业分析法。

一、煤的工业分析

煤的工业分析是测定煤的水分(M)、挥发分(V)、固定碳(C)和灰分(A)的含量,用以表明煤的某些燃烧特性。

将原煤试样放在干燥的空气中自然风干后,再放在烘箱中,在 $102\sim105℃$ 的温度下干燥。煤样所失去的质量与原煤样质量的百分比,称为该种煤的水分。

把失去全部水分的煤样在隔绝空气条件下继续加热到 $900℃$,恒温 $7min$,这时放出来的气态可燃物质称为挥发物。煤样由于这种挥发物所失去的质量占原煤样质量的百分比,称为这种煤的挥发分,用符号 V 表示。一般炭化程度低的煤,挥发分含量高,随着煤的炭化程度加深,挥发分含量逐渐减少。

挥发分主要是氢和碳或碳和氧的气体化合物,它极易着火燃烧。挥发分是煤炭分类的重要依据,对煤的燃烧过程有很大影响。挥发分高的煤,着火温度低,煤容易引燃,而且挥发分析出后,其焦炭孔隙率也大,增加了与空气的接触面积,易于完全燃烧;反之,挥发分低的煤,着火温度高,不易引燃,也不易完全燃烧。

煤样除去水分和挥发分后,剩余的固体物质称为焦炭,它包括固定碳和灰分两部分。将焦炭放入高温电炉内加热到 $800℃$ 左右灼烧,到质量不再变化时取出来冷却,这时焦炭所失去的质量就是固定碳的质量,剩余部分则是灰分的质量。二者各占原煤样质量的百分比,就是煤中固定碳和灰分的含量。固定碳比煤中含碳量要少,因为挥发分带走了一部分碳。

煤的元素分析和工业分析成分关系见图 2-1。

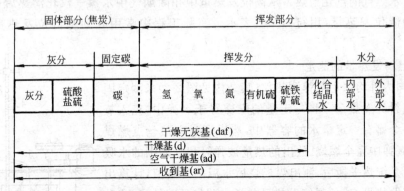

图 2-1 煤的元素分析和工业分析

焦炭的物理性质随煤种不同而有很大差异。有的比较松脆,有的则结成不同硬度的焦块。通常用焦炭特性来表明煤的焦结性。焦炭呈粉末状的称不焦结性煤,焦炭呈坚硬块状的称强焦结性煤,焦炭呈松散状的则为弱焦结性煤。煤的焦结性是煤的重要特性之一,它对层燃炉的燃烧有显著影响。如:在炉排上燃用不焦结性煤,焦炭呈粉状,燃料层密实、通风不良,若空气流速过大,易被风吹起,造成燃料燃烧不完全,使燃烧工况恶化;强焦结性煤在炉排上会结成焦块,阻碍通风,可燃物难以继续燃烧。

煤的灰熔点与锅炉结渣有密切的关系。灰的熔点过低,容易引起锅炉受热面结渣,影响正常传热。熔化的灰渣会把未燃尽的焦炭包裹住,阻碍正常燃烧。

灰熔点与灰的成分有关,多成分的灰没有明确的熔化温度。煤的灰熔点用 t_1、t_2、t_3 三个特征温度表示。灰熔点用角锥法测得。将用煤灰粉末制成的底边为 7mm、高为 20mm 的三角灰锥放入高温电炉内逐渐加温。灰锥尖端开始变圆或开始弯曲时的温度称为变形温度 t_1,见图 2-2(a);灰锥尖端弯曲到和底盘接触或呈半球时的温度称为软化温度 t_2,见图 2-2(b);灰锥熔融成液态并能流动时的温度,称为流动温度 t_3,见图 2-2(c)。

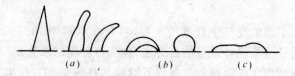

$$(a) \qquad (b) \qquad (c)$$

图 2-2 灰的熔化温度的测定

为了避免烟气中所含的灰分在对流管束中结渣,炉膛出口烟温要比软化温度 t_2 低 50～100℃。这是锅炉本体设计时应该考虑的。

二、燃料的发热量

(一) 燃料的发热量

燃料的发热量是指 1kg 燃料(气体燃料为 1m³)完全燃烧时所放出的热量,单位为 kJ/kg(或 kJ/Nm³)。

燃料的发热量分为高位发热量和低位发热量。燃料完全燃烧时放出的全部热量称为高位发热量,用符号 Q_{gr} 表示。它包含燃料燃烧时产生的水蒸气的汽化潜热,即认为烟气中的水蒸气完全凝结成水并放出汽化潜热。但是,锅炉实际运行时,烟气离开锅炉时还具有 160～200℃的温度,烟气中的水蒸气不可能凝结成水而放出汽化潜热,故锅炉实际能利用的热量不包括水蒸气的汽化潜热。从高位发热量中扣除烟气中水蒸气汽化潜热后的发热量,称为燃料的低位发热量,用符号 Q_{net} 表示。实际工程中常用收到基低位发热量,用符号 $Q_{ar,net}$ 表示。

(二) 燃料发热量的测定

目前,国内外均采用氧弹测热仪(其结构见图 2-3)来测定固体和液体燃料的发热量。将一定量的煤样置于氧弹中,充入氧气后放在一个盛有一定量水的容器中,然后通过电热丝点燃煤样,使其在氧弹中完全燃烧,放出的热量被弹筒和它周围的水吸收。待测量系统热平衡后,测出煤燃烧后水温的升高值,计算出试样的弹筒发热量 Q_{ad}^{dt}。弹筒发热量包括水蒸气的凝结热、硫和氮在高压氧气中形成的硫酸和硝酸凝结时放出的生成热和溶解热。煤的空气干燥基高位发热量($Q_{ad,gr}$)和弹筒发热量有如下关系:

$$Q_{ad,gr} = Q_{ad}^{dt} - 94.2S_{ad} - aQ_{ad}^{dt} \quad kJ/kg \qquad (2-6)$$

式中　$94.2S_{ad}$——硫酸生成热,kJ/kg;

aQ_{ad}^{dt}——硝酸生成热,系数 a 对无烟煤和贫煤为 0.001,其他煤种为 0.0015。

(三) 燃料发热量的计算

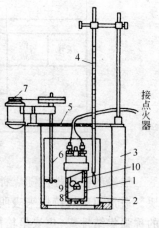

图 2-3 氧弹测热器

1—氧弹;2—水容器;3—外壳;
4—温度计;5—测热器盖;6—搅拌器;7—电动机;8—坩埚;
9、10—导电极

燃料的发热量与燃料中可燃成分的多少有关。若已知燃料的元素分析成分,可用门捷列夫经验公式计算收到基低位发热量:

$$Q_{ar,net} = 339C_{ar} + 1030H_{ar} - 109(O_{ar} - S_{ar}) - 25M_{ar} \quad kJ/kg \qquad (2-7)$$

利用上式计算所得收到基低位发热量与实测发热值的误差:当 $A_d \leqslant 25\%$ 时,不超过 $\pm 600kJ/kg$;当 $A_d > 25\%$ 时,不得超过 $\pm 800kJ/kg$。否则应检查发热量的测定或元素分析是否有问题。

第四节 煤 的 分 类

煤是古代的植物体在地下经长年演变而形成的。煤的形成年代越久,含碳量越高,所含水分和挥发分越少。按所含干燥无灰基挥发分的多少,煤通常可分为无烟煤、烟煤、贫煤、褐煤四类。

工业锅炉用煤分类见表2-5;设计用代表性煤种见表2-6。

工业锅炉用煤的分类　　　　表 2-5

燃料类别		$V_{daf}(\%)$	$M_{ar}(\%)$	$A_{ar}(\%)$	$Q_{ar,net}(kJ/kg)$
无烟煤	I 类	5~10	<10	>25	15000~21000
	II 类	<5	<10	<25	>21000
	III 类	5~10	<10	<25	>21000
贫 煤		>10,<20	<10	<30	≥18800
烟 煤	I 类	≥20	7~15	>40	>11000~15500
	II 类	≥20	7~15	>25,<40	>15500~19700
	III 类	≥20	7~15	<25	>19700
褐 煤		>40	>20	>30	8100~15000
石煤及煤矸石	I 类			>50	<5500
	II 类			>50	5500~8400
	III 类			>50	>8400
	煤矸石			>50	6800~11000

工业锅炉设计用代表煤种　　　　表 2-6

燃料类别		产地	$V_{daf}(\%)$	$C_{ar}(\%)$	$H_{ar}(\%)$	$O_{ar}(\%)$	$N_{ar}(\%)$	$S_{ar}(\%)$	$A_{ar}(\%)$	$M_{ar}(\%)$	$Q_{ar,net}(kJ/kg)$
无烟煤	I 类	北京安家滩	6.63	52.69	0.80	2.86	0.32	0.47	35.86	8.00	17744
	II 类	福建天湖山	2.84	74.15	1.19	0.59	0.14	0.15	13.08	9.80	25435
	III 类	山西阳泉三矿	7.85	65.65	2.64	3.19	0.99	0.51	19.02	8.00	24426
贫 煤		四川芙蓉	13.25	55.19	2.38	1.51	0.74	2.51	28.67	9.00	20900
烟 煤	I 类	吉林通化	21.91	38.46	2.16	4.65	0.52	0.61	43.10	10.50	13536
	II 类	山东良庄	38.50	46.55	3.06	6.11	0.86	1.94	32.48	9.00	17693
	III 类	安徽淮南	38.48	57.42	3.81	7.16	0.93	0.46	21.37	8.85	22211
褐 煤		内蒙扎赉诺尔	43.75	34.65	2.34	10.48	0.57	0.31	17.02	34.63	12288
石煤煤矸石	I 类	湖南株洲煤矸石	45.03	14.80	1.19	5.30	0.29	1.50	67.10	9.82	5033
	II 类	安徽淮北煤矸石	14.74	19.49	1.42	8.34	0.37	0.69	65.79	3.90	6950
	III 类	浙江安仁石煤	8.05	28.04	0.62	2.73	2.87	3.57	58.04	4.13	9307

无烟煤的形成年代最久，含碳量最高，一般 $C_{ar}>52\%$。挥发分含量很少（$V_{daf}\leqslant10\%$），水分不多，灰分也不多。无烟煤挥发分逸出温度在 $300\sim400℃$，所以不易引燃，燃烧缓慢。无烟煤发热量高，一般 $Q_{ar,net}$ 在 $25000kJ/kg$。其外观呈黑色而有光泽，质硬不易破碎，储藏时稳定，不易自燃。我国无烟煤的储藏量较大，多分布于华北、西北和中南地区。

烟煤的形成年代较无烟煤短。干燥无灰基挥发分在 $20\%\sim40\%$，收到基水分较少，在 10% 左右，含碳量 C_{ar} 在 $40\%\sim60\%$，灰分在 30% 左右，它的发热量 $Q_{ar,net}=(1.5\sim2.5)\times10^4kJ/kg$。烟煤表面呈黑色，有光泽，质松易碎。烟煤较易着火燃烧。焦结性强的优质烟煤用于冶金炼焦，其余的都可以作为锅炉燃料。

贫煤属烟煤的一种，挥发分 V_{daf} 在 $10\%\sim20\%$。燃烧特性接近于无烟煤，较难着火和燃烧。

褐煤的形成年代较短。外观为棕褐色，无光泽，质软易碎。挥发分含量较高（$V_{daf}>40\%$），含碳量 C_{ar} 在 40% 左右，水分和灰分较高，发热量低，$Q_{ar,net}$ 在 $15000kJ/kg$ 左右。挥发分逸出温度在 $130\sim170℃$，易着火燃烧，焦结性很弱。褐煤在空气中易风化变质且易自燃，故不宜远途输送和长时间贮存。褐煤主要分布于我国东北、西南等地。

煤矸石是夹带有矸石的煤。石煤是一种含灰量很高的劣质煤。它们的灰分都在 50% 以上，发热量很低，$Q_{ar,net}$ 为 $4200\sim10468kJ/kg$。一般只用在沸腾炉中。

各种煤由于其所含可燃成分不同，因而发热量差别也很大。对于同一型号锅炉，在运行工况相同的情况下，燃用煤种不同，在同样的时间内耗用的煤量也不一样。当燃用发热量高的煤时，耗煤量就少。因此不能简单地从耗煤量的多少来判别锅炉运行的经济性。为了正确比较不同锅炉或同一锅炉在不同工况下的耗煤量，需要引入"标准煤"的概念。

所谓标准煤，就是其收到基低位发热量等于 $29308kJ/kg$（$7000kcal/kg$）的煤。不同情况下的锅炉耗煤量可通过下式换算成标准煤耗量：

$$B_{bz}=\frac{B\cdot Q_{ar,net}}{29308}\quad kg/h \tag{2-8}$$

式中　B_{bz}——标准煤耗量，kg/h；

　　　B——实际燃料消耗量，kg/h；

　　　$Q_{ar,net}$——实际用煤的收到基低位发热量，kJ/kg。

如前所述，水分和灰分是燃料的主要杂质，直接影响着锅炉的正常工作。但单看它们的百分数含量，不足以判断对锅炉带来的危害程度。通常引入折算水分 $M_{ar,zs}$ 和折算灰分 $A_{ar,zs}$ 的概念，以便进行比较。折算水分和折算灰分就是在煤的收到基低位发热量中，每 $4186.8kJ$ 热量所对应的水分和灰分，可按下式计算：

$$M_{ar,zs}=\frac{M_{ar}}{\dfrac{Q_{ar,net}}{4186.8}}=\frac{4186.8M_{ar}}{Q_{ar,net}}\% \tag{2-9}$$

$$A_{ar,zs}=\frac{A_{ar}}{\dfrac{Q_{ar,net}}{4186.8}}=\frac{4186.8A_{ar}}{Q_{ar,net}}\% \tag{2-10}$$

煤的 $W_{ar,zs}>8\%$ 或 $A_{ar,zs}>4\%$ 时，则分别称为高水分或高灰分的煤。

当锅炉用煤的水分和灰分增加时，其发热量必然降低。若要锅炉维持它的蒸发量不变，则必须燃用更多的煤，从而也带进更多的水分和灰分。所以，在分析锅炉工作时使用折算水分和折算灰分更为合理,更能看清这些杂质给锅炉工作带来的危害。

第五节 燃料的燃烧计算

燃料的燃烧过程就是燃料中的可燃成分与空气中的氧在高温条件下发生强烈放热并发光的化学反应过程。燃烧生成烟气和灰渣。要使燃料完全燃烧必须供给燃烧所需足够的氧气(空气),并使燃料与氧气充分混合,同时及时排走烟气和灰渣,否则就不能保证燃料完全燃烧。

燃料的燃烧计算就是计算燃料燃烧所需的空气量和生成的烟气量。

燃料燃烧所需空气量,可以根据燃料中可燃成分燃烧反应所需氧气量计算得出。作为选择送风机、确定送风管道尺寸的依据。

产生的烟气量同理可求,作为选择引风机、确定烟道尺寸的依据。

一、燃料燃烧所需空气量

当1kg 收到基燃料中可燃成分完全燃烧,烟气中又无剩余氧存在时,这种理想情况下燃烧所需的空气量称为理论空气量,用符号 V_K^0 表示,单位是 m_N^3/kg(气体燃料为 m_N^3/m_N^3)。

燃料燃烧所需理论空气量等于燃料中各可燃元素完全燃烧所需空气量的总和减去燃料自身所含氧气的折算量。

燃料中可燃元素 C、H、S 完全燃烧的化学反应式为:

$$C+O_2=CO_2$$

$$2H_2+O_2=2H_2O$$

$$S+O_2=SO_2$$

设空气和烟气所含有的各种组成气体均为理想气体,在标准状态下1kmol 气体的体积为 $22.4m_N^3$。碳、氢、硫的分子量分别为12、1.008 和32。则有:

$$12kgC+22.4m_N^3O_2=22.4m_N^3CO_2$$

$$2\times2.016kgH_2+22.4m_N^3O_2=2\times22.4m_N^3H_2O$$

$$32kgS+22.4m_N^3O_2=22.4m_N^3SO_2$$

可见,1kg 碳完全燃烧需要 $1.866m_N^3$ 氧气,1kg 氢完全燃烧需要 $5.55m_N^3$ 氧气,1kg 硫完全燃烧需氧气 $0.7m_N^3$。

每 1kg 收到基燃料中含碳为 $\frac{C_{ar}}{100}$(kg)。因此,每 1kg 燃料中碳燃烧需要的氧气为 $1.866\frac{G_{ar}}{100}(m_N^3)$。同理,硫需要的氧气为 $0.7\frac{S_{ar}}{100}(m_N^3)$,氢需要的氧气为 $5.55\frac{H_{ar}}{100}(m_N^3)$。而 1kg 燃料本身含有 $\frac{O_{ar}}{100}$(kg)氧,其分子量为32。因此,这些氧相当于 $\frac{22.4}{32}\times\frac{O_{ar}}{100}=0.7\frac{O_{ar}}{100}m_N^3/kg$。

则 1kg 燃料完全燃烧时所需外界供给的氧气量为:

$$V_{O_2}^0=1.866\frac{C_{ar}}{100}+0.7\frac{S_{ar}}{100}+5.55\frac{H_{ar}}{100}-0.7\frac{O_{ar}}{100}\quad m_N^3/kg$$

燃料燃烧所需的氧气,一般均取自空气。空气中氧的容积百分数约为21%,所以理论

空气量 V_K^0 可按下式计算:

$$V_K^0 = \frac{1}{0.21}\left(1.866\frac{C_{ar}}{100} + 0.7\frac{S_{ar}}{100} + 5.55\frac{H_{ar}}{100} - 0.7\frac{O_{ar}}{100}\right)$$

$$= 0.0889(C_{ar} + 0.375S_{ar}) + 0.265H_{ar} - 0.0333O_{ar} \quad m_N^3/kg \tag{2-11}$$

在锅炉实际运行时,由于锅炉燃烧技术条件的限制,不可能做到空气与燃料理想的混合。只按理论空气量供给空气,是不能达到完全燃烧的。因此,实际供给的空气量要比计算出的理论空气量多,才能保证燃料完全燃烧。实际空气量与理论空气量之差 $(V_K - V_K^0)$ 称为过量空气,用 ΔV 表示。而实际空气量与理论空气量的比值 α,称为过量空气系数,即

$$\alpha = \frac{V_K}{V_K^0} \tag{2-12}$$

则 $V_K = \alpha V_K^0$ \hfill (2-13)

过量空气系数是锅炉运行的重要指标之一。其值偏低时,不能保证完全燃烧;其值偏高时,不参与燃烧的大量冷空气进入炉内吸热,并随烟气排入大气而带走热量,使热损失增大,同时使风机耗电量增加。因此,锅炉运行中应确定合理的过量空气系数,既使燃料完全燃烧,又使各项热损失最小。

燃烧过程所需的过量空气系数与燃料种类、燃烧方式以及燃烧设备结构的完善程度有关。一般控制炉膛出口处的过量空气系数 α_L''。对于层燃炉,α_L'' 值一般在 1.3~1.5 之间。炉膛过量空气系数推荐值见表 2-7。

表 2-7

炉膛过量空气系数

炉型	链条炉				抛煤机链条炉				煤粉炉			沸腾炉	燃油炉	燃气炉
燃料	褐煤	烟煤	无烟煤		褐煤		烟煤 V_{daf} >25%		褐煤	烟煤	无烟煤			
			种子块 6~13mm	原煤 <100mm	$M_{ar}\approx19\%$ $A_{ar}\approx24\%$	$M_{ar}\approx33\%$ $A_{ar}\approx22\%$								
α_L''	1.3	1.3	1.3	1.5	1.3	1.3	1.3		1.2~1.25	1.2	1.2~1.25	1.05~1.1	1.1~1.2	1.05~1.1

在不知道燃料元素成分,而只知道燃料发热量的情况下,可按下列经验公式计算理论空气量。

对于贫煤及无烟煤,

$$V_K^0 = \frac{0.239Q_{ar,net} + 600}{990} \quad m_N^3/kg \tag{2-14}$$

对于烟煤

$$V_K^0 = 0.251\frac{Q_{ar,net}}{1000} + 0.278 \quad m_N^3/kg \tag{2-15}$$

对于劣质煤

$$V_K^0 = \frac{0.239Q_{ar,net} + 450}{990} \quad m_N^3/kg \tag{2-16}$$

对于液体燃料

$$V_K^0 = 0.203\frac{Q_{ar,net}}{1000} + 2.0 \quad m_N^3/kg \tag{2-17}$$

对于气体燃料,当 $Q_{ar,net} < 10467kJ/m_N^3$ 时

$$V_K^0 = 0.209 \frac{Q_{ar,net}}{1000} \quad m_N^3/m_N^3 \tag{2-18}$$

当 $Q_{ar,net} > 14654 kJ/m_N^3$ 时

$$V_K^0 = 0.260 \frac{Q_{ar,net}}{1000} - 0.25 \quad m_N^3/m_N^3 \tag{2-19}$$

对天然气

$$V_K^0 = 0.264 \frac{Q_{ar,net}}{1000} + 0.02 \quad m_N^3/m_N^3 \tag{2-20}$$

需要指出的是,上述空气量全是按不含水蒸气的干空气计算的。实际上 1kg 干空气含有 10g 水蒸气,只是所占比例小而略去不计。

如果缺少燃料发热量资料,又要估算燃料燃烧需要的空气量,可按锅炉蒸发量查表 2-8 进行估算。

表 2-8

产生 1.0t/h 蒸汽需要的空气量

燃 烧 设 备	层 燃 炉	沸 腾 炉	煤粉炉及油炉
空气量(m³/h)	1250	1100	1000

一般锅炉运行时,炉膛和烟道内处于负压状态。通过炉墙不严密处会漏入一部分空气,漏风量与理论空气量之比称为漏风系数,用 $\Delta\alpha$ 表示。炉膛的漏风量,应该考虑在需要的过量空气之中。向炉膛送风的过量空气系数 α' 等于炉膛出口处过量空气系数 α'' 与炉膛漏风系数之差 ,$\alpha' = \alpha'' - \Delta\alpha$。额定负荷下锅炉各段烟道中的漏风系数 $\Delta\alpha$ 见表 2-9。

表 2-9

额定负荷下锅炉各段烟道中的漏风系数 $\Delta\alpha$

烟 道 名 称			漏风系数 $\Delta\alpha$
室燃炉炉膛	煤粉炉		0.1
层燃炉炉膛	机械化及半机械化炉		0.1
	人工加煤炉		0.3
沸腾炉炉膛	悬浮层		0.1
对流烟道	过热器		0.05
	第一锅炉管束		0.1
	第二锅炉管束①		0.05
	省煤器	钢管式	0.1
		铸铁式	0.15
	空气预热器		0.1
除 尘 器	电除尘器:每级		0.15
	水膜除尘器	带文丘里	0.1
		不带文丘里	0.05
	干式旋风除尘器		0.05
锅炉后的烟道	钢制烟道(每10m长)		0.01
	砖砌烟道(每10m长)		0.05

① 锅炉管束如只有一级,漏风系数取 0.1。

上述公式计算的理论空气量是指标准状态下的空气体积。实际所需空气体积,应考虑实际工作温度的影响和过量空气系数的大小。当锅炉计算燃料消耗量为 B_j(kg/h)时,每小时锅炉燃烧所需空气量 V 应按下式计算:

$$V = B_j V_K^0 (\alpha_L'' - \Delta\alpha_L + \Delta\alpha_{ky}) \frac{273 + t_K}{273} \quad \text{m}^3/\text{h} \tag{2-21}$$

式中　　α_L''——炉膛出口处过量空气系数,见表 2-7;

$\quad\quad \Delta\alpha_L$——炉膛的漏风系数,见表 2-9;

$\quad\quad \Delta\alpha_{ky}$——空气预热器中空气漏入烟道的漏风系数,一般取 0.05;

$\quad\quad t_K$——冷空气温度,从锅炉房内吸入冷空气时,可取为 30℃。

二、燃料燃烧产生的烟气量

燃料燃烧后产生烟气。当燃料完全燃烧时烟气中的成分为:碳和硫完全燃烧时的生成物 CO_2 和 SO_2,燃料本身含有的和空气中的氮 N_2,过量空气中未被利用的氧 O_2,以及氢燃烧生成的及空气带入的和燃料所含水分蒸发生成的水蒸气 H_2O。

当燃料不完全燃烧时,除了上述成分外,烟气中还有可燃气体,主要是一氧化碳。此外还有微量的甲烷和氢等,后者可忽略不计。一氧化碳的生成,既污染大气,又造成热能损失。

(一) 理论烟气量的计算

如供给燃料以理论空气量 V_K^0,燃料完全燃烧后,产生的烟气量称为理论烟气量(V_y^0),单位为 m_N^3/kg。

烟气的容积可以根据烟气各组成成分的容积来计算。至于烟气各组成成分的容积,仍可按燃烧过程的化学反应式计算求得。但是计算过程比较繁琐,对于工业锅炉可用下列经验公式计算燃料燃烧生成的理论烟气量 V_y^0:

燃用烟煤、无烟煤及贫煤

$$V_y^0 = 0.249 \frac{Q_{ar,net}}{1000} + 0.77 \quad \text{m}_N^3/\text{kg} \tag{2-22}$$

燃用 $Q_{ar,net} < 12560$kJ/kg 的劣质煤

$$V_y^0 = 0.249 \frac{Q_{ar,net}}{1000} + 0.54 \quad \text{m}_N^3/\text{kg} \tag{2-23}$$

燃用燃油

$$V_y^0 = \frac{0.27 \times Q_{ar,net}}{1000} \quad \text{m}_N^3/\text{kg} \tag{2-24}$$

对于 $Q_{ar,net} < 10467$kJ/m_N^3 的燃气

$$V_y^0 = 0.173 \frac{Q_{ar,net}}{1000} + 1.0 \quad \text{m}_N^3/\text{m}_N^3 \tag{2-25}$$

燃用天然气

$$V_y^0 = 0.282 \frac{Q_{ar,net}}{1000} + 0.4 \quad \text{m}_N^3/\text{m}_N^3 \tag{2-26}$$

(二) 实际烟气量计算

实际的燃烧过程是在有过量空气的条件下进行的,烟气中还含有过量空气中的氧气、氮气和水蒸气,其体积分别为:$0.21(\alpha-1)V_K^0$、$0.79(\alpha-1)V_K^0$、$0.0161(\alpha-1)V_K^0$。因此实际烟气量应为理论烟气量和过量空气(包括氧、氮和相应的水蒸气)之和,即

$$V_y = V_y^0 + 0.21(\alpha-1)V_K^0 + 0.79(\alpha-1)V_K^0 + 0.0161(\alpha-1)V_K^0$$
$$= V_y^0 + 1.0161(\alpha-1)V_K^0 \quad \text{m}_N^3/\text{kg} \tag{2-27}$$

烟道中烟气流量 V_{yd} 按下式计算:

$$V_{yd} = B_j(V_y + \Delta\alpha V_K^0)\frac{273+t_y}{273} \quad \text{m}^3/\text{h} \tag{2-28}$$

式中 $\Delta\alpha$——尾部受热面后烟道的漏风系数;

t_y——尾部受热面后的排烟温度,℃。

由于烟道各部分的过量空气系数 α 不同,烟气量也各不相同,需要分别计算。锅炉出口处排烟的过量空气系数等于炉膛出口处过量空气系数与对流烟道各部分漏风系数之和。

如果没有燃料发热量资料,无法用经验公式计算烟气量,可按锅炉的排烟温度和蒸发量,根据表 2-10 估算燃料燃烧生成的烟气量(m_N^3/h)。

锅炉每生产 1t 蒸汽所产生的烟气量估算表　　　　　　表 2-10

燃烧方式		排烟过量空气系数 α_{py}	排烟温度(℃)		
			150	200	250
层燃炉		1.55	2300	2570	2840
沸腾炉	一般煤种	1.55	2300	2570	2840
	矸石,石煤	1.45	2300	2570	2840
煤粉炉		1.55	2100	2360	2620

当实际的过量空气系数 α'_{py} 与表中的 α_{py} 数值不相同时,烟气量应按下式计算:

$$V'_y = \frac{\alpha'_{py}}{\alpha_{py}}V_y \quad \text{m}_N^3/\text{h} \tag{2-29}$$

【例 2-2】 某锅炉房设有 SHL6-1.25-AⅡ型锅炉两台。锅炉燃用Ⅱ类烟煤,灰分 A_{ar} = 18.75%,低位发热量 $Q_{ar,net}$ = 19523kJ/kg,试用经验公式计算每台锅炉的理论空气量和实际排烟量。

【解】 1. 理论空气量

$$V_K^0 = 0.251\frac{Q_{ar,net}}{1000} + 0.278 = 0.251 \times \frac{19523}{1000} + 0.278 = 5.18\text{m}_N^3/\text{kg}$$

2. 理论烟气量

$$V_y^0 = 0.249\frac{Q_{ar,net}}{1000} + 0.77 = 0.249\frac{19523}{1000} + 0.77 = 5.63\text{m}_N^3/\text{kg}$$

3. 实际排烟量

$$V_{py} = V_y^0 + 1.061(\alpha-1)V_K^0 = 5.63 + 1.0161(1.6-1) \times 5.18 = 8.79\text{m}_N^3/\text{kg}$$

第六节　锅炉的烟气分析

在锅炉实际运行中,由于各种原因燃料是不可能完全燃烧的,烟气中将含有一氧化碳、氢和碳氢化合物等可燃气体。而且,锅炉的燃烧工况和各受热面烟道的漏风情况也会与设计情况有所不同。为了验证和判断锅炉实际的运行工况,需要对正在运行的锅炉进行烟气成分分析。通过计算求出烟气量和过量空气系数,借以判别燃烧工况的好坏和漏风情况,以便进行燃烧调整和采取相应的改进措施,提高锅炉运行的经济性。

一、烟气分析

正在运行的锅炉产生的烟气中,氢和碳氢化合物的含量甚微,通常略而不计。这样,实际烟气量 V_y 可由下式计算:

$$V_y = V_{RO_2} + V_{N_2} + V_{O_2} + V_{H_2O} + V_{CO} \quad m_N^3/kg \tag{2-30}$$

其中,V_{RO_2}、V_{N_2}、V_{O_2}、V_{H_2O}、V_{CO} 分别为实际烟气中的三原子气体、氮气、氧气、水蒸气、一氧化碳的体积。这些烟气成分和含量可以通过烟气成分分析而求得。

用于烟气成分分析的仪器种类很多,目前在锅炉房现场广泛采用的是奥氏烟气分析仪,如图 2-4 所示。

奥氏烟气分析仪是利用化学吸收法,按体积测定气体成分的一种仪器。它的分析原理是利用具有选择性吸收气体特性的化学溶液,在同温同压下分别吸收烟气中的相关气体成分,根据吸收前后体积的变化求出各气体成分的体积百分数。

奥氏烟气分析仪主要由量筒、三个吸收剂瓶和一个水准瓶组成。三个吸收剂瓶通过带有启闭旋塞的梳形管与量筒上端相通,量筒下端用橡皮软管

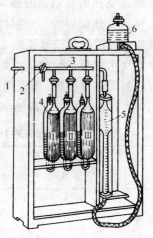

图 2-4 奥氏烟气分析仪

1—烟气入口;2—三通旋塞;3—梳形管;
4—吸收剂瓶(I、II、III);5—量筒;6—水准瓶

接水准瓶。用于吸收三原子气体(二氧化碳和二氧化硫)、氧气、一氧化碳的选择性化学溶液分别是氢氧化钾或氢氧化钠溶液、焦性没食子酸碱溶液和氯化亚铜氨溶液,它们被依次装于吸收剂瓶 I、II、III 中。测定时,先从需要进行分析测定的受热面烟道中,用量筒精确地吸取烟气试样 100mL。然后打开吸收剂瓶 I 上方的旋塞,让烟气反复多次进入这个吸收剂瓶。待烟气中的二氧化碳和二氧化硫被氢氧化钾溶液吸收殆尽,利用量筒上刻度即可测得烟气减少的体积。这些被减少的体积即为烟气中含有的三原子气体 RO_2 的体积。烟气中的氧气由装在吸收瓶 II 中的焦性没食子酸碱溶液吸收。一氧化碳则由装在吸收瓶 III 中的氯化亚铜氨溶液吸收。经过这三个吸收剂瓶后剩余的气体,即为烟气中的氮气。

但需指出,焦性没食子酸碱溶液除了能吸收氧气,也能吸收二氧化碳和二氧化硫;氯化亚铜氨溶液吸收一氧化碳,同时也吸收氧气。所以,在分析测定时吸收顺序不能颠倒,而且在整个测定过程中应保持温度和压力的恒定。此外,由于吸收剂氯化亚铜氨溶液不稳定,而烟气中的一氧化碳含量一般又很少,采用奥氏烟气分析仪较难测准。

由于含有水蒸气的烟气在吸入烟气分析仪之后,在量筒中一直和水接触,所以烟气中的水蒸气为饱和蒸汽,即水蒸气和干烟气的体积比例是一定的。因此在选择性吸收过程中,随着烟气中某一成分被吸收,水蒸气也成比例凝结,即量筒上测得的数值是干烟气中各气体成分的体积。因此,可由下式计算求出烟气各气体成分的体积百分数:

$$RO_2 = \frac{V_{CO_2} + V_{SO_2}}{V_{gy}} = \frac{V_{RO_2}}{V_{gy}} \times 100\% \tag{2-31}$$

$$O_2 = \frac{V_{O_2}}{V_{gy}} \times 100\% \tag{2-32}$$

$$CO = \frac{V_{CO}}{V_{gy}} \times 100\% \tag{2-33}$$

$$N_2 = \frac{V_{N_2}}{V_{gy}} \times 100\% \tag{2-34}$$

不完全燃烧时,烟气中干烟气的实际体积为:

$$V_{gy} = V_{RO_2} + V_{O_2} + V_{N_2} + V_{CO} \quad m_N^3/kg \tag{2-35}$$

通常在烟气分析仪中所测得的是干烟气中各气体成分的体积百分数。即:

$$RO_2 + O_2 + N_2 + CO = 100\% \tag{2-36}$$

二、烟气分析结果的应用

根据烟气分析所得的结果和燃料的元素分析成分,计算锅炉的烟气量、烟气中的一氧化碳含量和过量空气系数 α。

（一）烟气量的计算

燃料不完全燃烧时实际烟气量可按下式计算:

$$V_y = \frac{1.866(C_{ar} + 0.375S_{ar})}{RO_2 + CO} + 0.111H_{ar} + 0.0124M_{ar} + 0.0161\alpha V_K^0 + 1.24G_{wh} \quad m_N^3/kg \tag{2-37}$$

式中 G_{wh}——雾化每 kg 重油消耗的蒸汽量,kg。

（二）烟气中的一氧化碳含量

锅炉在实际运行过程中,处于不完全燃烧状态,烟气中必然含有一氧化碳。此时,烟气中一氧化碳体积百分数含量可按下式计算:

$$CO = \frac{(21 - \beta RO_2) - (RO_2 + O_2)}{0.605 + \beta}\% \tag{2-38}$$

式中 RO_2——三原子气体的体积百分数,%;

O_2——氧气的体积百分数,%;

β——燃料的特性系数,是一个无因次数,只与燃料的可燃成分有关,与燃料的水分、灰分无关,其值可由表 2-11 查得。

各种燃料的特性系数 β 和

烟气中 RO_2^{max} 表 2-11

燃 料	β	RO_2^{max}
无烟煤	0.05～0.1	19～20
贫 煤	0.1～0.135	18.5～19
烟 煤	0.09～0.15	18～19.5
褐 煤	0.055～0.125	18.5～20
重 油	0.30	16

（三）过量空气系数的计算

过量空气系数是锅炉运行的重要指标之一,直接影响燃料的燃烧效果和热损失的大小。根据烟气分析结果求出过量空气系数,就可以及时监督和调节锅炉运行情况。

不完全燃烧时的过量空气系数可按下式计算:

$$\alpha = \frac{1}{1 - 3.76 \dfrac{O_2 - 0.5CO}{100 - (RO_2 + O_2 + CO)}} \tag{2-39}$$

在锅炉实际运行中，一氧化碳含量一般都不高，可视为完全燃烧，α 值可用下式计算：

$$\alpha = \frac{21}{21 - O_2} \tag{2-40}$$

现在，有的锅炉用氧化锆氧量计来测定烟气中的过量氧 O_2，可用上式方便地计算出过量空气系数 α。

复习思考题

1. 为什么燃料成分要用收到基、空气干燥基、干燥基、干燥无灰基四种基来表示？一般各自用在什么情况下？

2. 固定碳、焦炭和煤的含碳量是不是一回事，为什么？

3. 什么是煤的元素分析和工业分析？

4. 什么叫煤的发热量？如何测定？为什么工程计算中用煤的低位发热量作为计算依据？

5. 燃料燃烧的理论空气量怎样计算？过量空气系数怎样计算？

6. 每公斤燃料完全燃烧时所需理论空气量和生成的理论烟气量，二者哪个数值大？为什么？

7. 某锅炉房设置一台 2.8MW 的热水锅炉供采暖用。燃煤 $A_{ar} = 32.48\%$，$Q_{ar,net} = 17693 kJ/kg$。试计算每台锅炉所需理论空气量、理论排烟量和实际排烟量。

第三章　锅炉的热平衡

燃料在锅炉炉膛内燃烧放热,放出的热能通过锅炉受热面被锅内工质所吸收而得到有效利用。实际上,送入锅炉的燃料,由于各种因素的影响,不可能完全燃烧放热。燃烧放出的热量也不可能全部被锅内工质吸收而得到有效利用,其中必有一部分热量被损失掉了。

锅炉运行工况稳定时,输入锅炉的热量与锅炉输出的热量应当平衡。因此,根据这种热平衡的原理,对锅炉进行测试,得出锅炉的有效利用热量和各项热损失的实际数值,以此计算得出锅炉的热效率。从而了解锅炉的设计水平和运行情况,以及影响锅炉热效率的因素,寻求提高锅炉热效率的有效途径,合理利用有限能源,降低供热成本,提高锅炉房管理水平。

第一节　锅炉的热平衡方程

锅炉的热平衡方程可以用下列形式表示:

锅炉的输入热量＝锅炉有效利用热量＋各项热损失之和

下面以 1kg 固体燃料(液体燃料)或 $1m_N^3$ 气体燃料为单位,进一步讨论锅炉的热平衡方程。锅炉的输入热量用符号 Q_r 表示;被工质吸收的有效利用热量用 Q_1 表示;燃料燃烧损失的热量可归纳为排烟热损失、气体不完全燃烧热损失、固体不完全燃烧热损失、炉体散热损失、灰渣物理热损失及其他热损失五项,分别用符号 Q_2、Q_3、Q_4、Q_5、Q_6 表示。

锅炉热平衡方程式为:

$$Q_r = Q_1 + Q_2 + Q_3 + Q_4 + Q_5 + Q_6 \quad kJ/kg \tag{3-1}$$

锅炉输入热量与锅炉有效利用热量和各项热损失之间的关系参见图 3-1。图中预热空

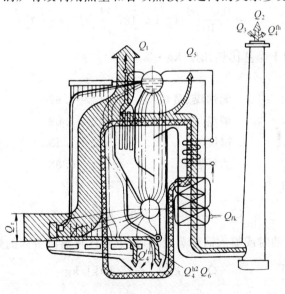

图 3-1　锅炉热平衡示意

气循环热量 Q_{LK} 是指预热空气的那部分热量又返回炉中成为烟气焓的一部分,随后又在空气预热器内放热给空气,不断循环,所以在锅炉热平衡时不考虑此项热量。

上式各项分别除以 Q_r,乘以 100%,则得到用热量百分数列出的锅炉热平衡方程:

$$q_1 + q_2 + q_3 + q_4 + q_5 + q_6 = 100\% \tag{3-2}$$

式中　$q_1 = \dfrac{Q_1}{Q_r} \times 100\%$;$q_2 = \dfrac{Q_2}{Q_r} \times 100\%$;……。

锅炉热效率:

$$\eta = q_1 = 100 - (q_2 + q_3 + q_4 + q_5 + q_6)\% \tag{3-3}$$

锅炉的输入热量,即随 1kg 燃料带入锅炉的热量,可用下式计算:

$$Q_r = Q_{ar,net} + h_r + Q_{zq} + Q_{wr} \quad kJ/kg \tag{3-4}$$

式中　$Q_{ar,net}$——燃料收到基低位发热量,kJ/kg;

　　　h_r——燃料的物理热焓,kJ/kg;

　　　Q_{zq}——喷入锅炉的蒸汽带入的热量,kJ/kg;

　　　Q_{wr}——外来热源加热空气带入锅炉的热量,kJ/kg。

一般固体燃料可不计燃料的物理显热,当燃料由外界预热或固体燃料虽未经预热,而燃料的收到基水分 $W_{ar} \geqslant \dfrac{Q_{ar,net}}{628}\%$ 时,则应计算燃料的物理显热:

$$h_r = C_{ar}^r t_r \quad kJ/kg \tag{3-5a}$$

式中　t_r——燃料的温度,如未经预热可取 20℃;

　　　C_{ar}^r——燃料的收到基比热,kJ/(kg·℃)。

对于固体燃料

$$C_{ar}^r = \frac{100 - M_{ar}}{100} C_d^r + 4.187 \frac{M_{ar}}{100} \quad kJ/(kg·℃) \tag{3-5b}$$

式中　C_d^r——燃料的干燥基比热,kJ/(kg·℃)

其数值为:

　　　　　　　无烟煤、贫煤　　　$C_d^r = 0.92$

　　　　　　　烟煤　　　　　　　$C_d^r = 1.09$

　　　　　　　褐煤　　　　　　　$C_d^r = 1.13$

　　　　　　　油页岩　　　　　　$C_d^r = 0.88$

对于液体燃料

$$C_d^r = 1.738 + 0.0025 t_r \quad kJ/(kg·℃) \tag{3-5c}$$

当用蒸汽雾化燃油时或喷入锅炉蒸汽时,按下式计算蒸汽带入的热量 Q_{zq}:

$$Q_{zq} = G_{zq}(h_{zq} - 2500) \quad kJ/kg \tag{3-6}$$

式中　G_{zq}——雾化每千克燃油所用蒸汽量,kg/kg;

h_{zq}——雾化蒸汽的焓,kJ/kg;

2500——排烟中蒸汽热焓的近似值,kJ/kg。

利用外来热源预热空气再送入锅炉时,空气带入锅炉的热量 Q_{wr} 可按下式计算:

$$Q_{wr} = \beta'(h_K^0 - h_{lK^0}^0) \quad kJ/kg \tag{3-7}$$

式中 β'——进入锅炉的空气量与理论空气量之比;

h_K^0——理论热空气的焓,kJ/kg;

h_{lK}^0——理论冷空气的焓,kJ/kg。

对于工业锅炉,一般不用外来热源加热空气,当煤的 $M_{ar} < \dfrac{Q_{ar,net}}{628}$ % 时,锅炉的输入热量即为煤的低位发热量:$Q_r = Q_{ar,net}$。

第二节 锅炉的各项热损失

根据热平衡方程我们知道,当锅炉输入热量一定时,降低锅炉的各项热损失,可以提高锅炉的有效利用热,使锅炉更经济地运行。分析锅炉各项热损失产生的原因,寻求降低各项热损失的方法,提高锅炉热效率,对锅炉的设计、改造以及运行管理是十分重要的。

一、固体不完全燃烧热损失 q_4

燃用固体燃料的锅炉,部分固体可燃物在炉内没有参与燃烧或没有燃尽被排出炉外而造成的热损失,称为固体不完全燃烧热损失,又称机械不完全燃烧热损失。它包括部分燃料经炉排掉入灰斗的漏煤损失 Q_{lm},未燃尽的可燃物包裹在灰渣中被排出,落入灰斗造成的灰渣损失 Q_{hz} 和未燃尽的碳粒随烟气带走的飞灰损失 Q_{fh}。

固体不完全燃烧热损失是燃用固体燃料锅炉热损失中较大的一项损失。对于燃用气体燃料或液体燃料的锅炉,正常燃烧时可认为 $q_4 = 0$。

影响固体不完全燃烧热损失的主要因素有锅炉的燃烧方式、燃料特性、锅炉运行情况等。

对于室燃炉,没有漏煤损失,飞灰损失占主要部分。抛煤机炉的飞灰损失较链条炉要大。

当燃料的灰分含量高、灰熔点低或挥发分含量低而焦结性强时,灰渣损失会增大;当燃用水分少、焦结性弱而细末又多的燃料时,飞灰损失会增加;煤粒径过大会造成灰渣损失增加。

锅炉运行时,当负荷增加时,相应地穿过燃料层和炉膛的气流速度增大,飞灰损失增加。

锅炉运行时,煤层过厚、链条炉排以及往复推动炉排的速度过快、各风室的风量分配不适当、过量空气系数偏小等都会使 q_4 增大。

当锅炉设计进行热平衡计算时,固体不完全燃烧热损失 q_4 是按长期运行的经验数据来确定的,可按表 3-1 选取。

锅炉设计时 q_3、q_4 的推荐值　　　　　　　　　　　表 3-1

燃 烧 方 式		燃料种类	q_3	q_4
层燃炉	手 烧 炉	褐　煤	2	10~15
		烟　煤	5	10~15
		无 烟 煤	2	10~15

燃 烧 方 式				燃 料 种 类		q_3	q_4
层燃炉	链条炉			褐煤		0.5~2.0	8~12
		烟煤	Ⅰ			0.5~2.0	10~15
			Ⅱ				
			Ⅲ			0.5~2.0	8~12
				贫煤		0.5~1.0	8~12
				无烟煤		0.5~1.0	10~15
	往复炉排			褐煤		0.5~2.0	7~10
		烟煤	Ⅰ			0.5~2.0	9~12
			Ⅱ			0.5~2.0	7~10
				贫煤		0.5~1.0	7~10
		无烟煤	Ⅰ			0.5~1.0	9~12
	抛煤机链条炉排			褐煤、烟煤、贫煤		0.5~1.0	8~12
		无烟煤	Ⅲ			0.5~1.0	10~15
室燃炉	固态排渣煤粉炉			烟煤		0.5~1.0	6~8
				褐煤		0.5	3
	油炉					0.5	0
	天然气或炼焦煤气					0.5	0
沸腾炉		石煤、煤矸石	Ⅰ			0~1.0	21~27
			Ⅱ			0~1.5	18~25
			Ⅲ			0~1.5	15~21
				褐煤		0~1.5	5~12
		烟煤	Ⅰ			0~1.5	12~17
		无烟煤	Ⅰ			0~1.0	18~25

测定锅炉热效率,要分别收集各台运行锅炉每小时的灰渣、漏煤和飞灰的质量 G_{hz}、G_{lm}、G_{fh}(kg/h)。同时分析出它们所含可燃物的质量百分数 C_{hz}、C_{lm}、C_{fh} %。通常灰渣、漏煤和飞灰中的可燃物被认为是固定碳,取其发热量为 32700kJ/kg。固体不完全燃烧热损失可按下式计算:

$$q_4 = \frac{32700 A_{ar}}{Q_r}\left(\frac{a_{fh} C_{fh}}{100 - C_{fh}} + \frac{a_{lm} C_{lm}}{100 - C_{lm}} + \frac{a_{hz} C_{hz}}{100 - C_{hz}} \right)\% \tag{3-8}$$

式中 a_{fh}、a_{lm}、a_{hz}——飞灰、漏煤和灰渣中的灰量占燃料总灰量的份额。

$$a_{fh} = \frac{G_{fh}(100 - C_{fh})}{BA_{ar}} \tag{3-9a}$$

$$a_{hz} = \frac{G_{hz}(100 - C_{hz})}{BA_{ar}} \tag{3-9b}$$

$$a_{lm} = \frac{G_{lm}(100 - C_{lm})}{BA_{ar}} \tag{3-9c}$$

式中 B——燃料消耗量,kg/h。

在锅炉热效率测试中,因为飞灰的一部分会沉积在受热面或烟道内,另一部分随烟气经烟囱飞出。飞灰量很难直接测得,一般是在计算其他各项后,通过灰平衡法求得。

灰平衡就是进入炉内燃料的总灰量等于灰渣、漏煤及飞灰中灰量之和,即

$$a_{hz} + a_{fh} + a_{lm} = 1 \qquad (3\text{-}9d)$$

二、排烟热损失 q_2

烟气的温度比进入锅炉的空气温度要高。烟气离开锅炉排入大气所带走的热量损失,称为排烟热损失。它是锅炉热损失中较大的一项。

一般装有省煤器的水管锅炉,排烟热损失约为 $6\% \sim 12\%$;不装省煤器时,该数值往往高达 20% 以上。燃油燃气卧式内燃蒸汽锅炉 q_2 为 8% 以上。

影响排烟热损失的因素主要是排烟温度和排烟容积。排烟温度越高,排烟热损失越大。排烟温度每升高 $15℃$ 左右,排烟热损失约增加 1%。降低排烟温度,可降低排烟的热损失,但是排烟温度过低是不合理的,也是不允许的。因为要降低排烟温度,势必增加锅炉尾部受热面,而尾部受热面处于低温烟道,烟气与工质传热温差较小,会使钢材消耗量大大增加;此外,为了避免尾部受热面的腐蚀,特别是当燃用含硫量较高的燃料时,排烟温度应保持高一些。因此,合理的排烟温度应通过技术经济比较来确定。工业锅炉中水管锅炉的排烟温度约在 $160 \sim 200℃$ 范围内。锅炉受热面积灰或结渣,以及超负荷运行时,都会使锅炉排烟温度升高。因此,锅炉运行时,应注意保持受热面的清洁,并尽量避免超负荷运行,以降低排烟热损失。

排烟量增大,会使排烟热损失增加。炉膛出口过量空气系数偏高、炉墙及烟道漏风严重、燃料水分含量大,都会导致排烟量增大,增加排烟热损失。为了降低排烟热损失,在锅炉安装施工时应注意炉墙、烟道砌筑的严密性,堵塞炉墙及烟道的漏风处,在运行中注意控制炉膛的过量空气系数。

排烟热损失可按下列经验公式计算:

$$q_2 = (n\alpha_{py} + m)\frac{T_{py} - t_{lk}}{100}\left(1 - \frac{q_4}{100}\right)\% \qquad (3\text{-}10)$$

式中　α_{py} ——炉膛出口处过量空气系数,根据烟气分析结果计算得出;

　　　m、n ——计算系数,随燃料种类不同,查表 3-2;

　　　T_{py} ——排烟温度,$℃$;

　　　t_{lk} ——冷空气温度,$℃$。

m 和 n 值　　　　　　　　　　　　　　　　表 3-2

燃料种类	泥煤 $M_{ar} \approx 45\%$	褐煤 $M_{ar} \approx 20\%$,$A_d \approx 30\%$	烟煤 $r_{daf} \approx 30\% \sim 45\%$	无 烟 煤	重油(机械雾化)
m	1.7	0.6	0.4	0.2	0.5
n	3.9	3.6	3.55	3.65	3.45

三、气体不完全燃烧热损失 q_3

气体不完全燃烧热损失是指由于一部分可燃气体(CO、H_2 等)未能燃烧放热,随烟气排出造成的热量损失,也称为化学不完全燃烧热损失。

燃料在炉膛中燃烧时,如果空气量不足、燃料与空气混合不良、炉膛容积太小或炉膛温度太低,就会因供氧量不足、可燃气体在炉膛内停留时间过短或达不到着火点而使部分可燃气体不能完全燃烧,造成热损失。

由上述分析可知,q_2、q_3、q_4 三项热量损失数值的大小,都和过量空气系数有关。过量空

气系数偏大,将使排烟热损失增加,但气体不完全燃烧热损失和固体不完全燃烧热损失相应减小了;过量空气系数偏小,将使排烟热损失减小,但气体不完全燃烧热损失和固体不完全燃烧热损失都会增加。所以,合理的过量空气系数应使 q_2、q_3、q_4 三项热损失之和为最小。

在锅炉设计时,气体不完全燃烧热损失是按长期运行的经验数据来确定的,可参照表3-1。

在测定锅炉热效率时,根据煤质分析和烟气分析数据,按下式计算 q_3:

$$q_3 = \frac{236}{Q_r} \times \frac{(C_{ar} + 0.375 S_{ar}) CO}{RO_2 + CO} \times (100 - q_4) \% \tag{3-11a}$$

式中 RO_2、CO——烟气中二氧化物和一氧化碳的体积百分数,%,通过烟气分析仪测得。

q_3 也可按近似公式计算:

$$q_3 = 3.2\alpha \cdot CO \% \tag{3-11b}$$

式中 α——烟气所流经烟道处的过量空气系数,用奥氏分析仪对烟气进行分析,计算得出。

只要锅炉设计合理、燃烧调整较好,气体不完全燃烧热损失就比较小,一般为 1%～3%。

四、炉体散热损失 q_5

在锅炉运行时,由于炉墙、锅筒、钢架、管道及其他附件等表面温度高于周围空气温度,部分热量从炉体表面向外界散失,形成炉体散热损失。

炉体散热损失的大小主要取决于锅炉散热表面面积的大小、外表面温度以及周围空气的温度。

在测定锅炉热效率时,可按表3-3估取 q_5 值,或用下式计算:

$$q_5 = 100 - (q_1 + q_2 + q_3 + q_4 + q_6) \% \tag{3-12a}$$

散 热 损 失 q_5(%)　　　　　　　　　　　　　　　　　表 3-3

锅炉容量(t/h)	2	4	6	10	15	20	35	65
无尾部受热面	3.0	2.1	1.5					
有尾部受热面	3.5	2.9	2.4	1.7	1.5	1.3	1.0	0.8

蒸发量小于或等于2t/h快装锅炉的 q_5 可按下式计算:

$$q_5 = \frac{1675 F_s}{B Q_r} \times 100 \% \tag{3-12b}$$

式中 F_s——散热表面积,m^2;

B——燃料消耗量,kg/h。

五、灰渣物理热损失及其他热损失

(一) 灰渣物理热损失 q_6^{hz}

灰渣及漏煤排出炉外时因具有较高的温度(600～800℃以上)而带走的热量称为灰渣物理热损失。它的大小与燃料中的灰分含量、灰渣占总灰量的比例等因素有关。

灰渣物理热损失可按下式计算:

$$q_6^{hz} = \frac{h_{hz} A_{ar}}{Q_r} \left(a_{hz} \frac{100}{100 - C_{hz}} + a_{lm} \frac{100}{100 - C_{lm}} \right) \% \tag{3-13}$$

式中 h_{hz}——灰渣的焓,kJ/kg,查表3-4。

灰渣温度(℃)	100	200	300	400	500	600	700	800	900	1000
h_{hz}(kJ/kg)	81	169	264	360	458	560	662	769	875	984

灰渣的热焓　　　　　　　　　　　　　表 3-4

灰渣排出时的温度,按实测数值采用,固态排渣时,约为 600℃,沸腾炉约为 800℃。

(二)其他热损失 q_6^{lq}

其他热损失中最常见的是冷却热损失。它是由于锅炉的某些部件采用了水冷却,而冷却水未接入锅炉水循环系统中,它吸收的这些热量被水带走而形成的热损失。

冷却热损失按下式计算:

$$q_6^{lq} = \frac{Q_6^{lq}}{Q_r} \times 100\%$$ (3-14a)

或

$$q_6^{lq} \approx \frac{420 \times 10^3 H_{lq}}{Q_{gl}} \times 100\%$$ (3-14b)

式中　H_{lq}——面向炉膛的水冷面积,m²;

420×10^3——估计每平方米水冷面的吸热量,kJ/m²;

Q_{gl}——锅炉有效利用热量,kJ/kg。

$$q_6 = q_6^{hz} + q_6^{lq}\%$$ (3-15)

热水锅炉很少采用水冷却部件,一般 $q_6 = q_6^{hz}$。

第三节　锅炉热效率

锅炉热效率可以通过热平衡试验的方法测定,测定方法有正平衡和反平衡两种。

一、正平衡法

如前所述,锅炉热效率即锅炉有效利用热量(水在锅内吸收的热量)占燃料带入锅炉热量的百分数:

$$\eta = q_1 = \frac{Q_1}{Q_r} \times 100\%$$ (3-16)

有效利用热量 Q_1 按下式计算:

$$Q_1 = \frac{Q_{gl}}{B} \text{ kJ/kg}$$ (3-17)

式中　Q_{gl}——锅炉每小时有效吸热量,kJ/h;

B——每小时燃料消耗量,kg/h。

正平衡试验按下式进行:

$$\eta = \frac{Q_{gl}}{BQr} \times 100\%$$ (3-18)

蒸汽锅炉每小时有效吸热量按下式计算:

$$Q_{gl} = D(h_g - h_{gs}) \times 10^3 + D_p(h_p - h_{gs}) \times 10^3 \text{ kJ/h}$$ (3-19)

式中　D——锅炉蒸发量,t/h;

h_q——蒸汽的焓,kJ/kg;

h_{gs}——锅炉给水的焓,kJ/kg;

h_p——排污水的焓,kJ/kg;

D_p——锅炉排污水量,t/h。

如在锅炉试验的时间内,锅炉暂不排污,则上式可简化。如果锅炉生产的是过热蒸汽,h_q 是过热蒸汽的焓。

如果锅炉产生的是饱和蒸汽,蒸汽中一般都带有水分,也就是降低了干蒸汽的焓值。湿蒸汽的焓值可按下式计算:

$$h_q = h'' - \frac{\gamma W}{100} \quad \text{kJ/kg} \tag{3-20}$$

式中　h''——干饱和蒸汽的焓,kJ/kg;

　　　γ——蒸汽的汽化潜热,kJ/kg;

　　　W——蒸汽湿度,一般在 $1\% \sim 5\%$。

对于热水锅炉每小时有效吸热量按下式计算:

$$Q_{gl} = G(h_{cs} - h_{js}) \times 10^3 \quad \text{kJ/h} \tag{3-21}$$

式中　G——每小时加热的水量,t/h;

　　h_{js}、h_{cs}——锅炉进水及出水的焓,kJ/kg。

正平衡试验简单易行,对于只要求测定锅炉热效率的小型锅炉大都采用正平衡法。

二、反平衡法

通过锅炉的正平衡试验只能求得锅炉的热效率,无法分析影响锅炉热效率的各种因素,寻求提高锅炉热效率的途径。实际试验时,往往是测定求得锅炉的各项热损失,应用下式计算锅炉热效率:

$$\eta = q_1 = 100 - (q_2 + q_3 + q_4 + q_5 + q_6)\% \tag{3-22}$$

这种方法被称为反平衡法。

通过反平衡试验,不仅能够确定运行锅炉的热效率,而且可以进一步了解锅炉各项热损失产生的原因,从而找出提高锅炉热效率的方法。

对于工业锅炉,一般以正平衡测定锅炉热效率,同时进行反平衡试验。

对于大型锅炉,常用反平衡法来测定锅炉热效率。

三、锅炉的毛效率 η 及净效率 η_j

锅炉设备运行时要消耗自用蒸汽(如汽动给水泵等用汽)和自用电能(锅炉及辅助设备耗电量)。不扣除自用蒸汽和不考虑自耗动力折算的热量,所计算出的锅炉热效率称为毛效率。由以上各式计算的锅炉效率都是毛效率

扣除自用蒸汽和考虑自耗动力折算的热量,所计算出的锅炉热效率称为锅炉的净效率 η_j。有时为了更合理考核锅炉的经济性,还要计算净效率 η_j,η_j 按下式计算:

$$\eta_j = \eta - \Delta\eta \tag{3-23}$$

式中　$\Delta\eta$——由自用蒸汽和自用电能消耗所相当的锅炉效率降低值可按下式计算:

$$\Delta\eta = \frac{D_{zy}(h_q - h_{gs}) \times 10^3 + 29308 N_z b}{B Q_{ar,net}} \times 100\% \tag{3-24}$$

式中　N_z——总自用电耗量,kWh/h;

　　D_{zy}——自用蒸汽耗量,t/h;

　　　b——生产每度电的平均标准煤耗量,kg/kWh,一般取 0.407kg/kWh;

　29308——标准煤发热量,kJ/kg。

第四节 锅炉燃料消耗量及锅炉房能耗

一、锅炉燃料消耗量

锅炉每小时燃用的燃料量称为锅炉的燃料消耗量,用符号 B 表示。燃料消耗量按下列公式计算:

$$B = \frac{Q_{gl}}{\eta Q_r} \quad \text{kg/h} \tag{3-25a}$$

或

$$B = \frac{Q_{gl}}{\eta Q_{ar,net}} \quad \text{kg/h} \tag{3-25b}$$

对于燃煤锅炉,由于存在着固体不完全燃烧热损失 q_4,使燃料燃烧所需的空气量和生成的烟气量减少。实际参加燃烧反应的燃料量称之为计算燃料消耗量 B_j,即:

$$B_j = B\left(1 - \frac{q_4}{100}\right) \quad \text{kg/h} \tag{3-26}$$

在计算锅炉送风量和烟气量时,应采用计算燃料消耗量计算;进行燃料运输系统计算时,则应按实际燃料消耗量 B 考虑。

工业锅炉经节能改造后,在相同的有效利用热 Q_{gl} 和输入热量 Q_r 的条件下,锅炉效率由 η 提高为 $(\eta + \Delta\eta)$,耗煤量由 B 减少为 $B - \Delta B$,其节煤率 K 应按下式计算:

$$K = \frac{\Delta B}{B} = \frac{\Delta\eta}{\eta + \Delta\eta} \tag{3-27}$$

【例 3-1】 某厂锅炉房,对一台蒸汽锅炉进行热效率测试,其主要测试项目结果如下:饱和蒸汽压力为 1.25MPa,给水温度 104℃,平均蒸发量 6t/h,平均耗煤量 953kg/h,燃煤发热量 $Q_{ar,net} = 19523kJ/kg$,固体不完全燃烧热损失 $q_4 = 10\%$,试求该锅炉的效率。

【解】 按蒸汽压力 1.25MPa(相对压力)查得饱和蒸汽的焓 2787kJ/kg,汽化潜热 $r = 1964kJ/kg$,给水的焓 $h_{gs} = 436kJ/kg$,取蒸汽湿度 $W = 2\%$,则该锅炉测试热效率为:

$$\eta = \frac{D\left(h_{hg} - h_{gs} - \frac{rW}{100}\right)}{BQ_{ar,net}} \times 100\%$$

$$= \frac{6000\left(2787 - 436 - \frac{1964 \times 2}{100}\right)}{953 \times 19523} \times 100\%$$

$$\approx 75\%$$

二、吨蒸汽综合能耗

锅炉房每生产 1t 蒸汽实际各种能源的综合消耗量称为吨蒸汽综合能耗。随着锅炉负荷的波动,各种能源消耗量也在变化,因此数据的统计是按规定统计期内按实际数量或仪表累计量统计而得到,是指整个锅炉房的能源消耗总量。

消耗的能源包括一次能源、二次能源及载能体。一次能源如煤、油等,按其消耗量与低位发热量的乘积计算热能消耗量。二次能源如电、煤制气等,都要折合成一次能源来计算。载能体有水、压缩空气等,是按供应此种载能体投入的能量来计算。若无测定数值,则按规定数值折算。生产每度电标煤耗量 $b = 0.407kg/kWh$;每吨自来水相当于 0.257kg 标煤;每吨软化水相当于 0.486kg 标煤。

为了具有可比性,蒸汽量都折合成标准蒸汽量(简称"标汽"),每吨"标汽"按 250×10^4 kJ(60×10^4 kcal)计算;能源的数量都折合成标准煤量(简称"标煤"),每千克标煤按 29308kJ(7000kcal)计算。

锅炉房的综合能耗按所耗用的燃料、水、电三者折算为标煤量之和计算。吨蒸汽综合能耗仅反映了锅炉的技术装备水平和技术管理水平。

三、锅炉房的能耗分等

工业锅炉房按每吨标汽综合能耗(kg 标煤量)分为特等、一等、二等、三等共四个等级。见表 3-5。

锅炉房能耗分等指标 表 3-5

单炉额定含量 （吨标汽/时）	能量单耗指标 b(kg 标煤/t 标汽)			
	特 等	一 等	二 等	三 等
1~2	≤128	>128~137	>137~149	>149~162
>2~4	≤124	>124~132	>132~142	>142~152
>4~10	≤119	>119~125	>125~133	>133~141
>10	≤117	>117~120	>120~126	>126~132

复习思考题

1. 什么是锅炉热平衡?建立锅炉热平衡方程有何意义?

2. 简要说明影响锅炉各项热损失的因素。

3. 炉膛出口过量空气系数最佳值是怎样确定的?

4. 锅炉排烟温度是否越低越好?为什么?

5. 某运行锅炉由热工测试测得参数如下:饱和蒸汽压力为 0.85MPa,给水温度 20℃,3.5h 内共耗煤 1325kg,($Q_{ar,net} = 21563$kJ/kg),进水量 7000kg,试验期间不排污,试计算锅炉的热效率。

6. 按第二章习题给定的条件,计算该锅炉的耗煤量及计算耗煤量,确定锅炉每小时需要供给的空气量和排烟量。

第四章 工业锅炉的构造

锅炉受热面分为主要受热面和辅助受热面,锅炉中的锅筒、水冷壁和对流管束是锅炉的主要受热面。蒸汽过热器、省煤器和空气预热器是锅炉的辅助受热面。各辅助受热面依具体情况、按实际需要而增设。同时为保证锅炉安全运行,在锅炉上还安装有各种安全附件。本章将叙述锅炉各受热面及安全附件的构造、特点和使用要求,以加深对锅炉工作过程的理解,并为从事锅炉安装和锅炉改造工作提供必要的知识。关于锅炉燃烧设备的构造等内容,将在第五章中叙述。

第一节 锅筒及其内部装置

一、锅筒的作用和构造

锅筒又叫汽包,是锅炉中最重要的受压元件,其作用为:

(一)连接上升管和下降管组成自然循环回路,接受从省煤器来的给水,同时向蒸汽过热器输送饱和蒸汽。是加热、蒸发与过热三个过程的连接管。

(二)锅筒中储存有一定量的饱和水,所以锅炉短时间的供水中断,不会立即发生锅炉事故,增加了锅炉运行的安全性。此外锅水具有一定的蓄热能力,即在气压增高时吸收热量,在气压降低时放出热量。在外界负荷变化较大时,起到缓冲气压变化的作用,有利于用热单位热负荷变化时的运行调节,增加了锅炉运行的稳定性。

(三)锅筒中装有各种内部装置,可以进行蒸汽净化,从而获得品质良好的蒸汽。

锅筒是由钢板焊接而成的圆筒形容器,由筒体和封头两部分组成。根据容量和参数不同工业锅筒体长度约为 $2\sim7m$。锅筒直径为 $0.8\sim1.6m$,壁厚约为 $12\sim46mm$。锅筒两端的封头是用钢板冲压而成,并焊接在筒体上。为了安装和检修锅筒内部装置,在封头上开有椭圆形人孔,人孔盖板是用螺栓从汽包内侧向外侧拉紧的。

锅炉按锅筒分类,有双锅筒锅炉和单锅筒锅炉。双锅筒锅炉有一个上锅筒,一个下锅筒。上下锅筒由对流管束连接起来。而单锅筒锅炉只有一个上锅筒。

锅筒由上升管与下降管连接起来组成自然循环回路。上锅筒内汇集了循环回路中的汽水混合物,常设有汽水分离装置、给水分配管。为了改善锅水品质有的锅炉还设有连续排污管和加药管。下锅筒内则有定期排污装置。图4-1为一般蒸汽锅炉上锅筒的内部装置。

在蒸汽锅炉上锅筒的外壁上,还焊有连接主汽管、副汽管的法兰短管和连接水位计、压力表,安全阀等附件的法兰、短管。在下锅筒中设有排放沉渣的定期排污装置。

二、汽水分离装置

锅炉给水一般均含有少量杂质,随着锅水的不断蒸发和浓缩,锅水杂质的相对含量会越来越高,即锅水含盐浓度增大。由受热面各上升管进入上锅筒的汽水混合物具有很高动能,会冲击蒸发面和汽包内部装置,引起大量的锅水飞溅。这些质量很小的水珠很容易被流速很高的蒸汽带走。于是蒸汽携带了含盐浓度较高的锅水而被污染，即蒸汽品质恶化了。品质恶化的蒸汽会在蒸汽过热器或换热设备及阀门内结垢，这样不仅影响设备的传热效果，而且影响设备的安全运行。因此，保持蒸汽的洁净、降低蒸汽的带水量是非常重要的。

目前低压小容量的锅炉，由于对蒸汽品质要求不高，且上锅筒的蒸汽负荷较小，可以利用上锅筒中蒸汽空间进行自然分离或装设简单的汽水分离装置；而对于较大容量的锅炉，单纯采用汽水的自然分离已不能满足要求，需要在上锅筒内装设汽水分离装置。

汽水分离装置有多种形式，工业锅炉常用的汽水分离装置有进口挡板、水下孔板、均汽孔板、集汽管和蜗壳式分离器。

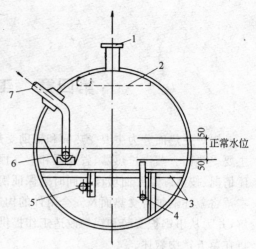

图 4-1　上锅筒内部装置示意图
1—蒸汽出口；2—顶部挡板；3—支架；4—排污管；
5—加药管；6—给水槽；7—给水管

（一）进口挡板

进口挡板又称导向挡板，设置在汽水引入管口处。当汽水混合物由蒸汽空间引入上锅筒时，减弱汽水混合物的动能，使汽水混合物得到初步分离，如图 4-2 所示。挡板由 3～4mm 厚的钢板制成。为防止汽水混合物垂直冲击挡板，挡板与汽水流向所成的夹角 α 应小于 $45°$；为消除汽水混合物的冲力，防止沿挡板流下的水膜再次被吹破而形成水滴被蒸汽带走，挡板与引入口距离应大于引入管管径的 2 倍，挡板下边缘与锅筒正常水位的距离不应小于 150mm。

（二）水下孔板

在上锅筒水面以下设置，开有许多小孔的钢板，称为水下孔板，如图 4-3 所示。

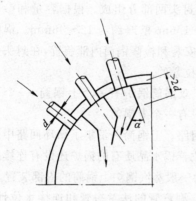

图 4-2　进口挡板

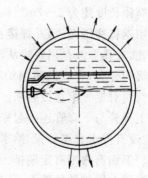

图 4-3　水下孔板

水下孔板应用于汽水混合物自水空间引入上锅筒的锅炉。汽流上升通过孔板受到一定阻力，减缓汽流上升速度，使蒸汽在较大面积上由小孔均匀流出，使锅筒内水面较为平稳，减少蒸汽带水量。水下孔板由 3～4mm 厚的钢板制成，板上均匀开有 8～12mm 直径的小孔，每块孔板的尺寸以能通过锅筒的人孔为限。

水下孔板一般水平安装于锅筒最低水位下 80mm 处。为避免蒸汽被带入下降管中,孔板离锅筒底部距离应大于 300～350mm。

（三）均汽孔板

均汽孔板布置在锅筒顶部蒸汽引出管前。利用孔板阻力,使蒸汽沿锅筒均匀上升,防止局部蒸汽流速过高,有效分离汽水,减少蒸汽带水量,如图 4-4 所示。

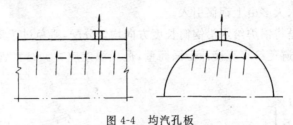

图 4-4　均汽孔板

孔板一般由 3～4mm 厚的钢板制成,板上均匀开有直径为 8～12mm 的小孔,孔间中心距不宜大于 50mm。通过孔的蒸汽流速一般为 10～22m/s。孔板长度不小于上锅筒长度的 2/3,且布置在上锅筒的高处,以增加有效分离空间。

（四）集汽管

在上锅筒的顶部,沿锅筒纵长方向布置一无缝钢管,利用进入集汽管前后蒸汽流速和流向的变化,而使水滴分离下来。

集汽管有两种,一种是在该管侧面开一条连续的等腰梯形缝,称为缝隙式集汽管;另一种是在管上半部均匀开有 8～12mm 的小孔,称为抽汽孔集汽管,如图 4-5 所示。集汽管装置构造简单,分离效果较差,常用于蒸汽品质要求不高的小型锅炉。

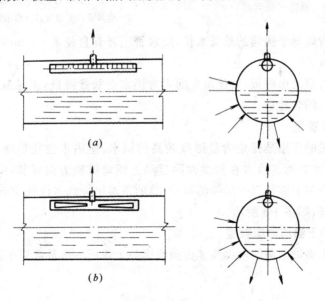

图 4-5　集汽管

(a) 抽汽孔集汽管;(b) 缝隙式集气管

（五）蜗壳式分离器

蜗壳式分离器是一种利用离心分离原理的装置,如图 4-6 所示。

蒸汽由分离器上部切向进入蜗壳后,经小孔折入内装的集汽管,再由集汽管汇集到蒸汽引出管引出。由于蒸汽切向进入的离心作用,使水滴粘附于壁面上流入疏水管中排入水空间。蜗壳分离器的总长度不小于上锅筒直段长的 2/3。由于蒸汽在蜗壳内经过多次转弯,受离心力的作用,分离效果较好。一般用于蒸发量较小,蒸汽品质要求较高的锅炉。

三、上锅筒给水装置

蒸汽锅炉的给水大多由上锅筒引入。

给水管的作用是将锅炉给水沿锅筒长度方向均匀分配,避免过于集中在一起,而破坏正常的水循环;同时为避免给水直接冲击锅筒壁,造成温差应力。给水管设在给水槽中,如图4-7 所示。

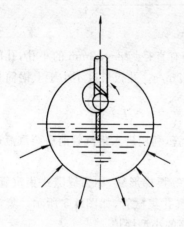

图 4-6 蜗壳式分离器

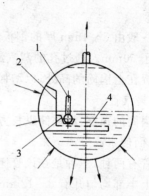

图 4-7 给水管示意图
1—给水管;2—档板;3—给水槽;4—水下孔板

给水管的位置略低于锅筒的最低水位,给水管上开有直径 8~12mm 的小孔,孔间中心距为 100~200mm。

给水均匀引入蒸发面附近,可使蒸发面附近锅水含盐量降低,消除蒸发面的起沫现象,从而减少蒸汽带水的含盐量。

四、连续排污装置

连续排污装置的作用是排走含盐浓度较高的锅水,使锅水含盐量降低,以防止锅水起沫,造成锅水的汽水共腾。通常在蒸发面附近沿上锅筒纵轴方向安装一根连续排污钢管。在排污管上装设许多上部开有锥形缝的短管,缝的下端比最低水位低 40mm,以保证水位波动时排污不会中断,如图4-8 所示。

五、热水锅炉上锅筒内部装置

自然循环热水锅炉上锅筒内部装置比蒸汽锅炉上锅筒内部装置简单得多。通常设有下列装置:

（一）配水管

配水管的作用是将锅炉回水分配到特定位置以保证锅炉正常的水循环。对于没有锅炉管束的锅炉,配水管将回水分配到冷水区,通常为锅筒的两端;而对于带有锅炉管束的锅炉,配水管将回水均匀地分配到各下降区。

给水分配管的结构一般是将分配管的端头堵死,在管侧面开孔,开孔方向正对下降管入口。

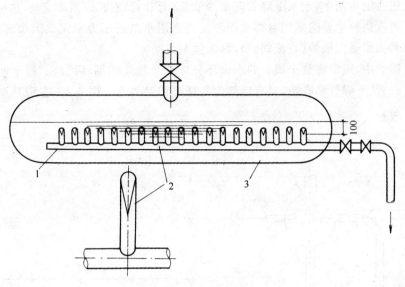

图 4-8　连续排污装置

1—排污总管；2—排污短管；3—锅筒

（二）隔水板

　　自然循环热水锅炉是靠水的密度差循环的。为了在锅筒内形成明显的冷、热水区，使锅炉回水尽量少与热水混合，防止热水直接进入下降管，通常在热水锅炉锅内不同位置上加装隔水板。

（三）热水引出管

　　对于汽、水两用锅炉，热水引出管一般在上锅筒最低水位下 50mm 的热水区呈水平布置。而对于自然循环热水锅炉，一般是从上锅筒热水区垂直引出，并在引出管前加一集水管，以使抽出的热水沿锅筒长度方向比较均匀。在集水管上沿圆周方向均匀开有直径 8～12mm 的小孔。

第二节　水冷壁及对流管束

　　水冷壁和对流管束作为锅炉的主要受热面，均处于高温条件下工作，必须要有连续不断流动的水来冷却受热面的管壁，也就是必须使受热面中有可靠的水循环。这样才能避免由于管壁过热而降低其金属强度，从而防止锅炉爆管事故发生，保证锅炉安全、可靠地运行。

一、水循环

　　锅炉水冷壁的水循环如图 4-9 所示，由锅筒、下降管、联箱和水冷壁管构成水循环回路。

　　布置在炉膛内的水冷壁管受到火焰和高温烟气辐射的热量加热后，管内水的温度迅速升高，一部分水汽化，在管内形成汽水混合物。布置在炉墙外侧下降管中的水，由于不受热，它的密度 ρ_s 就大于汽水混合物的密度 ρ_{qs}。

　　对于 A—A 截面来说，下降管一侧的水压为 $\rho_s gH$，水冷壁一侧汽水混合物的压力为 $\rho_{qs} gH$。显然，下降管一侧的压力大于水冷壁一侧的压力。二者之差称为流动压头：

$$\Delta p = gH(\rho_s - \rho_{qs})$$

41

在流动压头的作用下,水从下降管向水冷壁管(上升管)不断地循环流动,这种现象称为自然循环。蒸汽锅炉中普遍采用自然水循环。当利用水泵的压力来完成锅水流动时,如某些热水锅炉和大型蒸汽锅炉(直流锅炉),称为强制流动。

在工业锅炉中,通常将整个锅炉的水循环分成几个独立的循环回路。每个回路都有各自独立的上升管、下降管和联箱,只有锅筒为各循环回路共有。图 4-10 是 SZP 型锅炉中的几个循环回路。

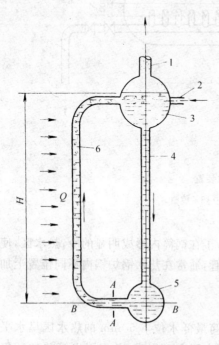

图 4-9 蒸汽锅炉水循环

1—蒸汽出口;2—给水管;3—汽包;
4—下降管;5—联箱;6—上升管

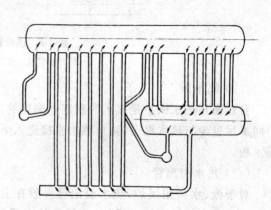

图 4-10 SZP 型锅炉水循环示意图

受热面管束布置不合理或者运行不当,都会使水循环发生故障,影响锅炉运行的安全性和可靠性。常见的水循环故障有以下几种情况:

(一)汽水停滞

在一排并联的水冷壁管中,如果有几根水冷壁管表面结渣或炉膛内烟气偏向流动,那么这几根水冷壁管受热量减小,则推动水循环的压力差也相应地减少,水循环速度缓慢,严重的会发生水循环停滞的现象。

(二)汽水分层

在水管锅炉中,如果受热管水平放置或微倾斜放置,而流速很低时,那么由于此时汽与水的密度不同,蒸汽偏于管子的上部流动,水在下部流动,形成汽水分层。水冷壁管径越大,出现汽水分层的可能性越大,管子上半部就可能过热烧坏。因此,炉膛顶部的水冷壁管,其倾角应大于 15°。

(三)下降管带汽

在下降管中流动的应全部是水。如果水中含有蒸汽,其密度减小,水循环的压力差就会减小,严重时会发生水循环停滞,甚至倒流现象。下降管带汽的原因,可能是下降管入口和蒸发面距离太近,当水急速流入下降管时产生漩涡,把水面上的蒸汽卷进下降管;也可能是水冷壁出口和下降管入口的距离太近,使一部分蒸汽未升到水面就被吸入下降管中去了。

二、水冷壁管

水冷壁管垂直布置在炉膛内四周,其主要作用是吸收高温烟气的大量辐射热,同时可以减少熔渣和高温烟气对炉墙的损坏,保护炉墙。

水冷壁管下端与下集箱相连,下集箱通过下降管与锅筒的水空间相连;上端直接与上锅筒连接,或接到上集箱经导汽管与锅筒连接,构成水冷壁的水循环系统。

水冷壁管通常采用外径为51~76mm,壁厚3.5~6.0mm的10号或20号的无缝钢管。管中心距一般为管外径的1.25~2倍,有光管和鳍片管两种。在工业锅炉中一般采用光管水冷壁。对于快装锅炉,为减轻炉墙质量,常采用鳍片管组成膜式水冷壁,这对炉墙的保护更加彻底,使炉墙温度大大降低,炉墙质量和厚度也减少很多。

水冷壁一般都是上部固定,下部能自由膨胀。水冷壁管的上集箱固定在支架上或与上锅筒相连接,下集箱由水冷壁管悬吊着。水冷壁管本身由拉钩限制其水平方向移动,而保证它只能上下滑动。

连接水冷壁管的上、下集箱是由直径较大的无缝钢管制成的。集箱两端设有手孔,以便清除水垢时用。下集箱上还设有定期排污管,以便排除锅水中沉积的水渣和锅炉放空时用。

三、对流管束

对流管束通常是由连接上、下锅筒间的管束构成。全部对流管束都布置在烟道中,受烟气的冲刷而换热,也称对流受热面,是另一种主要受热面。连接方式有胀接和焊接两种。

对流管束管径一般为51~63.5mm。排列方式有错排和顺排两种,如图4-11所示。错排管束的传热效果好,但清灰和检修不如顺排管束方便。

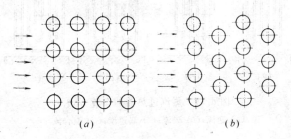

图 4-11 对流管束的排列方式
(a) 顺排;(b) 错排

对流管束的传热效果主要取决于烟气的流速。提高烟气的流速,可使传热增强,节省受热面,但其阻力和运行费用增加;烟气流速过小,容易使受热面积灰,影响传热。对于水管锅炉,燃煤时,烟气流速一般在10m/s左右,燃油燃气锅炉则高些;对于烟管锅炉,燃煤时,一般为15~20m/s,燃油、燃气锅炉为20~30m/s。

虽然对流管束都吸收热量,没有单独不受热的下降管,但是水循环是存在的。按烟气流动方向,烟气先经过的管束受热较强,管内水向上流动,成为上升管;烟气后经过的管束,受热较弱,管内水向下流动,成为下降管,形成水循环。在实际运行中,锅炉烟气温度和流速随锅炉负荷而变化,因此整个对流管束的上升管与下降管没有固定分界线。

第三节　辅助受热面

一、蒸汽过热器

蒸汽过热器的作用是将上锅筒引出的饱和蒸汽加热成一定温度的过热蒸汽。工业用汽多为饱和蒸汽,故一般锅炉中多不设置蒸汽过热器。只有在生产用汽需要较高的温度、而不需要提高蒸汽压力,或为了在蒸汽输送过程中减少冷凝损失而需要过热蒸汽时,才在锅炉中装设蒸汽过热器。因此,通常把蒸汽过热器看做辅助受热面。

蒸汽过热器是由一组弯成蛇形的无缝钢管和进出口集箱组成如图 4-12 所示。蛇形管的壁厚一般为 3～4mm,外径为 32～40mm。在工业锅炉中,过热蒸汽温度对于工作压力为 1.25MPa 的锅炉为 250℃ 和 350℃,对于工作压力为 1.6MPa 的锅炉为 350℃。

蒸汽过热器按传热方式不同,分为辐射式、半辐射式和对流式;按放置的方式不同,分为立式和卧式。工业锅炉中的蒸汽过热器常布置在对流管束之间烟温 700～800℃ 的区域中,属于立式对流过热器,如图 4-13 所示。

蒸汽过热器中蒸汽流速一般为 15～25m/s,烟气流速为 8～12m/s。过热器出口集箱或管道上装有安全阀、主汽阀、排汽阀以及蒸汽压力表和温度计。

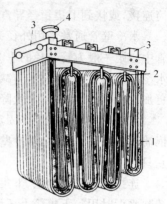

图 4-12　立式对流蒸汽过热器
1—蛇形管;2—吊架;3—联箱;
4—蒸汽入口

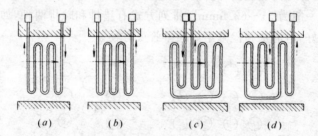

图 4-13　蒸汽过热器的布置方式
(a) 逆流;(b) 顺流;(c) 双逆流;(d) 混合流

二、省煤器

省煤器是利用锅炉尾部烟气的热量,加热给水以降低排烟温度的锅炉部件,设置在对流管束后部的烟道中。锅炉给水经过省煤器使水温升高,排烟温度降低,减少了热损失,节省了燃料,提高了锅炉热效率。针对蒸汽锅炉而言,通常给水温度升高 1℃,排烟温度可降低 3℃ 左右;给水温度升高 6～7℃,可节省燃料 1%。另外,经加热的给水送入锅筒,可以避免因较冷的给水与高温锅筒接触而产生的热应力,改善了锅筒的工作条件。且省煤器布置紧凑,造价较便宜,目前已得到广泛采用。

(一)省煤器的种类和构造

省煤器按材质的不同,可分为铸铁式和钢管式两种。按给水在其中被加热的程度,可分为非沸腾式和沸腾式两种。工业锅炉常用的是非沸腾式铸铁省煤器。

铸铁省煤器是由数排外侧带有方形或圆形鳍片的铸铁管组成,一般为2.0m长。各管之间用180°铸铁弯头依次串联起来。给水进口在省煤器组的下方,出水口在上方。其结构如图4-14所示。

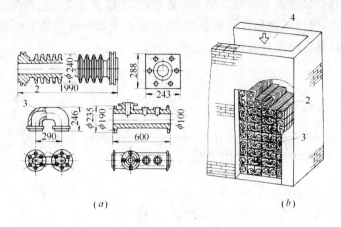

图 4-14　铸铁省煤器的构造和组成

(a)铸铁省煤器;(b)省煤器的组成

1—入口联箱;2—省煤器管;3—弯头;4—烟道

铸铁省煤器耐磨性及耐腐蚀性均较好,但铸铁性脆、强度低,且不能承受水击。因此,铸铁省煤器只能用作非沸腾式省煤器,而锅炉工作压力应低于 2.5MPa。为了保证铸铁省煤器的可靠性,要求经省煤器加热后的水温比其饱和温度至少低 30℃,以防产生蒸汽。

铸铁省煤器体积大、较笨重,且鳍片间易堵灰,难清除;法兰连接易漏水。因此,对于较大型的锅炉,给水经过除氧,温度较高,多采用钢管省煤器。

钢管省煤器是由并列的蛇形钢管组成。蛇形管的两端分别连接进口联箱和出口联箱。蛇形管常用直径 28~38mm 无缝钢管弯制而成,如图4-15所示。

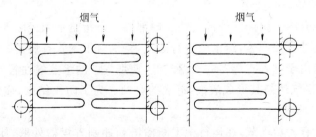

图 4-15　钢管省煤器

钢管省煤器中,烟气自上而下在管外流动,给水由下向上在管内流动,呈逆流布置。而管子一般采用错列水平布置。钢管省煤器的出水温度不受限制,允许水在其中汽化,出水可以是干度小于20%的汽水混合物。因此,钢管省煤器属于沸腾式省煤器。

钢管省煤器和上锅筒由管路直接连接,而不设任何关断阀,便于顺利地将省煤器中的汽水混合物送入锅筒。

(二)省煤器的布置和管路系统

省煤器布置在烟道中应使烟气从上向下流动,给水则自下向上流动,形成逆流式放热。

为保证铸铁省煤器的安全运行,在省煤器进、出口管道上应装有截止阀和止回阀,起控制和防止水倒流的作用,并设有监督铸铁省煤器安全运行的安全阀、温度计、压力表等附件以及烟气和给水的旁路。当省煤器发生故障或锅炉升火运行时,烟气从旁通烟道通过,必要时给水也可以从旁通管直接进入上锅筒。如无旁通烟道,在锅炉升火运行期间,为防止省煤器中水不流动发生汽化,可设再循环管接至水箱,使水在省煤器中流动带走热量,防止省煤器中的水发生汽化。铸铁省煤器的连接系统见图4-16。

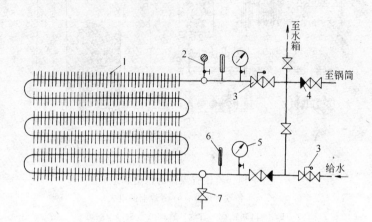

图 4-16　铸铁省煤器附件及管路
1—省煤器管;2—放气阀;3—安全阀;4—止回阀;
5—压力表;6—温度计;7—泄水阀

进口安全阀能够减轻给水管路中可能产生的水击的影响,出口安全阀在省煤器内发生汽化超压时泄压,以保护省煤器。

锅炉起动时,为了排除省煤器中的空气,在出口处装设放气阀或将安全阀上放气阀打开。

进口疏水阀在检修省煤器时用来泄水。

（三）省煤器的防腐和防磨

省煤器的腐蚀有内部腐蚀和外部腐蚀。内部腐蚀是指给水未经除气处理所产生的气体腐蚀。为了防止这种腐蚀产生,给水应进行除气,特别对于钢管省煤器。

外部腐蚀是指由于进入省煤器的水温过低,使烟气中的水蒸气在管外表面结露,烟气中的 SO_2、SO_3 和 CO_2 气体与其形成酸液,造成的腐蚀。为了防止结露,应使烟气侧壁温比烟气露点温度高 $5\sim10℃$ 以上。

由于烟气中含有大量飞灰,在运行中不断撞击和冲刷省煤器外壁,使其变薄而破裂,造成外部磨损。为了防止和减少飞灰磨损,在运行中应控制烟气流速,一般在 $10\sim12m/s$ 为宜。

三、空气预热器

（一）空气预热器的作用

空气预热器是利用锅炉尾部的烟气余热加热锅炉燃烧所需空气的热交换器,一般布置在省煤器之后。

空气预热器的使用,一方面可以减少锅炉排烟热损失,提高锅炉热效率;另一方面使进入炉内的冷空气变为热空气,改善炉内燃烧条件,提高燃烧温度,增强传热效果。

在工业锅炉上,一般是采用省煤器来降低排烟温度,采用空气预热器的不多。但在下述情况下,应考虑使用空气预热器:

(1) 燃用煤粉的锅炉,煤粉要用热风干燥并输入炉膛;

(2) 锅炉燃用劣质煤,需要用热风来促进稳定燃烧;

(3) 锅炉产生的蒸汽压力低(0.5MPa 以下)而回水温度高(80℃以上),使用省煤器的经济效果不大。

一般在正常燃烧条件下,利用空气预热器送入炉膛的空气温度可提高到135℃或更高,强化燃烧。对于层燃炉,为了保证炉排冷却,一般只宜加热到 150~200℃。

(二) 空气预热器的构造

工业锅炉中常用的空气预热器是管式空气预热器,其构造如图 4-17 所示。管式空气预热器主要由数根 $\phi40\times1.5mm$ 或 $\phi51\times1.5mm$ 的钢管垂直焊在上、下管板上,组成整体的管箱。在上下管板之间还设有中间管板和导流箱。烟气由上而下在管内流动,作纵向冲刷;空气在管外作横向冲刷。管子沿空气流动方向成错列布置。

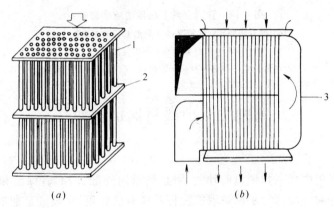

图 4-17　管式空气预热器

(a) 空气预热器的构造;(b) 空气流程

1—管束;2—管板;3—导流箱

空气预热器由多个管箱组成,以利运输和安装。管箱和管箱之间用膨胀节密封。管箱与支承框架和烟道间也是用薄钢板制作的有弹性的膨胀节来密封。

空气预热器中烟气推荐流速通常取 9~13m/s,推荐空气流速一般为烟气流速的一半。布置空气预热器后,锅炉排烟温度一般为 160~200℃。

(三) 空气预热器的防腐和防磨

空气预热器和省煤器一样,存在腐蚀和磨损问题。

空气预热器的腐蚀通常发生在烟气一侧。由于流经空气预热器的烟气温度比省煤器低,所以烟气中水蒸气凝结而发生腐蚀的可能性就更大,特别是在空气入口处。因此,应使空气预热器的壁温高出烟气露点 10℃以上。在运行时应设法提高空气预热器进口的冷空气温度,如将送风机吸风口引到锅炉房空气温度较高的屋架下面,或将一部分热空气混入冷空气中。

空气预热器的飞灰磨损,在管子入口约 1.5~2.0 倍管外径处最为严重。这是由于烟气的流通截面积在该处突然缩小,产生紊流。为了防止磨损,除了在运行时保持适宜的烟气流速和均匀地分配烟气外,还可以在空气预热器烟管入口处加装便于修换的防磨套管,如图4-18所示。

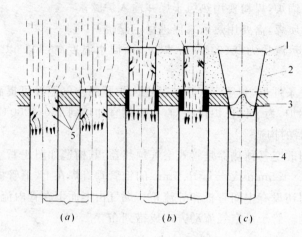

图 4-18 管式空气预热器的防磨套管
(a) 没有防磨套管的情况;(b) 防磨套管的正确装法;
(c) 防磨套管的不正确装法
1—防磨套管;2—绝热材料;3—管板;4—管束;5—飞灰磨损处

第四节 炉墙与锅炉钢架

一、炉墙

炉墙是构成锅炉燃烧室和烟道的外壁,阻止热量向外散失,起着保温和密封的作用,并使烟气按指定的方向流动。为了使炉墙能发挥其应有的作用,它须满足如下要求:应有良好的绝热性、耐热性、严密性、抗蚀性和防振性,并有足够的机械强度和承受温度急剧变化的能力,还应有重量轻、便于施工和价格低的特点。

砌筑炉墙的常用材料有以下几种:

(一) 耐火粘土砖

通常称为耐火砖,是由耐火粘土(即焙烧过的粘土)和用作粘合剂的生粘土混合后,经高温烧制而成。

按化学成分不同可分为酸性砖和碱性砖。因为灰渣成碱性,锅炉炉墙通常用碱性砖,以防其腐蚀。按耐火温度不同可分为甲、乙、丙三级,各级耐火能力分别为 1730℃、1675℃、1580℃。耐火砖的密度为 $1.8\sim2.2t/m^3$。

耐火粘土砖的特点是:耐热性好、机械强度大、价格低,因此,应用广泛。它一般用于炉膛内衬墙和烟温高于 600℃ 的烟道中。

(二) 硅藻土砖

是由硅藻土掺入锯末或泥煤经过焙烧而成。硅藻土砖的特点是:密度小(约为 $0.5\sim0.6t/m^3$)、导热能力小和具有一定的耐热性,但其机械强度小、抗腐蚀性差。所以放在耐火砖外侧,起保温作用。

(三) 普通红砖

是用普通黏土加少量砂子焙烧而成,密度约 1.7～1.8t/m³。主要用于锅炉燃烧室的炉墙外层或低温烟道上,其耐温能力不超过 600℃。

(四)其他材料

在砌筑炉墙时,还要用到耐火土、铬铁矿砂等调制成的各种耐火涂料以及珍珠岩等保温材料。

炉墙按构造不同分为重型炉墙、轻型炉墙、敷管炉墙三种。

(一)重型炉墙

炉墙直接砌筑在锅炉的基础上,全部质量由基础承担。考虑到炉墙稳定性及高温下砖的耐压强度,砖砌炉墙的高度一般不宜超过 12m。这种炉墙多用于蒸发量小于 35t/h 的锅炉。

普通重型炉墙一般分为内外二层,如图 4-19 所示。内层为耐火黏土砖,外层为普通红砖。一般在内、外层之间留有 10～20mm 宽的空气夹层,起绝热作用,使炉墙厚度大为降低,且炉墙外表面温度不至过高。为使内外两层砌成一体,在高度上每隔 5～7 块砖伸出一层耐火砖插入红砖中作为牵连砖;角部每隔一层伸出一层红砖作牵连砖,使各角部红砖与红砖之间相互牢固咬住,形成一个整体。为了保证自由膨胀,避免炉墙因受热膨胀而发生裂缝,在炉墙四角沿整个高度,留有垂直的温度膨胀间隙,即 25mm 伸缩缝,缝内填入粗为 25mm 的石棉绳密封。

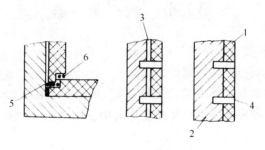

图 4-19　重型炉墙结构示意图
1—耐火粘土砖;2—红砖;3—空气夹层;
4—牵连砖;5—膨胀缝;6—石棉绳

(二)轻型炉墙

又叫钢架承托式炉墙。炉墙采用大型预制耐火混凝土板和密封涂料,全部重量支承在锅炉钢架的横梁上。轻型炉墙广泛地用于我国中大型锅炉中。卧式快装锅炉也采用轻型炉墙。

(三)敷管炉墙

又叫管承式炉墙。它采用膜式水冷壁或小节距水冷壁。炉墙材料全部敷设在水冷壁管或包墙管上。主要用于大型锅炉上。

二、锅炉钢架

工业锅炉中,用来支撑锅筒、联箱、受热面管子、平台及扶梯的钢结构称为锅炉钢架。锅炉钢架不仅承受锅炉本体的荷载,同时使锅炉本体各部件固定并维持它们的相对位置,抵御外界加给锅炉的其他负荷。因此,锅炉钢架应满足强度、刚度、稳定性条件的要求,并应具有自由膨胀的可能性。

工业锅炉多采用框架式钢架。它一般为梁与柱刚性连接的空间构架。如图4-20所示。

钢架中的立柱是垂直于地面并将锅炉本体荷载传给基础的承重构件。立柱传给基础的集中载荷很大,通常在立柱下面有面积扩大的托座。托座与锅炉的钢筋混凝土基础的连接,多采用将立柱托座与基础预埋钢板焊在一起。横梁是水平放置的承重构件,横梁承受汽水系统和烟风系统的荷载并传给立柱。其他辅助梁和支撑杆件除应保证钢架自身的整体性和稳定性外,这能维持炉墙的稳定性,固定锅炉平台、扶梯等。

锅炉钢架应避免受到高温作用(一般小于150℃),从而消除构件的热应力。承重的立柱和横梁必须布置在炉墙和烟道的外面。对于必须布置在烟道和炉墙内的构件,除了采取必要的绝热、冷却措施外,还应在结构上采取能使其自由膨胀的措施。

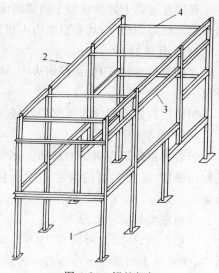

图4-20 锅炉钢架
1—立柱;2—横梁;3—辅助器;4—支撑杆

第五节 吹 灰 器

锅炉长期运行后,各受热面外壁常积有烟灰,若不及时清除,会使烟气流动阻力增大,并影响传热效果,使燃料消耗量增多,锅炉出力降低。通常利用吹灰器清除烟灰。

应用于工业锅炉的吹灰装置有移动式吹灰器,即吹灰时插入炉内,吹过灰后从炉内抽出;以及固定式吹灰器,即将其固定安装在受热面中。采用的吹灰介质可以是蒸汽,也可以是压缩空气。

一、软管式吹灰器

吹灰管是一端封闭,另一端装有阀门的钢管。它的上面开有一排吹灰孔,孔的间距与被吹受热面间距一致,管端的阀门通过金属或耐高温的橡胶软管与吹灰工质相接。吹灰时将吹灰器插入需吹扫的部位,使吹灰孔对着两根炉管之间的空隙。打开阀后,移动吹灰管,使其沿烟气流动方向吹扫烟灰,一般移动吹扫2～3次。

二、链轮吹灰器

链轮吹灰器的形式与软管吹灰器基本相同,但吹灰管能随链轮旋转而旋转,将它固定安装在烟道中。采用饱和蒸汽作为吹灰工质。图4-21是常用的一种链轮吹灰器结构简图。吹灰管的封闭端位于炉内,用卡子固定在受热面上,另一端与阀门和转动机械相连。这种专门用于吹灰器的阀门同转动机械是连锁的。当用手拉动链条时,通过链轮带动吹灰管转动,蒸汽立即喷出,当链轮转满一圈后,蒸汽会自动停止喷出。如此进行2～3次,炉管积灰即可清除。

吹灰前必须检查吹灰设备是否完好,不应有漏汽现象。吹灰时,应先暖管,将凝结水放掉,以免大量凝结水喷入烟道中。

一般在炉膛、防渣管处采用移动式吹灰器,用饱和蒸汽作吹灰介质;在蒸汽过热器处采用过热蒸汽作吹灰介质。省煤器、空气预热器处的吹灰器不能用饱和蒸汽。

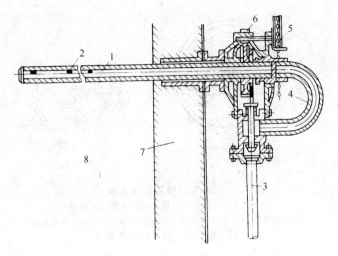

图 4-21　链式吹灰器
1—吹灰管；2—吹灰孔；3—蒸汽管；4—弯管；
5—手动链轮；6—齿轮；7—炉墙；8—烟道

　　压缩空气吹灰的优点是可用手移动，能方便地引到积灰部位。但手动吹灰器所用压缩空气的压力不高，往往吹不掉较硬的灰壳。压缩空气压力一般不低于 0.4～0.5MPa。

第六节　锅炉安全附件

　　为了保证锅炉的正常运行，锅炉上装设有压力表、水位表、安全阀、高低水位警报器、给水自动调节等附件。

一、压力表

　　锅炉的工作压力受元件机械强度的限制，不允许超过由受压元件强度所决定的允许值。因此，在运行中必须对锅炉汽水系统内部的实际压力进行严格的监控，以保证锅炉在允许工作压力下安全运行。根据《蒸汽锅炉安全监察规程》规定，每台锅炉必须装有与锅筒蒸汽空间直接相连的压力表。同时，在给水管的调节阀前、可分式省煤器出口、蒸汽过热器的出口和主汽阀之间、加热器进出口、分汽缸、燃油锅炉油泵进出口、燃气锅炉的气源入口处均应装设压力表，用来测量和显示工作压力。对于热水锅炉，锅炉的进水阀出口和出水阀入口都应装一个压力表。循环水泵的进水管和出水管上也应装压力表。

　　压力表种类很多，工业锅炉房中最常用的是弹簧管压力表，其结构见图 4-22。在圆形外壳内，有一根断面呈椭圆的金属弹簧弯管，它的一端固定，另一端是封闭的自由端。当被测介质由固定端接入后，弹簧管受介质压力的作用趋于伸直，这种形变借连杆和扇形齿轮组成的传动机构转动带动中心齿轮旋转，使得指针偏转，在刻度盘上指示出介质的压力值（相对压力）。被测介质压力越大，指针偏转角度越大。当压力消失后，弹簧管恢复原状，指针回到零点。

　　弹簧管压力表结构紧凑，测量范围广，精度较高，使用方便。弹簧管压力表除了可以就地指示外，还可以通过各种变送器把弹簧管受压变形的位移量转变成电信号，通过导线传送到二次仪表，进行远传显示，成为远传式压力表。此外，还可以做成能报警的电接点信号压力表，如图 4-23 所示。在压力表指针上接有电源的一个触点，在表盘上装有规定压力的上

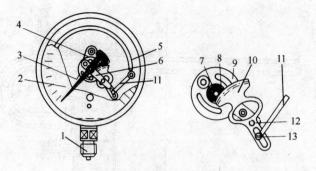

图 4-22 弹簧管压力表
1—接头;2—刻度盘;3—指针;4—机座;5—弹簧管;
6—传动机构;7—中心齿轮;8—游丝;9—下夹板;10—扇形齿轮;
11—连杆;12—轴;13—活节螺丝

限和下限的另一个触点 A 和 B。当被测介质的
压力升高或降低到上、下限所规定的数值时,电
源接通,发出报警信号,提醒工作人员注意。

弹簧管压力表种类很多:Y 型压力表用于测
量介质的正压,测量范围为 0.06~40MPa,有很多
规格;Z 型是真空表,可测量-0.1~0MPa 的负压;
YZ 型是真空压力表,测压范围为-1~2.5MPa。
表盘直径有 60、100、150、200、250mm 几种。

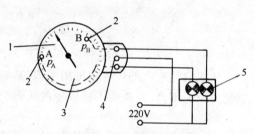

图 4-23 电接点式压力表
1—工作指针;2—触点;3—弹簧式压力表;
4—电接点装置;5—报警信号

压力表在选用和安装、使用时应注意以下
几点:

（一）压力表精确度

对于工作压力<2.5MPa 的蒸汽锅炉,压力表精确度不应低于 2.0 级;对于工作压力
≥2.5MPa 的蒸汽锅炉,不应低于 1.5 级。

（二）压力表的量程

压力表的量程应为其工作压力的 1.5~3.0 倍,最好选用 2 倍。

（三）压力表表盘

压力表表盘直径不应小于 100mm。当压力表的安装位置距操作平台 2~4m 时,表盘
直径不应小于 150mm;当该距离>4m 时,表盘直径不应小于 200mm,以保证司炉工人能清
楚地看到压力指示值。

（四）压力表和取压点之间应装存水弯管

其结构如图 4-24 所示。管内积存冷凝水,避免蒸汽或热水直接接触弹簧弯管,造成读
值误差或损坏机件。存水弯管的内径用铜管时
不小于 6mm,用钢管时不小于 10mm。

（五）在压力表和存水弯管之间应装三通旋塞

便于冲洗管路和检查、校验、卸换压力表。
图4-25显示三通旋塞的操作。

（六）压力表应装在便于观察和冲洗的位置

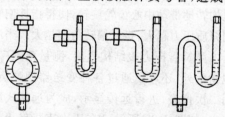

图 4-24 不同形状的存水弯管

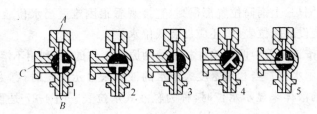

图 4-25 三通旋塞操作示意

A—接压力表；B—接存水弯；C—通大气或校验压力表

表盘应向前倾斜15°,并应防止受高温、冰冻和震动的影响。

（七）压力表在装用前作校验,安装完后注明下次的校验日期。在刻度盘上应划红线指出设备工作压力。装用后一般每半年至少校验一次,校验后应铅封。

二、水位表

水位表是利用连通器各部分水面处于同一水平面的原理,来显示锅筒内水位的仪表。它对于监视锅炉水位,控制和调节锅炉进水,防止缺水和满水事故的发生,具有十分重要的意义。根据《蒸汽锅炉安全监察规程》的规定,每台锅炉至少应装设两个彼此独立的水位表；但是对于蒸发量≤0.5t/h的锅炉、电加热锅炉、D≤2t/h且装有一套可靠的水位示控装置的锅炉可以只装一个直读式水位表。

在工业锅炉上,普遍使用的水位表是玻璃板水位计,如图 4-26 所示。金属框盒内装有耐热耐压的平板玻璃,平板玻璃上刻有几道三棱形沟槽。由于光线在沟槽中的折射作用,使蒸汽部分呈银白色,水柱部分呈阴暗色,因而能清楚地显示水位。水位表的上、下端分别用钢管和上锅筒的汽、水空间相连通。在连通管上分别装有汽阀和水阀,在水位表下端设有放水阀,以备冲洗和校验水位表之用。

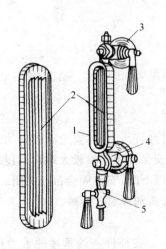

图 4-26　玻璃板水位计

1—框盒；2—玻璃板；3—汽旋塞；

4—水旋塞；5—放水旋塞

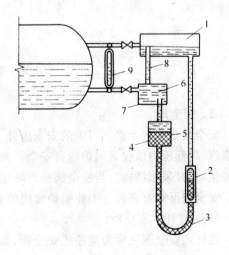

图 4-27　重液式低位水位表

1—冷凝器；2—低位水位指示器；3—U形管；

4—膨胀器；5—重液；6—炉水；

7—沉淀器；8—溢流管；9—上部水位计

对于大容量的锅炉,上锅筒位置都很高,直接观看很困难。当水位表距离操作地面 6m 时,除了上锅筒上装设的水位表外,还应加装低位水位表。

低位水位表是按连通管中两侧水柱相平衡的原理工作的,并利用不溶于水、不同于水的密度的带色液体显示水位。当利用密度大于水的液体来显示水位时,称为重液式低位水位表;用密度小于水的液体来显示水位时,称为轻液式水位表。图 4-27 是重液式低位水位表的结构简图。

它的主要部分是一个 U 形管,管的下部注入比水重又不溶于水的带色液体(四氯化碳、三溴甲烷等),管的上端分别与上锅筒汽水空间相连接。在通向蒸汽空间的连通管上装有一个冷凝器,在这里不断冷凝来自锅筒的蒸汽使其成为水。溢水管将多余的水引回锅筒,使冷凝器中水位高度保持不变,即同蒸汽空间相连的连通管中水柱压力不变。而与锅筒水空间相连的连通管中的水柱压力则随锅筒中水位变化而变化。显然,锅筒内水位变化时,必然引起 U 形管中重液液面高度变化。于是在重液与水交接处的玻璃水位表上显示出锅筒内水位变化。使用低位水位表时,必须经常同上锅筒的水位表进行校正,以防失灵。

水位表在安装和使用中应注意以下几点:

(一)水位表应装在便于观察、冲洗的地方,并有足够的照明。

(二)水位表应有指示最高、最低安全水位和正常水位的明显标志。

(三)在运行中必须经常冲洗水位计,以避免污垢堵塞水连通管。而形成假水位,每个工作班应冲洗水位表 1～2 次,冲洗过程如图 4-28 所示。

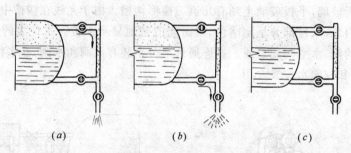

图 4-28　水位计的冲洗过程
(a)汽冲洗;(b)水冲洗;(c)正常工作

三、安全阀

安全阀是锅炉上必不可少的安全附件。当锅炉超过允许压力时,安全阀会自动开启,排出蒸汽、降低压力以保证锅炉运行安全。同时在排汽时安全阀会发出较大声响,引起操作人员警觉,及时采取措施。当安全阀排汽降压到允许压力以下时,安全阀会自动关闭。

安全阀形式有多种。工业锅炉常用的安全阀有杠杆式和弹簧式两种。

(一)杠杆式安全阀

杠杆式安全阀又称为重锤式安全阀,如图 4-29 所示。在杠杆一端重锤的重力作用下,通过阀杆将阀芯紧压在阀座上。当锅炉蒸汽压力大于重锤和力臂的乘积时,阀芯被顶起,蒸汽排出,反之,阀门关闭,排汽停止。安全阀的开启压力,靠移动重锤与阀芯距离来调整。

杠杆式安全阀结构简单、动作灵活可靠,便于调节,因而应用广泛。

(二)弹簧式安全阀

弹簧式安全阀如图 4-30 所示,阀芯是靠弹簧的压力压紧在阀座上的,弹簧压力的大小是靠调节螺丝来调整的。当锅内蒸汽压力超过弹簧所能维持的压力时,弹簧被压缩,阀芯抬起,排出蒸汽。

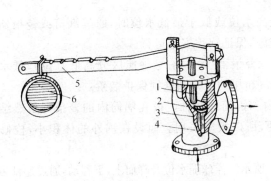

图 4-29 重锤单杠杆安全阀

1—阀杆;2—阀芯;3—阀座;

4—阀体;5—杠杆;6—重锤

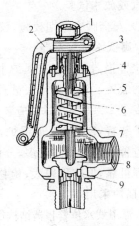

图 4-30 弹簧式安全阀

1—阀帽;2—提升手柄;3—调整螺丝;4—阀杆;

5—上压盖;6—弹簧;7—下压盖;8—阀芯;9—阀座

弹簧式安全阀体积小、重量轻、排泄量大,能承受振动而不泄漏。其弹簧的弹性会随时间和温度的变化而改变,故可靠性较差。

按照《蒸汽锅炉安全监察规程》的有关要求,每台锅炉至少要装设两个安全阀,但蒸发量≤0.5t/h 或蒸发量<4t/h,且装有可靠的超压联锁保护装置的锅炉,可安装一个安全阀。可分式省煤器出口处、蒸汽过热器出口处、省煤器入口和出口处都必须装设安全阀。

省煤器安全阀的开启压力,应为装置地点工作压力的 1.10 倍;锅筒和蒸汽过热器的安全阀,应按表 4-1 调整和校正其开启压力。

安 全 阀 整 定 压 力　　　　　　　表 4-1

额定工作压力(MPa)	安全阀的开启压力
≤0.8	工作压力+0.03MPa
	工作压力+0.05MPa
0.8<P≤5.9	1.04 倍工作压力
	1.06 倍工作压力

注:1. 锅炉上必须有一个安全阀,按表中较低的整定压力进行调整。

2. 对有过热器的锅炉,按较低压力进行调整的安全阀必须为过热器上的安全阀,以保证过热器上的安全阀开启。

锅筒上的安全阀和过热器上的安全阀的总排汽能力,必须大于锅炉额定蒸发量。在锅筒和过热器上所有安全阀开启后,锅炉内的蒸汽压力不得超过设计压力的 1.1 倍。

安全阀在安装和使用中要注意以下几点:

(一)安全阀应垂直安装在锅筒、集箱最高部位。安全阀与锅筒(或集箱)之间不得装有取用蒸汽的管道和阀门。

(二)安全阀应装设排汽管,排汽管应尽量直通室外,并有足够截面积,保证排汽畅通,排汽管上不允许安装阀门。

（三）安全阀底部应装有接到安全地点的泄水管，泄水管上不应有任何阀门。

（四）为防止安全阀的阀瓣和阀座因长期不动作而粘住，每月（周）至少有一次手动或自动的放汽或放水试验。

（五）安全阀应定期校验，校验结果记入锅炉技术档案。

四、高低水位警报器

水位警报器是用于在锅炉水位高于最高水位或低于最低水位时，通过汽笛或警报器发出信号的装置。通知运行人员及时采取措施，保证锅炉安全运行。

蒸发量≥2t/h 的锅炉，应装设高低水位警报器（警报信号须能区分高低水位），低水位联锁保护装置；D≥6t/h 的锅炉，还应装蒸汽超压的报警和联锁保护装置。

水位警报器的形式较多，分设在锅筒内和锅筒外两种。设在锅筒内的警报器虽然结构较为牢固可靠，但体积较大，检修也不方便，所以很少采用。而设在锅外的体积小，检修方便，多为锅炉采用。

锅外浮子式水位警报器结构简图如 4-31 所示。浮球随水位升降而上、下移动，通过连杆带动磁铁上、下移动。箱内装有三个水银开关，左上方为高水位水银开关，当水位高于一定值时，发出电声警报。左下方为低水位水银开关，当水位低于一定值时，发出电声警报。右下方是危险低水位水银开关，水位到达最低极限水位时，发出警报。

此外，还有电极式高低水位警报器。它是利用锅水导电性，使不同水位处的继电器回路闭合，从而发出信号来进行高低水位的报警。

操作人员听到警报时应立即认真检查和判别是高水位还是低水位，严防误操作造成事故。

五、蒸汽锅炉给水自动调节装置

鉴于水位控制对锅炉安全运行的重要性，在锅炉上必须安装给水自动调节装置。在工业锅炉中，给水自动调节大多采用电极式和浮子式。

（一）电极式给水自动调节器

电极式给水自动调节装置是工业锅炉中使用最普遍的一种，它属于双位调节器。

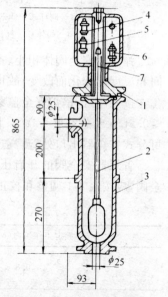

图 4-31　浮子式高低水位警报器

1—调整箱组件；2—浮球组件；
3—筒体；4—高水位开关；
5—低水位开关；6—极限低水位开关；
7—永久磁钢

电极式给水自动调节器是由水位变送器、整流电路、放大电路、电控电路等组成，如图 4-32 所示。

水位变送器为一密封罐，其上、下分别同锅筒汽、水空间相连通。罐内设有上、下限水位电极。当锅筒水位达到上、下限时，电极接通，然后通过电控电路控制给水泵的停、启，使锅筒内水位保持在规定的范围内。

（二）浮子式给水自动调节器

浮子式给水自动调节器的结构如图 4-33 所示。

浮子式给水自动调节器的工作原理与浮球式水位警报器相同。浮子在调节器内随水位升降而上下移动，通过连杆带动磁铁作同样的移动。装磁铁的套管外侧装有两对水银开关，通过水银开关触点的断合，可以分别实现高水位停给水泵，低水位启动给水泵。

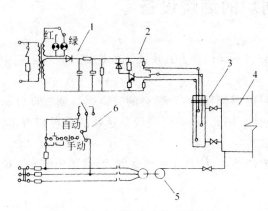

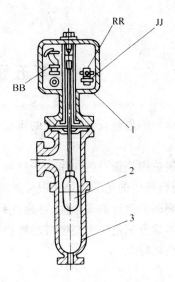

图 4-32　电极式给水自动调节器

1—整流电路；2—放大电路；3—水位变送器；

4—锅炉；5—水泵；6—电控电路

图 4-33　SK-C 型浮子式给水调节器

1—调整器；2—浮球；3—筒体

复习思考题

1. 锅筒、集箱和管束在汽锅中各自起什么作用？

2. 常见的水循环故障有哪些？

3. 蒸汽带水的原因是什么？

4. 工业锅炉中常用的汽水分离装置有哪几种？简述它们的结构和工作原理。

5. 一般说来,装置省煤器来降低烟温是比较经济有效的,但在哪些情况下采用省煤器并不合适？应如何处理？

6. 省煤器的进、出口上应装置哪些必不可少的仪表、附件？各自起什么作用？

第五章　锅炉的燃烧设备

锅炉的燃烧设备是锅炉的重要组成部分。不同燃烧方式所采用的燃烧设备也不完全相同。

锅炉燃烧设备的作用在于针对不同燃料的燃烧特性,为燃料的完全燃烧创造良好的条件,使燃料中的化学能最大限度地转化为热能。因此,锅炉燃烧设备选择的合理与否,将直接影响锅炉运行的安全性、可靠性和经济性。

本章分别阐明不同燃料的燃烧过程和燃烧条件,结合几种燃烧方式,讲述相应的锅炉构造和燃烧特点。

第一节　燃料的燃烧过程

燃料的燃烧过程是燃料中的可燃成分与氧发生剧烈的氧化反应并放热、发光的过程,是极复杂的物理化学综合过程。不同的燃料,燃烧情况也各不相同,如果燃烧条件改变了,燃烧的情况也随之变化。为了便于分析,常将复杂的燃烧过程人为地划分为几个基本阶段。现就针对不同种类的燃料进行分析。

一、煤的燃烧过程

对于固体燃料,习惯上划分为三个阶段,即燃烧的准备阶段、燃烧阶段和燃尽阶段。

(一) 燃烧的准备阶段

燃料进入高温炉膛后,并不马上烧着,而是先受到炉内的高温烟气、炉墙和已燃的燃料层的加热而升温。当温度达到 100℃ 以后,燃料中的水分迅速蒸发而干燥。随着燃料温度的继续升高,挥发物开始逸出,焦炭开始形成。称这一阶段为燃烧的准备阶段。

在此阶段,燃料还没有着火燃烧,所以不需要空气。由于燃料升温干燥,就要吸收热量。燃料的预热、干燥所需要的热量大小和时间长短,与燃料特性、所含水分、炉内温度等因素有关。对于一定的燃料来讲,缩短这一过程的关键是提高炉温。炉温越高,预热干燥进行得越快。

(二) 燃料的燃烧阶段

随着燃料的继续加热升温,挥发物达到一定的温度和浓度时,开始着火燃烧,放出大量的热量。热量的一部分被受热面吸收,另一部分则用来提高燃料自身的温度,为焦炭的燃烧提供了高温条件。随着挥发物的燃烧,焦炭被加热至一定的高温,炭粒表面开始着火燃烧,燃料进入燃烧阶段。

焦炭燃烧是燃料释放热量的主要来源。因此,组织好焦炭燃烧对固体燃料的燃烧过程进行的完善与否,起着决定性的作用。

焦炭在炉排上燃烧,在其表面会形成一层惰性燃烧产物,阻碍空气与焦炭接触,使燃烧速度减慢,燃烧不完全。因此,操作上应增加拨火次数,以利于空气和焦炭的接触,使焦炭能迅速完全地燃烧。

燃料的燃烧阶段是燃烧的主要阶段,燃料的可燃成分主要集中在这一阶段燃烧。燃料燃烧放出大量热能,同时需要向炉内供给大量的空气。为使这一阶段燃烧完全,除了供给充足适量的空气,还必须使之与燃料有良好的混合接触。

（三）燃尽阶段

随着燃料中可燃成分的减少,燃烧速度减慢,燃料进入燃尽阶段。

由于焦炭燃烧是从表面开始的,所以燃尽的过程从外部向内部进行,使焦炭外部先形成灰壳。灰壳的形成阻碍着空气向内部扩散,被灰壳包住的焦炭难以燃尽。这就导致了这一阶段进行得很缓慢,放热不多,所需空气量也不多。

为了使焦炭全部燃尽,除了进行必要的拨火以破坏灰壳,维持一定的炉温外,还应延长灰渣在炉内停留的时间,以减少固体不完全燃烧热损失。

以上三个阶段虽有先有后,但不是截然分开的。根据燃煤的特性、燃烧方式及燃烧设备的不同,燃烧的各阶段常互相影响和互相重叠交叉进行。例如:挥发分的逸出和燃烧就是交错进行的。

二、液体燃料和气体燃料的燃烧过程

在液体燃料的静止表面上点火时,会出现火焰。这并不是液体燃料本身的燃烧,而是液体表面上蒸发的可燃气体的燃烧。这是由于液体燃料的沸点总是低于它的着火温度,使得液体燃料的燃烧总是在气态下进行。要强化燃料燃烧过程,首先要强化燃油的气化过程。为此,需要把燃油雾化成很细小的雾状油滴,增大油的蒸发表面,加速燃油气化,促进燃油的迅速完全燃烧。

（一）油滴的燃烧过程

油滴的燃烧分为蒸发、扩散和燃烧三个过程。

喷入炉膛内的油滴受到炉膛内高温加热,油滴表面开始蒸发,产生油气。油气和周围的氧气混合,形成油气与空气的混合气体。达到着火温度时,着火燃烧,在油滴四周形成火焰。燃烧产生的热量一部分由火焰面传给油滴,使油滴不断蒸发;油气不断向外扩散,油周围空气中的氧气不断地向火焰扩散进来,形成油气和空气的混合物,不断燃烧。因此,油滴的燃烧过程,实际上是边蒸发、边扩散混合、边混合燃烧的过程。

（二）燃油在炉膛内燃烧的过程

借助燃烧器将具有一定压力和温度的燃油雾化成细小的油滴(粒径小于 $200\mu m$),喷入炉膛。燃烧所需的空气则通过调风器送入炉膛。进入炉膛内的油滴吸收炉内热量,开始气化成油气,并同进入炉膛的空气相混合,形成可燃气体混合物。当达到燃油的着火点便开始着火、燃烧、直到燃尽。因此,炉膛内燃油的燃烧过程可分为以下四个过程:

（1）油的雾化过程;

（2）油滴的蒸发和热分解过程;

（3）油气与空气混合过程;

（4）可燃气体混合物的着火与燃烧过程。

气体燃料的燃烧非常容易、简单,它没有燃油的雾化和气化过程,只有与空气的混合和燃烧两个过程。气体燃料或气体燃料与空气的混合气体从燃烧器的喷嘴喷入炉膛进行燃烧。

由以上分析可见,燃料燃烧所需的空气量、足够的炉膛温度、必需的燃烧时间和空间、燃料与空气的充分混合和及时排走燃烧产物——烟气及灰渣是保证燃料充分燃烧的重要条件。每个过程的各阶段对这些燃烧条件的要求也不同。因此,根据不同的燃料和炉型组织好这些燃烧条件,对实现良好的燃烧工况是非常必要的。

三、燃烧设备的分类

燃烧设备一般按燃料在炉内燃烧方式的不同,分为层燃炉、悬燃炉和沸腾炉三类。图5-1为燃烧设备分类示意图。

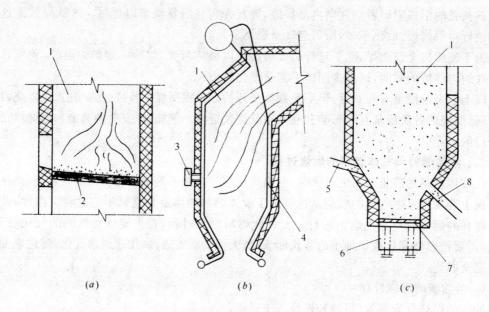

图 5-1　燃烧设备分类示意图

1—炉膛;2—炉排;3—燃烧器;4—水冷壁;5—进煤口;6—风室;7—布风板;8—溢渣口

(a)层燃炉;(b)悬壁炉;(c)沸腾炉

(一)层燃炉

燃料在炉排上铺成层状进行燃烧的锅炉,称为层燃炉。层燃炉在供热锅炉中用得最为广泛。

煤被送到炉排上形成燃料层。炉排上有缝隙让空气穿过,大部分煤在炉排上的燃料层中进行燃烧。这种燃烧方式,使新进的燃料能与已着火的燃料直接接触受到烘烤,点燃条件较好。适当厚度的燃烧层保持相当大的热量,燃烧稳定,不易造成灭火。因此,这种炉子又称为"火床炉"。

常用的层燃炉有火上加煤的固定炉排炉、火前给煤的链条炉排炉、往复推动炉排炉及振动炉排炉等。

层燃炉只能燃用块状或较大颗粒的固体燃料,可间歇运行。缺点是燃烧效率不高,不适用于大容量锅炉。

(二)悬燃炉

燃料在燃烧空间内呈悬浮状态进行燃烧的锅炉称为悬燃炉,又称室燃炉。

悬燃炉有燃用煤粉的煤粉炉,燃用液体燃料的燃油炉和燃用气体燃料的燃气炉。

煤粉炉不设铺燃料的炉排,燃料通过喷燃器送入炉膛使其以悬浮状态燃烧。燃料与空气接触面大,燃烧强烈,比层状燃烧方式的燃烧速度快,适应大容量锅炉的需要。但其燃烧设备复杂,不宜间断运行,燃烧不宜稳定。

(三)沸腾炉

一定粒径的煤在燃烧室内被自下而上送入的空气流托起,并上下翻滚进行燃烧,称为沸腾燃烧,又称为沸腾炉。沸腾炉设备简单,燃烧反应强烈,燃尽率很高,适用于燃烧劣质煤,但运行耗电量大、飞灰量大。

第二节 炉　　膛

炉膛又称燃烧室,它是供燃料燃烧的场所。层燃炉的炉膛由炉墙、炉拱及炉排组成;悬燃炉的炉膛是一个由炉墙围起来供燃料燃烧的立体空间;而沸腾炉的炉膛则是由炉墙和布风装置构成的燃烧空间。

炉膛的形状和大小,取决于燃烧方式和燃料特性等因素。无论是哪种燃烧方式的炉膛,为了达到安全、经济的燃烧,炉膛在结构上应满足下述要求:

(一)应具有足够的容积和高度,使燃料在炉膛有充足的燃烧时间和空间,尽可能燃尽而放出热量,以满足锅炉蒸发量的需要。

(二)应具有合理的形状,让燃料与空气很好的混合,尽量达到完全燃烧,使锅炉有较高的经济性。

(三)能适应所选用的燃料,便于供给燃料、排灰和通风,并实现机械化。

(四)具有良好的绝热性和密封性,以减少散热和漏风。

(五)结构简单,造价低。

通常采用炉膛容积热强度 q_V 和炉排面积热强度 q_R 来表示燃料在炉膛内燃烧的强烈程度,这是锅炉设计与运行的重要热力特性参数。

一、炉膛容积热强度 q_V

炉膛容积热强度是指单位炉膛容积、单位时间内燃料燃烧所放出的热量。即

$$q_V = \frac{B Q_{ar,net}}{3600 V_l} \quad kW/m^3 \tag{5-1}$$

式中　　B——锅炉燃料消耗量,kg/h;

$Q_{ar,net}$——燃料的低位发热量,kJ/kg;

V_l——炉膛容积,m^3。

对于室燃炉,因为没有炉排,燃烧是在炉膛内进行的,所以室燃炉燃烧的强烈程度只用炉膛容积热强度来表示。

通过对大量锅炉运行经验的总结,得出各种炉型炉膛容积热强度推荐值,见表5-1。

炉膛容积热强度(kW/m³) 表 5-1

手烧炉		链条炉	往复炉	抛煤机炉	煤粉炉	沸腾炉	燃油炉	天然气炉
烟管锅炉	水管锅炉							
400～520	105～130	235～350	235～290	235～290	140～235	930～1860	290～400	350～465

在锅炉设计和改造时,常根据容积热强度经验值来确定炉膛的大小。在锅炉运行管理中,实际的容积热强度不允许有过大的变化,否则将影响锅炉的正常运行。

二、炉排面积热强度 q_R

炉排面积热强度是指单位炉排面积上、在单位时间内燃料燃烧所放出的热量。即

$$q_R = \frac{BQ_{ar,net}}{3600R} \quad \text{kW/m}^2 \tag{5-2}$$

式中　R——炉排有效面积,m^2。

对于层燃炉,燃料绝大部分是在炉排上燃烧的,但挥发物和一部分飞扬的细小煤粒是在炉膛空间燃烧的,二者放热量之和才是炉子的总放热量。实际也很难确定两者各自放热量。因此,层燃炉的炉排面积热强度是指假设全部燃料在炉排上燃烧放出的热量。q_R 是层燃炉炉排燃烧面积设计的最重要的热力特性参数。一般根据经验性的统计值 q_R 来确定炉排面积的大小。

在锅炉投入运行后,为保证锅炉运行的经济性和安全性,必须有合理的炉排面积热强度,其推荐值见表 5-2。

炉排面积热强度(kW/m^2)　　　　　　　　表 5-2

手烧炉	自然通风	581～814	链条炉	烟煤	581～1047
	强制通风	759～930		无烟煤	581～814
往复炉	自然通风	756～640	抛煤机炉		1047～1268
	强制通风	814～913	沸腾炉		2340～3500

确定了炉子的 q_R 和 q_V 之后,估算出燃料消耗量 B,可利用上述公式计算出需要的 R 和 V_L。需要指出的是,计算炉排有效面积和炉膛容积的规定:对于手烧炉,即为炉排面积;对于链条炉,为从煤闸门内侧至老鹰铁前弦之间的炉排面积;对于其他层燃炉,为从煤闸门内侧至炉排尾端间的面积。炉膛容积是指由炉膛内壁或水冷壁管中心线,燃料层表面和第一排对流管束的管中心线所围成的空间。

第三节　手　烧　炉

手烧炉是最简单的一种层燃炉。它的加煤、拨火和除灰渣等操作均由人工完成。因此,炉膛的深度和宽度都受到操作的限制,不能太大,锅炉的容量则均在 1t/h 以下。图 5-2 为手烧炉简图。

锅炉在生火点燃燃料后,新燃料由人力经炉门铺撒在炉排上燃烧。燃烧所需的空气经灰坑穿过炉排进入炉内。燃尽的大块灰渣定期由炉门钩出,而较细的漏煤和灰渣落入灰坑,再从灰门扒出。

在燃烧过程中,新煤由炉门投入后,铺撒在炉排炽热的焦炭层上。新煤不但受到下方灼热燃烧层的烘烤加热,而且还受到上方炉膛高温烟气和灼热炉墙的辐射传热,形成十分有利的"双面引火"的着火条件。新加入煤中的水分和挥发分很快析出,达到燃烧阶段。这种"双面引火"的着火条件,使得手烧炉煤种适应性广,可以燃用各种固体燃料。

由于手烧炉的燃料是间断地投入炉内,使得手烧炉的燃烧过程随燃料层厚度的变化而呈周期性的变化。在新煤刚投入时,燃料层最厚,通风阻力最大,进入炉内的空气量最小。

但这时正是燃料预热干燥、燃料挥发份和焦炭开始燃烧而需要大量空气的时候,就会出现新燃料开始燃烧时空气量不足的现象,造成烟囱冒黑烟和燃烧不完全,锅炉效率降低。随着燃料的燃烧,燃料层厚度逐渐减薄。当燃料接近燃尽时,进入炉内的空气量由于燃料层的阻力降低而增多,但这时燃烧所需空气量减少,就出现空气过剩的现象,使排烟热损失增大。这种燃烧过程的周期性变化是手燃炉效率不高的主要原因。另外,投到炉排上的燃煤粒度大小不一,煤层的燃烧很不均匀。煤层薄或松的部位,燃烧较快,灰渣形成的也就快,容易出现"火口",涌入过量的冷空气,破坏炉内的燃烧工况。因此,必须进行拨火、平整煤层,使煤层燃烧尽可能均匀。而且,煤层中大块的煤往往是表面

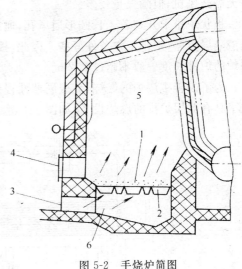

图 5-2　手烧炉简图

1—煤层;2—炉排;3—灰门;4—炉门;5—炉膛;6—灰坑

先燃尽,形成灰壳。如果不及时将灰壳拨碎,就会使灰壳中的可燃物与空气隔绝,使 q_4 增加。焦结性较强的煤,更容易形成大块灰渣。因此,打碎焦渣的拨火操作是手烧炉燃烧过程的重要一环。所以要求司炉工操作时应尽量做到:投煤要勤,一次投煤要少,煤层厚度要均匀,开炉门加煤和拨火的动作要迅速,以避免涌入大量冷空气而降低炉温。

煤层在燃烧时,靠近炉排的一层实际是灰渣,这些灰渣起着保护炉排不受高温烧坏的作用。因此,在燃烧过程中,不希望燃烧最旺盛的区域靠炉排太近。这个区域的远近和炉排的通风截面比有密切关系。炉排的通风截面比是指炉排面上通风缝隙总截面积与炉排总截面积之比。如通风截面比较小,燃烧最旺盛的区域离开炉排的距离就远,炉排的工作条件比较好;反之,炉排的工作温度较高。

炉排常用铸铁制造,有板状炉排和条状炉排两种,如图 5-3 所示。

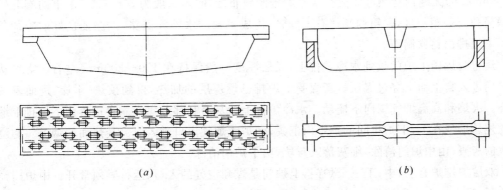

(a)　　　　　　　　　　　(b)

图 5-3　手烧炉常用炉排

(a) 板状炉排;(b) 条状炉排

条状炉排两片之间留有 $3\sim15mm$ 的通风缝隙,其通风截面比为 $20\%\sim40\%$。从炉排下进入的空气能迅速扩散到燃烧层,炽热的燃烧层比较接近炉排,炉排工作条件较差,容易烧坏。因此,适用于燃用挥发物高的烟煤和褐煤。由于通风截面比值较大、通风阻力小,一

般无需鼓风机,但漏煤量较多。

板状炉排上开有若干长圆形通风孔,通风截面比为 8%~12%。空气较为集中地引入,灰渣隔层较厚,炉排工作条件好些。因此,板状炉排适合燃用低挥发物和低灰熔点的煤。手烧炉的炉排长度一般不超过 2.2m。

为了改善手烧炉的燃烧,克服周期性冒黑烟的缺点,在对手烧炉技术的改造中,发展形成了具有双层炉排的燃烧设备,如图 5-4 所示。

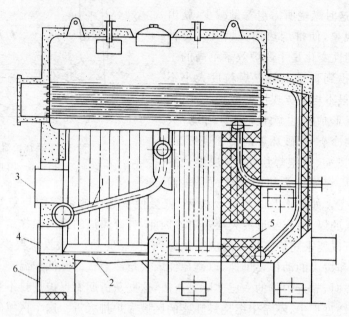

图 5-4 双层炉排手烧炉
1—水冷炉排;2—下炉排;3—上炉门;4—中炉门;5—烟气出口;6—下炉门

在炉膛上部增加一个由平行并列的水管组成的上炉排(水冷炉排)。一般是由直径为 51~76mm 的无缝钢管热弯而成。水冷炉排倾斜布置,倾角一般为 8°~12°。上下两端分别与锅筒和前联箱相接,联箱两端接有下降管,构成单独的水循环回路,以保证良好的冷却条件。下炉排由铸铁制造。

运行时煤由上炉门投到水冷炉排上,煤层厚度一般保持在 150~200mm 左右。空气从上炉门进入自上而下穿过煤层。新煤受下炉排已燃煤层的加热,得到预热、干燥,进而着火燃烧。火焰和高温烟气则向下流动。水冷炉排上的灰渣和部分焦炭靠自重落到下炉排上继续燃烧。烟气在上、下炉排间的炉膛内汇集,经炉膛烟气出口进入对流受热面的烟道。燃烧形成的灰渣,由中炉门清除,细灰落入灰坑,由下炉门清除。

双层炉排炉有上、中、下三个炉门,上炉门是煤和空气的入口,运行时须常开。中炉门经常关闭,只有在点火和清炉、出渣时才打开。下炉门用于出灰,运行时,下炉排上的焦炭粒子燃烧所需的空气由此进入。因此,平时要开得小些。上、下炉门的开度随煤种、负荷等因素变化。煤的挥发分经过水冷炉排上灼热的燃料层时已基本烧尽。即使有少量尚未烧尽的,在掠过高温炉膛和下层炉排上炽热的焦炭表面时,仍能烧尽。从而解决了一般手烧炉冒黑烟的问题。同时,燃烧所需的空气是从上、下炉排双向进入,加强了炉内气流的扰动,改善了燃烧条件,减小了不完全燃烧损失。因此,燃烧效率比一般手烧炉高。

双层炉排的煤层阻力较大,一般需要引风机来增强炉内的烟气流通。如果采用自然通风,则要求减小炉排面积热负荷和增加烟囱高度。

由于水冷炉排着火条件差,该炉不宜烧劣质煤。目前主要用在容量小于2t/h的燃用烟煤的锅炉上。

第四节　链条炉排炉

链条炉排炉是一种结构比较完善的机械化层燃炉。它是靠移动的链条炉排来完成连续给煤和出灰的燃烧设备,简称链条炉。目前国内生产的工业锅炉中,链条炉的最大容量可达65t/h。

一、链条炉的结构

图5-5是链条炉的结构简图。燃煤自炉前的煤斗靠自重下落,通过煤闸门落在炉排上。通过调节煤闸门的高度来控制炉排上煤层的厚度。炉排依靠主动轮带动,以2~20m/h的速度自前向后缓慢移动。进入炉膛的煤随着炉排的移动,逐步经过预热、干燥、着火燃烧和燃尽等各阶段,最后形成灰渣,通过炉排末端的除渣板(又称老鹰铁)排入落渣口。

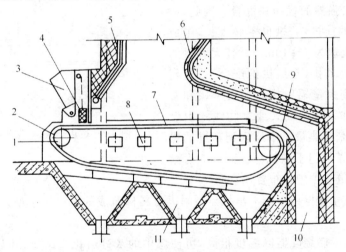

图 5-5　链条炉结构简图

1—主动链轮;2—链条炉排;3—煤斗;4—煤闸门;5—前拱;
6—后拱;7—防焦箱;8—分区送风仓;9—老鹰铁;10—落渣口;11—灰斗

在链条炉中,新加入的煤不是落在炽热的焦炭上,而是落在温度较低的炉排上。为改善链条炉着火条件,加速煤的燃烧,通常把链条炉燃烧室的前、后墙内壁设置成向炉内凸出的拱型,称为炉拱。靠近炉前的小煤斗,位于燃烧室前墙上的拱称为前拱。位于燃烧室后墙上的拱叫做后拱。图5-6是燃用无烟煤的链条炉前、后拱的示意图。

前拱用来反射炉内的辐射热,加速新煤的预热和着火,并减少炉排前端燃烧时对水冷壁管的辐射,保持该处煤的温度强化燃烧,同时保证煤闸门不会因受高温而烧坏。

后拱用来将炉排后部的过剩空气导向燃烧中心,与可燃气体混合。同时也使导向前端的烟气中未燃尽的炽热炭粒在气流转弯时分离下来,落在前端新煤上,有助于新煤的燃烧。

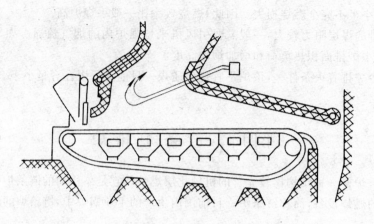

图 5-6　燃用无烟煤链条炉的炉拱

当燃用无烟煤时,通常采用低而长的后拱来改善燃烧条件。因此,后拱又称作对流拱。

拱的结构形状和尺寸与燃用的煤种密切相关。燃用烟煤和褐煤的链条炉,因这两种煤的挥发分都较高,着火并不困难,重要的是使炉内气流获得更强烈的扰动和混合。因此,一般采用高而短的前拱,后拱也不必太长,组成喉口处的烟气流速为 $7 \sim 10 \text{m/s}$。较大容量的锅炉通常采用高前拱,在后拱的配合下,使新进入的燃料受到大量辐射热而加快干燥和着火。在前拱底部设有斜面式或抛物线式引燃拱,使烟气投射来的热量集中反射到新进的煤上,同时又保护煤闸门不被烧坏。图 5-7 为燃用烟煤、褐煤的链条炉炉拱布置示意图。

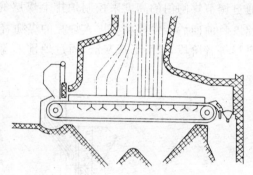

图 5-7　燃用烟煤、褐煤的链条炉炉拱

拱一般是在水冷壁或型钢上吊挂异型耐火材料构筑成的。对于小型链条炉,也有使用砖砌拱的。

由于炉排面上燃烧旺盛区温度很高,可使煤中的灰分熔化而结渣,并与炉墙粘结在一起,破坏炉排的正常运转。因此,链条炉两侧内墙处设有防焦箱。通常以两侧水冷壁的下联箱作为防焦箱,连于锅炉的水循环系统。

二、链条炉排的种类和结构

工业锅炉常用的链条炉排有鳞片式、链带式和横梁式三种。链带式炉排(也称轻型炉排)一般只用在 10t/h 以下的锅炉中;鳞片式炉排用在容量较大的 10～35t/h 锅炉中;横梁式炉排常用在大型锅炉中。

（一）链带式炉排

该炉排的链条是由主动链环串联而成。由于主动链环不仅与链轮啮合起传动作用,而且还起到炉排的作用,因此也称其为主动炉排片。如图 5-8 所示,炉排的两边和中间各有链条,其他众多炉排片靠圆钢拉杆通过其下部的两个孔串接于若干链条上,组成一定宽度的环形链带绷绕在前链轮和后滚筒上。链轮转动时,通过链条带动炉排自前向后运动。

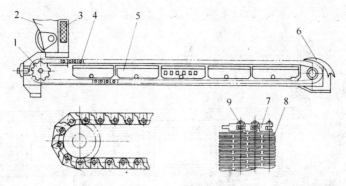

图 5-8　链带式炉排简图

1—链轮；2—煤斗；3—煤闸门；4—链带式炉排；5—隔风板；6—老鹰铁；

7—主动链环；8—炉排片；9—圆钢拉杆

链带式炉排结构简单，金属耗量少，安装、制造比较方便。但它的链带即受力又受热，易发生故障。制造、安装质量要求较高，由圆钢串成一体的炉排更换炉排片比较困难。因此，常用在 10t/h 以下的锅炉中。

（二）鳞片式链条炉排

常用鳞片式炉排结构如图 5-9 所示。在炉排宽度方向有若干根相互平行的链条，链条上装有夹板，炉排片嵌插在炉排中间夹板之间。炉排片前后交叠成鳞片状，以减少漏煤。若干根受力的链条置于炉排片下面，不接触炽热的火床层，它的冷却性能较好。其总装图见图5-10。

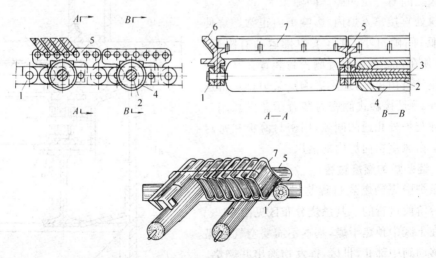

图 5-9　鳞片式炉排结构

1—链条；2—节距套管；3—拉杆；4—铸铁滚筒；5—炉排中间夹板（手枪板）；

6—侧密封夹板（边夹板）；7—炉排片

鳞片式链条炉排的特点是：结构简单，零件加工方便，炉排片装拆也方便，运行中就可以更换损坏的炉排片，从而提高了设备运行的可靠性。但鳞片式炉排金属耗量比链带式高。

为了确保链条炉排安全、经济地运行，无论哪一种形式的链条炉排，都还应有以下装置：

（1）挡渣设备　为了不使灰渣落入炉排中，延长灰渣在炉排上停留的时间，使燃烧更完

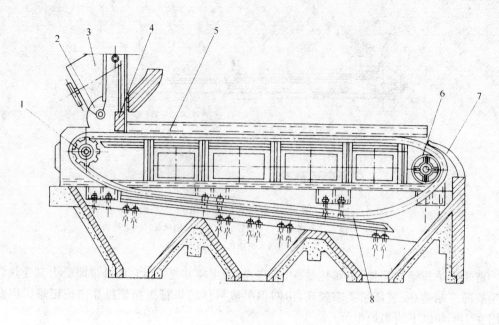

图 5-10 鳞片式炉排总图

1—主动链轮；2—扇形挡门；3—煤斗；4—煤闸门；5—防焦箱；6—从动链轮；7—老鹰铁；8—炉排支架导轨

全,同时减少炉排尾部的漏风,就必须装置挡渣设备。其形状像老鹰的嘴,常称作老鹰铁。

（2）炉排密封装置 链条炉排是可移动的,它和支架之间有一定间隙。间隙太大,冷空气就会从边缘处直接窜入炉内,影响炉内正常燃烧使炉温降低；间隙过小,对链条炉排运动有阻碍。因此,必须在这间隙中设置侧密封装置。其任务是限制空气自由窜入,还不影响链条炉排正常运转。图 5-11 是接触式侧密封装置示意图。用石棉绳塞住与炉外相通的间隙,用密封薄板和密封搭板阻隔由风室穿向炉内的漏风。

三、链条炉的燃烧过程

链条炉中煤的燃烧过程是沿着炉排长度由前往后分阶段进行的。其燃烧分布区见图5-12。

煤在Ⅰ区中预热干燥,基本不需要空气。煤随炉排移动到中部Ⅱ、Ⅲ区,挥发物逸出并燃烧。焦炭燃烧是煤的主要燃烧阶段,需要大量空气。燃烧着的煤移动到炉排后端Ⅳ区形成灰渣,焦炭的燃尽是夹在上、下灰渣中进行的,此阶段需要的空气量很少。

刚进入炉内的煤是落在冷却后的炉排上的,不像手烧炉是铺撒在炽热的焦炭上,而是靠炉膛

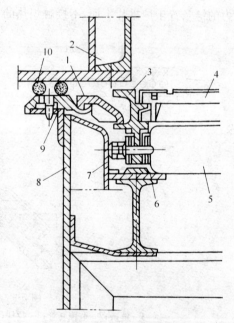

图 5-11 接触式侧密封装置

1—密封搭板；2—防焦箱；3—炉排边夹板；4—炉排片；5—铸铁滚筒；6—链节；7—密封薄板；8—炉排墙板；9—固定板；10—石棉绳

的高温辐射,自上而下的着火、燃烧,属于“单面引火”。链条炉着火准备阶段的条件不如手

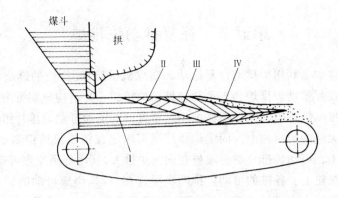

图 5-12　链条炉排上燃烧分布区

Ⅰ—新煤区；Ⅱ—氧化区；Ⅲ—还原区；Ⅳ—灰层区

烧炉，造成贫煤、无烟煤在链条炉中难以燃用。但由于其燃烧整个过程是沿炉排长度连续完成，避免了燃烧的周期性，其燃烧效率比手烧炉高。链条炉燃烧过程的三个阶段是沿炉排长度方向划分的，所需空气量各不相同。如果对供给的空气不加以分配和控制，即采用统仓送风，就会出现炉排中段燃烧所需空气量不足，而炉排前端和后端空气量过剩的情况，必然会影响炉内燃炉的正常进行，使锅炉热损失增加。

为了向炉排的不同部位供应适量的空气，保证煤的燃烧过程正常进行，对链条炉采用分区送风的方式。将炉排下的风仓沿炉排长度方向分隔成几个区段，互相隔开做成风室，每个风室各自装设调节风门以调节风量。一般是将炉排下面分隔成 4～6 个独立的送风室，空气由炉子一侧送入。对于较宽的炉子，则由锅炉左、右两侧同时进风，以免空气分布不均。采用分区送风并加以调节后，送风量的分配为图 5-13 中虚线所示。统仓送风时进风量的分配情况如该图中 *ab* 线所示，而沿炉排长度所需空气量的曲线如 *cd* 所示。从 *cd* 曲线中看出，大部分所需空气都在中部，若采用统仓送风，就会存在空气供需不平衡现象。

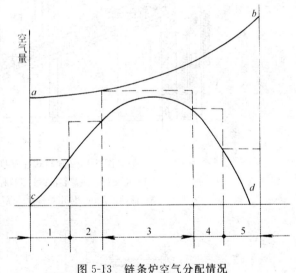

图 5-13　链条炉空气分配情况

ab—统仓送风时进风量分配情况；

cd—燃烧所需空气量；---分段送风时进风量分配情况

链条炉属于"单面引火"，着火条件较差。燃煤随炉排一同移动，整个燃烧过程燃煤没有扰动。因此，链条炉对燃煤是有选择性的，对煤质的变化较敏感，直接影响锅炉的运行和出力。链条炉适用于燃用低位发热值为 18840～20940kJ/kg 以上，煤的水分＜20%，挥发分＞15%，灰熔点＞1250℃的弱黏度、黏度适中的贫煤和烟煤。

第五节　往复推动炉排炉

往复推动炉排炉是利用炉排的往复运动来实现机械给煤、排渣的燃烧设备。按炉排布置可分为倾斜式往复推动炉排炉和水平往复推动炉排炉。其结构分别见图5-14、图5-15。

倾斜式往复推动炉排炉的整个炉排由相间布置的固定和可动炉排片组成。煤由煤斗落到前端的少缝或无缝的炉排片上。固定炉排片尾部固定在铸铁或槽钢制成的横梁上,横梁则架在炉排框架上。可动炉排片的前端搭在固定炉排上,其尾部则座在可动的铸铁横梁上,横梁的两端架在滚轮上。各排的可动炉排的横梁连在一起,组成可动的炉排框架。炉排框架与水平成20°倾角,由电动机和偏心轮带动,作前后往复运动。进入炉内的煤就可借助这种往复运动,不断向前推动,并经过各燃烧阶段形成灰渣。最后被推到专为更好燃尽灰渣而设置的一段平炉排——燃尽炉排上,灰渣燃尽后被推入渣斗。

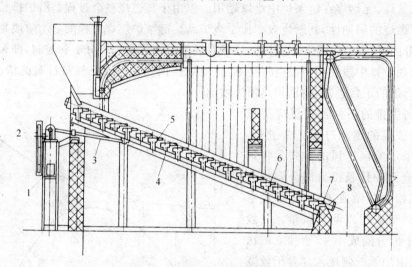

图 5-14　倾斜式往复推动炉排

1—电动机;2—偏心轮;3—推拉杆;4—活动框架;
5—活动炉排;6—固定炉排;7—燃尽炉排;8—下联箱

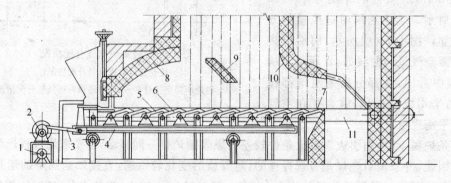

图 5-15　水平往复推动炉排

1—电机;2—偏心轮;3—推拉杆;4—活动框架;5—活动炉排;
6—固定炉排;7—燃尽炉排;8—前拱;9—中拱;10—后拱;11—下联箱

70

倾斜式往复炉的缺点是炉体较高,增加了锅炉房的高度。

水平往复推动炉排的结构与倾斜式的相同。但其框架是水平的,炉排片略向上翘,倾角一般在$12°\sim15°$,整个炉排的纵剖面呈锯齿形。当活动炉排向上推动时,将固定炉排片上前部的煤推到它前面一排活动炉排的后部。活动炉排往回运动时,煤受固定炉排阻挡不再随活动炉排返回,这就起到送煤的作用。当活动炉排返回时,其头部的煤向下塌落,煤层的扰动和松动较好。这样,在活动炉排的往复行程内,煤层时高时低,呈波浪式移动,依次完成燃烧的各个阶段。

往复推动炉排炉的燃烧特性基本上和链条炉相同,即着火性能差,炉内应配置拱和二次风。煤在炉排上的燃烧过程也是沿长度分布的。因此,炉排也采用分区送风。

在往复推动炉排炉中,由于能把未燃烧的煤推到已燃煤的上方,并且进行扰动,于是实现了加煤、拨火和除渣等操作的机械化。因此,煤种适应性比链条炉强,可以燃用较低发热值、多灰、多水和弱结焦的烟煤。

往复推动炉排还具有结构简单、制造方便,金属耗量小、耗电量少及消烟除尘效果较好等优点。

往复推动炉排炉的最大缺点是炉排冷却性较差,主燃烧区炉排因温度高容易烧坏,水平往复推动炉排炉尤应注意。因此,往复炉排不宜燃用优质煤。此外,因炉排有一定倾斜角度,又要作水平运动,密封处理困难,易产生漏煤、漏风等问题。

目前我国生产的往复推动炉排炉容量多在$6t/h$以下,而热水往复推动炉排炉有容量达到$46MW$的产品应用,其供水温度$150℃$,工作压力$1.6MPa$。

第六节 抛 煤 机 炉

将抛煤机与翻转炉排或链条炉排配合起来使用的燃烧设备称为抛煤机炉。配备翻转炉排的抛煤机主要用于$6\sim10t/h$锅炉,这类锅炉50年代在我国使用的很多,现在已逐步被淘汰。

抛煤机按抛煤方式可分为机械抛煤、风力抛煤和风力机械抛煤三种类型,如图5-16所示。

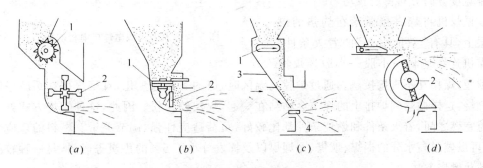

图 5-16　抛煤机种类
1—给煤设备;2—击煤设备;3—倾斜板;4—风力播煤设备
(a)机械抛煤机;(b)机械抛煤机;(c)风力抛煤机;(d)风力机械抛煤机

机械抛煤机是利用旋转的叶轮(也称打击板)将煤抛撒到炉膛中;风力抛煤机是利用空气流(风力)将煤吹撒到炉膛中;而风力机械抛煤机是通过机械抛撒和风力吹撒结合在一起将煤抛进炉膛内。

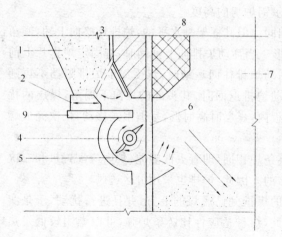

图 5-17 风力机械抛煤机示意图

1—煤斗;2—给煤板;3—煤层调节挡板;4—抛煤机转子;
5—冷风道;6—播煤风道;7—炉膛;8—炉前墙;9—调节板

风力机械抛煤机示意图见图 5-17。抛煤机由电动机通过减速机构驱动,通过偏心轮、曲柄连杆机构和摇杆使给煤板作往复运动,从而把从煤斗下来的煤推给转子,经转动的钢制叶片抛出。为避免细煤堆积在抛煤机口下面,在抛煤机下加装了抛煤风口,以便用风力抛撒这些煤屑。但燃煤主要是靠机械力量抛到炉内的。大块煤抛的较远,小块煤抛得较近,细煤屑在炉膛中悬浮燃烧。

抛煤机的抛煤量可通过改变给煤板的行程来调节。行程大,给煤板推给抛煤机转子的煤量就多。也可以通过改善煤层调节板的高度来改变给煤板每次所推的煤层厚度。现场常采用改变给煤板的行程来调节抛煤量。抛程远近则可通过改变调节板的位置,或者改变转子转速来控制。由于转子转速有一个合理的调节范围,使调节受到限制。现场主要用改变调节板位置的方法调节,即将调节板向炉膛方向移动,射程较近;反之,射程较远。其作用原理如图 5-18 所示。

每台锅炉所安装的抛煤机台数取决于炉膛的宽度。一般每 0.9~1.1m 宽应设置一台抛煤机,使得抛出的煤沿炉排宽度方向分布得比较均匀。

抛煤机将煤直接撒落在灼热的燃烧层上,具有"双面引火"的着火条件。抛煤机连续地将一小股一小股燃煤抛

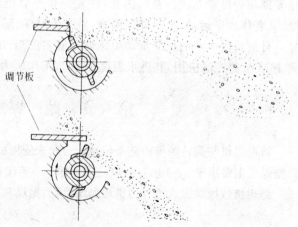

图 5-18 风力机械抛煤机射程的调节

入炉膛,煤相互不直接接触。通过炉膛高温区时,煤的表面已焦化,且细煤屑在炉膛空间悬浮燃烧,这样撒落到炉排上的煤不会粘结在一起,煤层较疏松。因此,这种燃烧方式处于层燃与室燃之间,着火条件和燃烧条件都比较好,负荷适应性强,调节灵敏。燃料的适应性较强,可以燃用高水分的褐煤、烟煤、无烟煤以及挥发分小于 5% 的焦炭等燃料,是一种较好的机械化燃烧方式。

由于该种炉型前墙布置了抛煤机,在炉内不设置拱,炉膛是开式的,进入炉内的空气与可燃气体的混合情况较差。当调节和控制不当时,抛入的细煤粒往往未燃尽就从炉膛飞出。不仅降低锅炉热效率和对锅炉尾部受热面产生磨损,而且冒黑烟、污染周围环境。这一弊病导致这种燃烧设备的使用受到限制。

另外,抛煤机结构复杂,制造质量要求高。抛煤均匀性受颗粒大小的影响很大。因此,

要求原煤最大颗粒不得超过 30~40mm，小于 6mm 的不超过 60%，小于 3mm 的不超过 30%。原煤的水分对抛煤机性能影响甚大，当 $W^{ar}>12\%$ 时，抛煤机很难正常工作。

第七节 煤 粉 炉

煤粉炉是将煤在磨煤机中制成煤粉，然后用空气将煤粉喷入炉膛内，呈悬浮状态燃烧的燃烧设备。

由于煤被磨制成很细的煤粉，与空气的接触面积大大增加，加快了燃料的着火和燃尽。因此，煤粉炉能适应多种煤质，并且燃烧也较完全，锅炉热效率达 90% 以上，我国电站锅炉几乎都采用这种燃烧方式。但这种锅炉需要配备一套复杂的制粉系统，运行耗电较大。并且炉内温度随燃煤量变化而波动，影响煤粉的稳定燃烧，使得煤粉炉的负荷只能在50%~100%之间调节，而不能像层燃炉那样压火。此外，煤粉炉排烟的粉尘浓度大，污染严重。使得煤粉炉的应用受到一定的限制。

煤粉炉除炉膛外，主要包括磨煤机和喷燃器两大部分。

一、煤粉炉的炉膛

一般工业锅炉采用固态排渣的煤粉炉。其炉膛结构很简单，只是炉墙内壁四周布满了水冷壁。下部是由前、后墙水冷壁管倾斜形成一个锥形的渣斗。煤粉燃烧后分离下来的高温炉渣冷却后从渣斗排出。炉膛后墙的上方为炉膛出口，燃烧后的高温烟气通过防渣管由此流出炉膛。如图 5-19 所示。

二、磨煤机

磨煤机是将煤块粉碎而获得煤粉的设备。目前在小型工业锅炉中常用的是风扇式和锤击式高速磨煤机。

（一）锤击式磨煤机

锤击式磨煤机的排粉口以上是一竖井，因而又称为竖井式磨煤机。图 5-20 是竖井磨煤机的结构示意图。

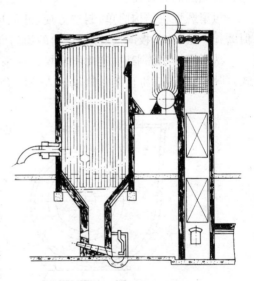

图 5-19 煤粉炉示意图

锤击式磨煤机是由外壳和转子组成，在转子上装有一排排的小锤。预先被破碎的原煤，由给煤机送进磨煤机后，靠高速旋转的小锤打击和与外壳的撞击、碾压下变成煤粉。热风从磨煤机两侧轴向进入磨煤机，并把干燥后的煤粉吹入高度在 4m 以上的竖井中。在竖井中靠重力的作用，较大煤粒落回磨煤机重磨，细煤粉被热风带到喷口送入炉膛内燃烧。由于竖井设置在锅炉旁边，直接与锅炉的燃烧室相连，通过热风直接将煤粉通过喷口而不是燃烧器送入炉膛，使得制粉系统十分简单，单位耗电量小。但该磨煤机磨制的煤粉一般较粗，着火不稳定，且不宜磨制较硬的煤。所以锤击式磨煤机适用于油页岩、褐煤和挥发分较高的烟煤。热风的温度根据煤水分的大小而定。为防止煤粉在竖井中爆炸，对于烟煤，竖井出口处热风温度不应大于 130℃；对于褐煤出口处温度不应大于100℃。

（二）风扇式磨煤机

风扇式磨煤机结构如图5-21所示，由叶轮、外壳、轴及轴承四部分组成。叶轮的形状好似风机的转子，上面装有8～12块冲击板，在外壳的内表面装有一层护板。冲击板和护板均用耐磨材料（如锰钢）制成。风扇式磨煤机除了能磨煤外，还起到风机的作用，一般可产生1500～2000Pa的压头。

煤块受到冲击板高速旋转的冲击并与护板的撞击下被粉碎。在磨煤机上部装有粗粉分离器和调节煤粉细度的调节挡板。这种磨煤机吸入端的抽力较大，能从锅炉烟道中抽取部分热烟气与空气混合，提高风温，供干燥煤粉用。

由于风扇式磨煤机能够产生一定的风压，因此它可以远离锅炉本体，锅炉房布置比较方便，可以选择较理想的燃烧器。

风扇磨煤机结构简单、制造方便、外形尺寸小。但磨损严重、冲击板调换麻烦、煤粉的均匀度较差。

从制煤粉系统来说，这两种磨煤机都采用直吹式，即磨制成的煤粉直接随热风进入炉膛。制粉系

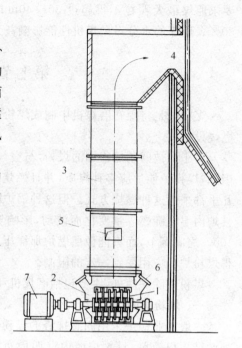

图 5-20　竖井式磨煤机

1—转子；2—外壳；3—竖井；
4—喷口；5—燃料入口；6—热风入口；7—电动机

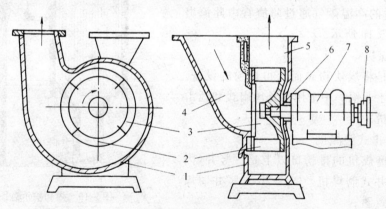

图 5-21　风扇式磨煤机

1—外壳；2—冲击板；3—叶轮；4—风煤进口；5—煤粉空气混合物
出口（接分离器）；6—轴；7—轴承箱；8—联轴器（接电机）

统简单、金属耗量少，投资及运行费用较低。

三、燃烧器

燃烧器是煤粉炉的重要部件。燃烧工况组织得如何，首先取决于燃烧器及其布置。

燃烧器的作用是将煤粉和空气喷入炉膛中燃烧。在小型煤粉炉中常采用蜗壳旋流煤粉燃烧器或轴向可调叶片式旋流燃烧器。图5-22为轴向可调叶片式旋流燃烧器的简图。

携带煤粉的一次风为直流，二次风则通过轴向叶片组成的叶轮而产生旋转。通过叶轮

74

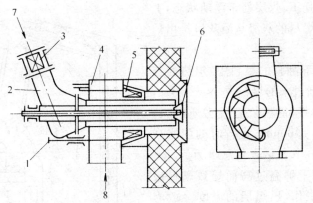

图 5-22 轴向可调叶片式旋流燃烧器

1—拉杆；2—一次风管；3—一次风舌形挡板；4—二次风筒；

5—二次风叶轮；6—喷油嘴；7—一次风；8—二次风

的前后调整，改变了与风道之间的间隙，从而可调节二次风的旋转强度，更有效地调节出口气流扩散角及回流区的大小，使得出口气流均匀。喷油嘴供生火时用燃油点火用。

蜗壳式燃烧器是一、二次风均从一侧向偏心进入，靠蜗壳产生旋转。在燃烧器中心装有一根中心管，可以装点火用的重油喷嘴。这种燃烧器调节性能差，出口气流分布不均，新设计的锅炉已很少采用。

第八节 沸 腾 炉

一、沸腾炉的概念

在层燃炉中，煤铺在炉排上，一定流速的空气穿过煤层同煤一起进行燃烧。由于风速较小，煤层固定在炉排上不动，这种燃烧称为"固定床"燃烧。

当通过煤层的风速达到一定程度，空气流向上的吹力超过煤粒的重力，煤粒就被吹起，进行飘浮运动，于是煤层体积逐渐增大。随着煤层内煤粒之间空隙的增大，煤层内的风速相对减小。当风速向上的吹力等于煤粒重力时，煤粒即被托住，在浮动的煤层中不停地翻动。燃料在这种情况下的燃烧称为沸腾燃烧，其燃烧设备称为沸腾炉。在化工行业中，将固体粒子和空气接触而具有类似流体一样的流动性的状态，称为流化态，简称流化。将这一概念运用到锅炉上，沸腾炉又称作流化床炉。

如果通过煤层风速太大，煤层中的煤粒被气流吹走，成为了"气流输送"式的悬浮燃烧。因此，沸腾燃烧介于层燃与悬浮燃烧之间。这有利于煤粒与空气的接触，延长了煤粒在炉内停留的时间，促进了煤粒的完全燃烧，提高了锅炉的燃烧效率。

二、沸腾炉的结构

沸腾炉分为采用固定炉排的全沸腾炉和采用链条炉排的半沸腾炉。目前国内采用的是全沸腾炉，半沸腾炉已不再生产。本节以全沸腾炉为重点来加以介绍。图 5-23 是全沸腾炉的结构示意图。

沸腾炉主要由给煤装置、布风装置、埋管受热面、灰渣溢流口及炉膛几部分组成。破碎到 8～10mm 以下的煤粒由给煤机从进料口送入炉内沸腾段。在由经高压风机通过布风装置供给的空气的吹托下,煤层处于浮动状态,上下翻滚、着火燃烧,燃尽的灰渣从溢灰口排出炉体。

在沸腾炉内上下翻腾的燃料中,炽热的灰渣占 90%～95%,新进入的煤粒占 5%～10%,因此新煤着火条件好,能燃烧各种劣质燃料。燃料层高度为 300～500mm,运行时的膨胀高度为静止高度的 2～2.5 倍。其总阻力为 7～8kPa。为了防止由于炉温过高而导致燃料层结渣,破坏沸腾炉工作,燃煤层的温度一般为 850～1000℃,属于低温燃烧。但由于煤粒与空气间混合十分均匀,且煤粒不断地上下循环翻腾,增加了煤粒在炉内停留的时间,强化了燃烧与传热过程。

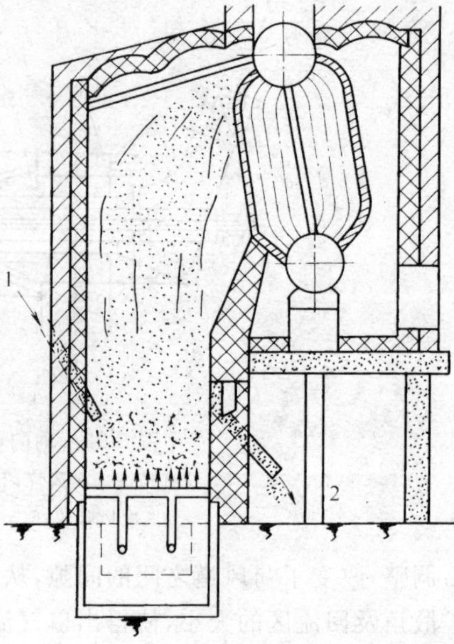

布风装置是沸腾炉的重要部分,它由风道、风室和布风板组成。

风室是进风管和布风板之间的空气均衡容

图 5-23 全沸腾炉结构示意图
1—给煤;2—溢流灰

器。目前常采用的是结构简单且使用效果最好的等压风室。风室各截面的上升速度相同,室内静压一致,整个风室配风均匀。

布风板是用来均匀布风,扰动燃料层及停炉时用作炉排的装置。常用的有密孔板式和风帽式两种。密孔板由钢板(或铸铁板)钻孔制成。其结构简单,通风阻力小,但在停炉时易漏煤。风帽式布风板是在钻孔的布风板上安装蘑菇形、在侧面开孔的铸铁风帽,这样虽然可以防止漏煤,但通风阻力较大而加大了电耗。

炉膛是由沸腾段和悬浮段组成。如图 5-24 所示。沸腾段又分为垂直段和基本段。垂直段的作用是保证在布风板一定高度范围内有足够的气流速度,使较大颗粒在底部能良好的沸腾,防止颗粒分层,减少"冷灰层"的形成。此段高度一般为 500～900mm。基本段的作用是逐步减小气流速度,从而降低飞灰带走量且促进颗粒的循环沸腾。炉体扩展角 β 是从防止转角处滞流的角度来考虑的,一般以 44°为宜。在沸腾段内布置有立式或卧式埋管受热面,它的吸热量占锅炉总吸热量的 40%～60%。

沸腾段高度决定于燃料种类和燃料层厚度。一般自风帽小孔中心到溢流出渣口为 1.2～1.6m。

悬浮段的作用是使被气流夹带的燃料颗粒因减速而落回沸腾段,同时延长细煤屑在炉内停留的时间,以便充分燃尽。悬浮段的烟气流速一般为 1.0m/s,悬浮段高度一般是 2.5～3m,烟温在 800℃左右。

沸腾炉结构简单,煤种适应范围广,可燃用劣质煤。还可以在炉内加入石灰石或白云石一类脱硫剂,降低烟气中 SO_2 的含量。而且燃烧温度较低,燃烧中 NO_x 生成量少,有利于环保。

沸腾炉由于电耗高、飞灰多,且飞灰中的可燃物含量一般都较高,使得该炉型热效率不高。加之埋管受热面磨损严重等缺点,使得沸腾炉的应用受到一定的限制。

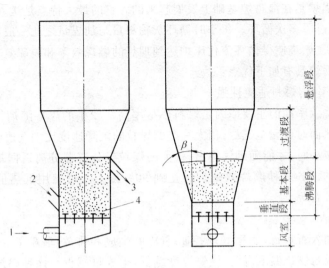

图 5-24　沸腾炉炉膛简图

1—进风口；2—进料口；3—溢流灰口；4—布风板

三、循环流化床锅炉

随着环保要求的日益提高，我国 80 年代开始研制新型的流化床锅炉——循环流化床锅炉。它与沸腾炉的主要区别是炉内气流速度较大，大量被带出炉膛的细小颗粒经分离器分离后重新送回炉膛内多次循环燃烧。循环流化床锅炉结构示意图见图 5-25。

燃烧室下部采用风帽结构的矩形布风板，中心略微凹陷，以利于排渣。布风板上方约 2m 处，炉膛逐渐扩大。燃烧室上部四周为膜式水冷壁受热面，炉膛温度控制在 850℃ 左右。

夹带燃料颗粒的高温烟气经炉膛出口烟囱进入第一级分离器——惯性分离器，经过分离，较大颗粒的燃料收集下来，通过返料器送回燃烧室。经过惯性分离器的烟气再进入旋风分离器，在这里收集到较细的燃料，由返料器返回流化床底部循环燃烧或排出，返料器为 U 形阀结构。燃烧所需空气分一、二次风分级送入，一次风通过布风板进入燃烧室，供燃煤的流化和燃烧。一次风风速一般为 5～8m/s，造成燃烧室

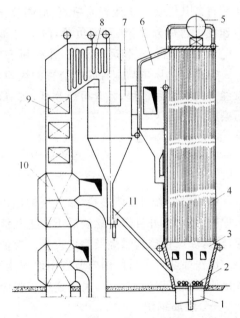

图 5-25　循环流化床锅炉结构示意图

1—风室；2—风帽；3—燃烧室；4—膜式水冷壁；
5—汽包；6—惯性分离器；7—旋风分离器；8—过热器；
9—省煤器；10—空气预热器；11—返料器

内强烈扰动。二次风由布风板上部不同高度的 8 个直径 135mm 的风管引入，其风量占总风量的 50%。由旋风分离器引出的高温烟气经对流受热面冷却后，再经除尘器净化后排至烟囱。燃烧系统设置了观察窗，测温、测压点，以便对炉膛内燃烧状况进行监测和控制。考虑到有意外事故发生的可能，在惯性分离器设置了防爆门。

循环流化床锅炉是在沸腾炉基础上发展起来的。它的最大特点是送入炉内的燃煤中除细小颗粒外,都经过了多次循环。每小时循环灰物料量与加煤量之比一般在 2.5~40 之间,这种多次循环、反复燃烧使得循环流化床炉达到理想的燃烧效率和脱硫效率。

循环流化床锅炉具有如下优点:

(一)燃烧效率高,燃料适应性强

该型锅炉燃烧效率高的主要原因是燃料燃尽率高。较小的煤粒随烟气速度进行流动,在未到达对流受热面时就完全燃尽;稍大一些的煤粒的沉降速度比烟气速度高,只有当其进一步燃烧或碰撞减小时,才能随烟气逸出;较大的煤粒经分离器分离返回炉膛循环燃烧,最终达到燃尽的目的。各煤种燃烧效率均可达到 90% 以上。可燃用低热值无烟煤、劣质烟煤、页岩、炉渣及矸石等。

(二)排烟清洁

由于燃煤中加入石灰石,能很好地控制 SO_2 的生成和排放,脱硫效率可达 90% 以上。氢氮化合物的生成与燃烧温度有关,燃烧温度越低,生成量越少。该种锅炉属于低温燃烧,可抑制氢氮化合物生成。排放的烟气一般可以满足环保要求。

(三)系统简单、运行操作方便

循环流化床炉没有煤粉炉燃烧所需复杂的制粉系统,也没有链条炉排炉所需炉排及传送装置。其燃烧系统流程简单,负荷调节比例大,最低负荷可达到额定负荷的 25%,负荷调节速度可达每分钟 5% 额定负荷,适于调峰运行。运行操作灵活。

(四)节省投资和运行费用,并有利于灰渣的综合利用

循环流化床炉与配置脱硫装置的煤粉炉相比,投资降低 15%~20%。锅炉排出的灰渣没经过高温熔融过程,且含可燃物低,灰渣可用作混合料或其他建筑材料,减少灰渣的二次污染。

第九节 燃油、燃气锅炉

燃油锅炉燃用液体燃料,燃气锅炉燃用气体燃料。这两种锅炉所用燃料均由燃烧器喷入炉膛内燃烧,并且燃料燃烧后不产生灰渣。因此,不需象燃煤锅炉那样设置复杂庞大的破碎、输送燃煤设施和燃烧及除尘设备。燃油、燃气锅炉结构紧凑、体积小、重量轻、占地面积小。这些都迎合了目前国内节省用地和能源,减少建设投资和环保的需要。对环保要求高,禁止使用燃煤锅炉的城市,民用建筑采暖应用燃油、燃气锅炉非常普遍。

一、燃油锅炉

如前所述,燃油的燃烧是在气态下进行的。燃油在炉内受热首先气化为油气,尔后遇氧开始着火燃烧。为了强化燃油的气化过程,常将燃油雾化成雾状油滴喷入炉膛。油雾与空气充分混合后,在炉膛中呈悬浮状燃烧。燃油雾化装置称为油喷嘴。油燃烧得是否完全,主要取决于油雾化质量,燃油雾化得越好,即油滴越小,则油和空气混合得越好,燃烧越完全。燃油雾化的质量与油喷嘴的结构和燃油的粒度有关。影响燃油完全燃烧的另一个因素是供给的空气量及空气和燃油的混合程度。

如果燃油着火前没有和空气混合好,会因火焰内部缺氧而导致碳氢化合物热分解,生成炭黑。炭黑很难燃烧,会随烟气排走,形成黑烟,污染环境。

因此,除了供给燃烧所需的适量空气外,还应使燃油喷入炉内立即就与空气充分混合。可见良好的雾化质量和合理的配风,是保证燃油迅速而完全燃烧的基本条件。因此,燃烧器是燃油锅炉的关键设备。

燃烧器主要由油喷嘴和调风器两部分组成。

（一）油喷嘴

燃油锅炉常用的油喷嘴有机械雾化喷嘴、蒸汽雾化喷嘴和低压空气雾化喷嘴。

（1）机械雾化喷嘴　机械雾化喷嘴有简单机械雾化喷嘴和回油式压力雾化喷嘴。图 5-26 是简单机械雾化喷嘴结构简图。

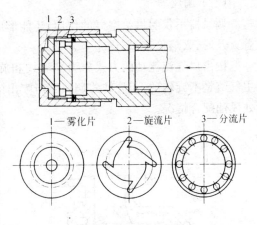

1—雾化片；2—旋流片；3—分流片

该喷嘴由雾化片、旋流片和分流片组成。来自油管路的有压燃油,首先经过分流片上的几个进油孔汇合到环形均油槽中,然后进入旋流片上的切向槽,获得很高的速度后,以切向流入旋流片中心的旋流室。燃油在旋流室中产生强烈的旋转,最后从雾化片上的喷孔喷出,在离心力的作用下,迅速被粉碎成许多细小的油滴喷入炉膛。这种喷嘴的喷油量是通过改变进油压力来调节的。一般要求喷嘴前油压为 2.0～2.5MPa。当油压低于 1.2MPa 时,油滴平均直径大,雾化质量差。因此,这种喷嘴的负荷调节范围限制在 70%～100% 之间。

图 5-26　简单机械雾化喷嘴

对于负荷变化较大和起动较频繁的锅炉,可采用回油式机械喷嘴。其结构和原理与简单式机械化喷嘴基本相同。所不同的是在旋流室内除设有一个向前的喷油通道外,还设有一个向后的回油通道。这样,在不同负荷下,仍然维持基本恒定的进油压力,通过回油管路上回油阀来调节喷油量。即使负荷降到 30%,也能维持较好的雾化质量。因此,常用于完全自动调节的燃油锅炉。

（2）蒸汽雾化喷嘴　如图 5-27 所示,蒸汽以 0.5～1.2MPa 的压力由支管进入环形通道中,在头部喷孔高速喷出,引射中心管的燃油,使之扩散雾化。蒸汽喷孔截面通过供油管的轴向移动而变化,对负荷进行调节。这种喷嘴结构简单,对油压要求不高,一般为 0.2～

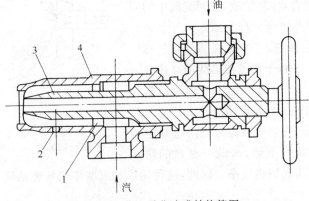

图 5-27　蒸汽雾化喷嘴结构简图

1—定位爪；2—定位螺钉；3—油管；4—蒸汽套管

0.25MPa。耗汽量较大,平均耗汽量为 0.4～0.6kg/kg 油。同时,烟气中的水蒸气在烟道尾部易造成低温腐蚀和积灰堵塞。

(3) 低压空气雾化喷嘴 如图 5-28 所示。油在较低的压力下从喷嘴中心喷出,空气以 80m/s 的速度从喷嘴四周喷出,使从喷嘴喷出的燃油雾化。这种喷嘴的雾化质量较好,空气部分或全部参加雾化,火焰较短。对油质要求也不高,从轻油到重油都可以燃烧。喷嘴结构和输油系统都简单,适用于小型燃油锅炉。

(二) 调风器

调风器不仅起供给空气的作用,还能形成有利的气流条件,使油雾与空气充分地混合,着火及时、火焰稳定、燃烧完全。

按出口气流流动的方式分为平流式和旋流式两种。平流式调风器(如图 5-29)喷出的主气流是不旋转的,而旋转式调风器所喷出的气流是旋转的。图 5-30 是平流式调风器出口处风油配合情况。

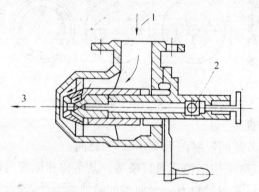

图 5-28　低压空气雾化喷嘴
1—进空气;2—进油管;3—出油口

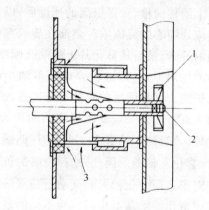

图 5-29　平流式调风器
1—稳焰器;2—油喷嘴;3—空气

为了避免油气在高温缺氧的情况下产生热分解生成炭黑,调风器要使一部分空气和油雾预先混合,称为一次风。进入调风器的空气,有一部分从稳焰器流过,呈旋转流动,形成合适的根部风。在出口处就和油雾混合,一起扩散,被回流区中的高温烟气所加热,着火燃烧。而大部分空气是通过稳燃器上的开口直接进入油雾,这部分空气称为二次风。二次风是平行于调风器轴线的高速气流,流速为 50～70m/s。由于直流,二次风衰减较慢,能穿透进入火焰核心,加强后期混合。

采用这种调风器,锅炉可以在较低的过量空气(系数为 1.05)的条件下运行,既可有效的防止低温腐蚀,又可提高锅炉热效率。因此,这种调风器近些年来被燃油锅炉广泛采用。

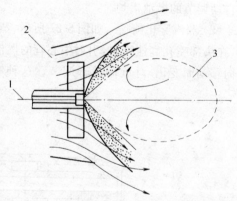

图 5-30　平流式调风器出口处风、油配合情况
1—一次风;2—二次风;3—回流区

二、燃气锅炉

燃气锅炉燃用的气体燃料主要有城市燃气、天然气。气体燃料是一种比较清洁的燃料。

它的灰分、含硫量和含氮量比煤及燃油要低得多。其燃烧所产生的烟气含尘量极少,烟气中 SO_x 量可忽略不计,燃烧中转化的 NO_x 也很少,为环保提供了十分有利的条件。随着国家对环境保护要求的提高,以及气体燃料的开发和利用,燃气锅炉的使用将会日益增多。

燃气燃烧没有挥发气化和固体炭粒燃尽的过程。其燃烧过程也比燃油简单,燃烧所需的时间较短,即在炉膛内停留时间很短。因此,燃气锅炉所需要的炉膛容积比同容量的燃煤和燃油锅炉要小。

燃气的燃烧需要大量的空气,在标准状态下燃烧 $1m^3$ 天然气需要 $10\sim25m^3$ 的空气。气体燃料的燃烧过程是同空气混合燃烧的过程。燃气锅炉除燃烧器不带雾化器外,其他均同于燃油锅炉,这主要是由燃油与燃气在成分和特性有些差异而造成的。

燃烧器是燃气锅炉的主要部件,主要由燃气喷口和调风器组成。图 5-31 为套筒式燃烧器简图。

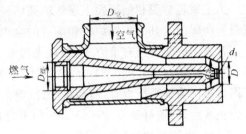

图 5-31　套筒式燃烧器

这种燃烧器结构简单,气体流动阻力小,所需燃气和空气压力较低,一般燃烧器前仅需 $784\sim980Pa$。由于燃烧产生的火焰较长,就需要有足够大的燃烧空间,以保证燃料完全燃烧。这种燃烧器适用于燃气压力较低,需要长火焰的情况。

图 5-32、图 5-33 都是涡流式燃烧器。在这类燃烧器中,空气经过蜗壳式叶片产生旋流,与燃气流混合。若再将空气分割成多股细流后与燃气混合,则可使混合进一步强化,获得较短的火焰。

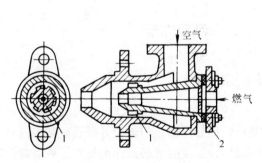

图 5-32　低压涡流式燃烧器

1—涡流导向片;2—密封垫圈

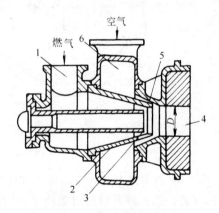

图 5-33　环缝涡流式燃烧器

1—燃气入口;2—燃气喷头;3—环缝;
4—烧嘴头;5—空气环缝;6—蜗形空气室

这类燃烧器要求燃气压力较低。燃气设计压力决定于燃烧器的结构类型,一般为 $800\sim4000Pa$,相应空气压力为 $2000\sim4000Pa$。燃烧器结构比较简单,但空气蜗壳较大,显得笨重。

三、燃油燃气锅炉的安全与防爆

燃油经雾化产生的油雾以及燃气与空气混合达到一定浓度,均能形成易燃易爆性混合气体。因此,燃油、燃气锅炉的安全与防爆问题要引起足够的重视。

炉膛或烟道内存有爆炸性混合气体若达到爆炸极限,容易被明火或锅炉本身的高温引燃而发生事故。因此要注意安全点火,要安装防爆装置。

当燃气锅炉气源阀门不密封漏气,或燃油锅炉因熄火使混合气体达到爆炸极限时,一点火就会发生爆炸;燃气锅炉因燃气压力波动太大,在燃烧器前引起脱火或回火致使熄火引起爆炸;负压运行的锅炉,当燃烧不良时,可燃气体进入锅炉后部烟道,与漏入的空气混合形成爆炸性气体,在高温作用下,也能引起二次燃烧或爆炸。

可见,为防止炉膛或烟道爆炸,必须在炉膛内无明火情况下防止燃料进入炉膛。点火前应吹扫炉膛和烟道,排除可能积存的可燃性气体,同时要保证良好燃烧。

燃油、燃气锅炉设有点火程序控制、熄火保护、燃烧自动调节等装置,可防止事故发生。

为了减轻炉膛和烟道发生爆炸的破坏程度,应在燃油、燃气锅炉的炉膛和烟道的适当位置设置防爆门。其面积按炉膛和烟道的容积选取,一般取 $0.025m^2/m^3$。

常采用的防爆门有重力式、破裂式和水封式等类型。

重力式防爆门如图 5-34 所示。靠门盖的自重使其处于常关状态。当炉内烟气压力大于因自重产生的平衡力时,门盖被推开,泄出炉内烟气。其动作压力为 0.002MPa。待炉内压力正常后,门盖自动复位。门盖与门框之间密封槽内夹有石棉绳,使其具有良好的密封性。同时,也能缓冲复位时门盖与门框的撞击。

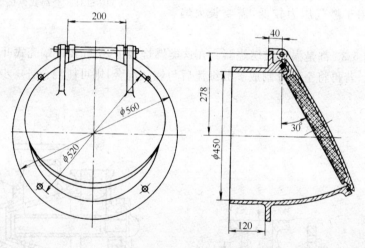

图 5-34　圆形重力式防爆门

图 5-35 所示为上开式方形重力式防爆门。当炉内烟气压力过大时,门盖绕下面的转轴旋转、开启。挡杆将开启的门盖挡住,靠自重复位。挡杆可防止门盖全开时被破坏。这种上开带挡杆的结构,克服了下开式门盖因惯性开启过大,复位时常被破坏的缺点。该防爆门开启压力为 0.0016MPa。

破裂式防爆门如图 5-36 所示。防爆膜用 0.1～0.2mm 厚的镀锌铁皮制作,咬口接缝不少于两道,而且应相交并都靠近膜的中心线。防爆膜用法兰紧固在防爆门框上,当炉内压力升高到一定值时,防爆膜在受力最大的咬口处被撕开,达到泄压的目的。防爆膜如用 0.5～1.0mm 厚的铝板制作,该铝板上必须有两道以上相关的刻痕,并靠近膜的中心线。刻痕深度一般不小于铝板厚度的 50%。

水封式防爆门原理如图 5-37 所示。它是把一个和炉膛或烟道联通的短管插入盛水的

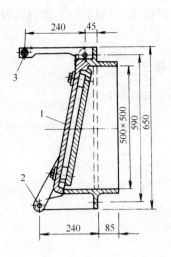
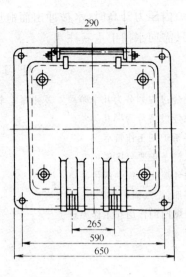

图 5-35　方形重力式防爆门

1—门盖；2—转轴；3—挡杆

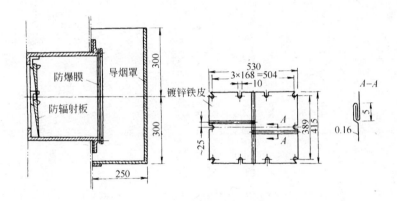

图 5-36　破裂式防爆门和防爆膜

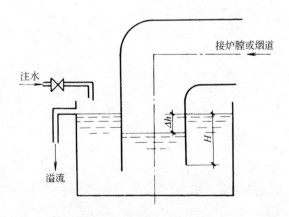

图 5-37　水封式防爆门原理

水槽中。当炉内压力升高时,水被冲出而泄压。这种防爆门结构简单,密封性好。泄压后防爆门的复位只需向水槽中重新注水。

复习思考题

1. 煤的燃烧过程划分为几个阶段? 要使煤完全燃烧所必需的条件是什么?
2. 锅炉燃烧设备分为哪几类?
3. 简述链条炉的工作特点。
4. 为什么链条炉要分区送风?
5. 试述循环流化床锅炉的优缺点。
6. 简述燃油、燃气锅炉的优点。
7. 简述防爆门的作用和工作原理。

第六章 工业锅炉的炉型及其选择

第一节 锅炉形式发展简况

　　锅炉从开始应用至今已有 200 余年的历史。自 18 世纪末叶出现圆筒形锅炉以来,随着生产发展的需要,工业锅炉由简单到复杂,由低级到高级,从单一产品发展到系列化产品,锅炉技术得到了迅速的发展。

　　纵观锅炉的发展史,锅炉的形式和结构基本上是循着烟管锅炉和水管锅炉两个方向发展的。图 6-1 概括了锅炉循着两个方向发展的简况。

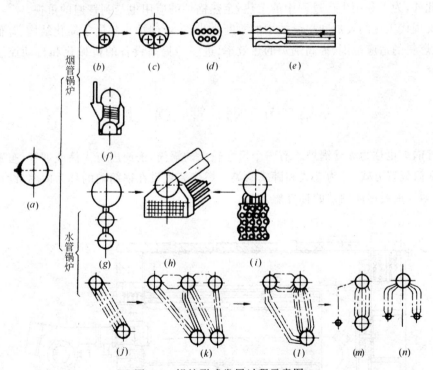

图 6-1　锅炉形式发展过程示意图

a—圆筒型锅炉;*b*—单火筒锅炉;*c*—双火筒锅炉;*d*—烟管锅炉;*e*—烟管火筒锅炉;

f—立式烟管锅炉;*g*—水筒锅炉;*h*—整联箱横水管锅炉;*i*—分联箱横水管锅炉;*j*—直水管锅炉;

k—多锅筒弯水管锅炉;*l*—三锅筒弯水管锅炉;*m*—双锅筒弯水管锅炉;*n*—单锅筒弯水管锅炉

　　一个方向是在圆筒形锅炉的基础上,在锅筒内部增加受热面,即烟管方向。开始是在锅筒内增设一个火筒,在火筒内燃烧燃料,即单火筒锅炉(俗称康尼许锅炉);尔后火筒增加为两个——双火筒锅炉(又叫兰开夏锅炉)。为了进一步增加锅炉的受热面,发展到由数量较多、直径较小的烟管组成的锅炉或烟、火筒组合锅炉,锅炉的燃烧室也由锅筒内移到了锅筒外部。这些锅炉因为有一个尺寸较大的锅壳,所以统称锅壳锅炉,又称其为烟管锅炉。高温烟气在火筒或烟管中流动、放热,水在火筒或烟管外侧吸热、汽化。由于结构上的限制,锅壳锅炉锅筒直径大,不宜提高蒸汽压力,蒸发量也受到限制,耗钢量也大。而且,烟气纵向冲刷受热面,传热效果差,排烟温度高,热效率低。但因其具有结构简单、水质要求低、运行操作水平要求较低等优点,仍被小容量锅炉所采用。

随着工业生产的发展,工业用蒸汽的参数、容量增大,烟管锅炉已不能满足生产发展的需要。于是,锅炉开始向着增加锅筒外部受热面的方向,即水管锅炉的方向发展。水管锅炉的特点是烟气在管外流动放热,水在管内流动吸热、汽化。水管锅炉早期采用的是横式水管锅炉。其联箱强度低,联箱和手孔的制造较复杂,金属耗量较大,也不利于锅炉的水循环。因此,这种锅炉目前已不再采用。之后,为增加受热面,出现了多锅筒锅炉。随着传热学的发展,人们把注意力集中到增大炉内辐射受热面而减少对流受热面,以及减少耗钢量方面。最后演变成目前采用最多的双锅筒式和单锅筒式水管锅炉。并且为了最大限度地利用热能,还增设了蒸汽过热器、省煤器和空气预热器等受热面。锅炉向日趋完善的方向发展。

随着热水供热系统的发展,直接生产热水的热水锅炉近年来向着有利环保和节能方向发展。此外,为了利用生产过程中的余热,余热锅炉的应用也受到普遍的重视。

随着现代工业的发展和科学技术的不断进步,工业锅炉正趋向于简化结构、降低金属耗量、扩大燃料的适应范围、提高锅炉的热效率、进一步提高设备的机械化和自动控制水平的方向发展。

第二节 烟 管 锅 炉

烟管锅炉也称为火管锅炉。有一个尺寸较大的锅筒,锅筒内有火筒或烟管,布置有受热面。按锅筒放置方式,分为立式和卧式两类。燃烧装置设在锅筒内的称为内燃,设在锅筒外部、仅有烟气流经锅筒内部的称外燃。

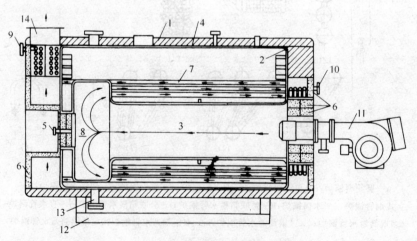

图 6-2 WNS 型卧式内燃烟管锅炉

1—保温层;2—前、后管板;3—燃烧室;4—锅壳;5—火焰观察孔;6—前、后烟室保温层;7—烟管;
8—湿背回烟室;9—给水预热器;10—供汽过热器;11—燃烧器;12—钢架;13—排污管;14—排烟口

一、卧式烟管锅炉

图 6-2 为 WNS 型卧式内燃烟管锅炉。该锅炉的锅壳水平放置,在锅壳内设有炉胆,又称为火筒。火筒内为炉膛,火筒内壁为辐射受热面。锅壳内左、右两侧及火筒上壁均布置有烟管,构成了锅炉对流受热面。火筒与锅壳之间都是水空间,锅壳内上部的三分之一空间是蒸汽空间。

燃料在炉膛内正压燃烧,产生的高温烟气在炉膛内向后流动,冲刷火筒为第一回程;烟气由火筒后部回烟室转弯进入第二回程的对流烟管内至前烟室;之后再折转 180° 进入上、下最外侧烟管,又由前向后流动,为第三回程;最后经过烟室从排烟口排出。锅炉可燃用轻油、60 号重油和天然气。

该种锅炉结构紧凑、体积小、重量轻、产汽快且运行可靠。锅炉容量为 0.5～20t/h,蒸汽压力在 0.7～2.5MPa。

二、立式烟管锅炉

锅筒垂直于地面设置的锅炉称为立式烟管锅炉,又称立式锅壳锅炉。这种内燃式锅炉的炉膛容积小、热效率低、金属耗量大。但由于它结构简单、占地面积小、安装和移动方便及操作简单,在临时工地、小型建筑、生活和供暖用热不多且蒸汽压力较低的场合还有所应用。

立式弯水管锅炉由锅壳、炉胆、弯水管等主要受压元件组成,如图 6-3 所示。

燃料在炉排上燃烧,加热了作为辐射受热面的炉胆和炉胆内的弯水管。烟气由炉胆后上方的出口进入外管区,分左右两路在锅壳外壁各绕半圈,横向冲刷锅壳外烟箱中的耳形弯水管和锅壳外壁。然后在锅炉前面的烟箱汇合,经烟囱排入大气。

由于在炉膛内和锅壳外增设了弯水管作为辐射和对流受热面,排烟温度可降低到 250℃ 左右,锅炉热效率在 60% 左右。

立式直水管锅炉主要由锅壳、炉胆、上管板、下管板及直水管组成,如图 6-4 所示。

炉胆作为辐射受热面,其周围为水空间,上部为容水空间和空汽空间。蒸汽由顶部引出。

燃烧室在炉胆内部,炉排采用蜂窝式。煤在炉排上燃烧生成高温烟气,从炉胆侧上方的烟气出口进入上、下管板间的直水管管束外的空间。水管管束中间有一大口径的下降管,并装有隔烟板,使烟气绕下降管旋转一周,横向冲刷直水管后进入烟箱,再由烟囱排入大气。这种锅炉水循环合理、蒸汽空间大、热效率可达 70%。其蒸发量在 0.5～1t/h,蒸汽压力为 0.7MPa。

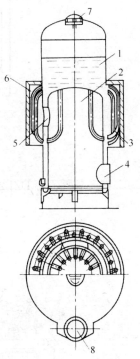

图 6-3 立式弯水管锅炉
1—锅壳;2—燃烧室;
3—弯水管;4—炉门;5—喉管;
6—烟管;7—人孔;8—烟囱

第三节 卧式烟水管锅炉

卧式烟水管锅炉是水管与烟管组合在一起的卧式外燃锅炉。

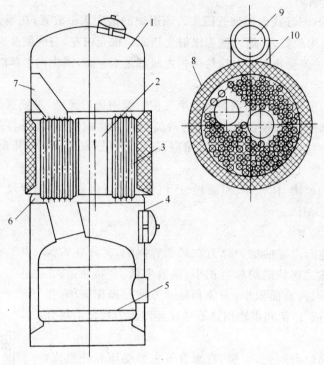

图 6-4　立式直水管锅炉

1—封头；2—下降管；3—直水管；4—锅壳；5—炉排；

6—下管板；7—角板拉撑；8—喉管；9—烟囱；10—烟箱

图 6-5 所示为 DZL2-10-A Ⅱ 型锅炉，是 20 世纪 60 年代在卧式外燃烟管锅炉的基础上

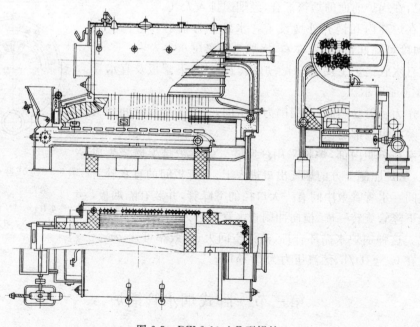

图 6-5　DZL2-10-A Ⅱ 型锅炉

发展起来的一种整装锅炉。目前在小型燃煤锅炉中占有较大比例。

该锅炉内部设有两组烟管,锅炉的燃烧室在锅筒外侧。炉膛两侧设有光管水冷壁,上、下分别接于锅筒和集箱,组成锅炉的辐射受热面。并且在锅筒的前后各有一根绝热的大口径管子(一般为 $\phi133\times6mm$)接到左右集箱,作为锅炉下降管。在锅筒的后管板上引出一排上端用大圆弧弯成直角的无缝钢管(后棚管),下端与横集箱相接。该集箱再通过大口径无缝钢管分别与水冷壁两侧集箱连接。如此,后棚管及锅筒内的烟管组成锅炉的对流受热面。

炉内的前拱、后拱、两侧水冷壁、锅筒下部外壁及炉排构成燃烧室。煤在炉排上燃烧,烟气向后流动被引入由后棚管围成的后燃室,折入第一组烟管,由后向前流动,到前烟箱转180°弯再折入第二组烟管,由前向后流动,纵向冲刷换热面,最后经省煤器及除尘器由引风机送入烟囱排入大气。

这种锅炉的锅筒及各受热面都支承在由钢板焊成的底座上,炉排支架及通风装置全部在支座结构中形成。锅炉的墙壁采用蛭石砖绝热,外加薄钢板,形成一整体锅炉。因此,又称这种锅炉为卧式快装锅炉。

快装锅炉结构紧凑、运输方便、安装简单。相对其他烟管锅炉,由于炉膛内可根据情况布置各种拱墙,炉内燃烧较好。同时由于炉内烟气流速较高,使烟管传热系数提高,积灰减少。尤其在尾部增设省煤器时,排烟温度降低,锅炉热效率可达75%以上。

但这种锅炉毕竟是烟管式,由于结构的限制,造成燃料适应性较差,常常出力不足。行程回路曲折多,长期运行易积灰,阻力增大,使原配风机抽力不够,造成正压燃烧,向锅炉房内冒黑烟及飞灰。

这种锅炉的容量为 0.5～6t/h(容量≤4t/h 为整装炉,6t/h 以上为上、下两大件的组装锅炉),工作压力小于 1.25MPa。锅炉的炉排多为链条炉排、往复推动炉排,也可以采用其他形式的炉排。

第四节　水　管　锅　炉

同烟管锅炉相比,水管锅炉由于在结构上没有特大直径的锅筒,富有弹性的弯水管代替了直的烟管,不但节省金属,也为提高锅炉容量和蒸汽参数创造了条件。并且在布置上使烟气在管外做横向流动,较纵向冲刷换热增强了传热效果,使锅炉的蒸发量和效率明显地提高。

此外,由水管构成的受热面布置简便、水循环合理,可以有效的根据燃料特性组织炉内的燃烧。提高了锅炉对燃料的适应性。因此,水管锅炉得到迅速的发展和广泛的应用。

水管锅炉形式很多,按锅筒数目分为单锅筒、双锅筒。工业锅炉多采用双锅筒水管锅炉,也有采用单锅筒的,但其对流管束布置困难,安装与检修也不方便。按锅筒放置的方式,锅炉可分为纵置式和横置式锅炉。目前国内常用的典型水管锅炉有以下几种:

一、双锅筒横置式水管锅炉

这种锅炉的两个锅筒横置于炉后部,或上锅筒在炉膛中间,下锅筒在炉膛后部。多数为容量大于 6t/h 的锅炉所采用。

图 6-6 所示为一台 SHL20-1.25-A 型锅炉。

这是双锅筒横置式链条炉排水管锅炉,生产饱和蒸汽,工作压力为 1.25MPa,蒸发量为20t/h。上锅筒内径为 1400mm,下锅筒内径为 900mm。两锅筒位于炉膛后部,上、下锅筒之

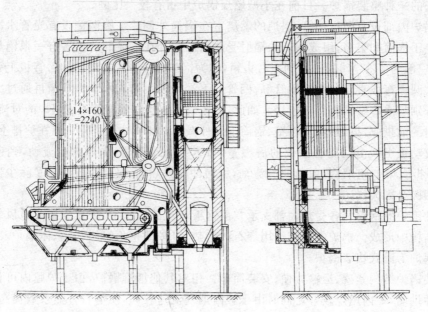

图 6-6　SHL20-1.25-A 锅炉

间布置有 φ60×3mm 的对流管束。上锅筒通过支座支承在钢架上,下锅筒通过对流管束悬吊在上锅筒上。燃烧室四周布满 φ76×4mm 的水冷壁管。前后水冷壁组成燃烧所需要的前、后拱。后拱上方设有二次风,利用与高温烟气的混合,提高锅炉燃烧效率。在对流管束处,沿高度方向用烟道隔板将烟道隔成三个流程。在尾部烟道布置有铸铁省煤器及管式空气预热器。

锅炉给水经省煤器送进上锅筒后,经管束流进下锅筒。下锅筒中的锅水由下降管送至水冷壁下联箱,再经水冷壁受热形成汽水混合物上升进入上锅筒。在上锅筒汽空间中的蒸汽经汽水分离后引出锅炉。

锅炉的墙体为重型炉墙,配有锅炉钢构架。四层钢扶梯固定在其上。燃烧设备系鳞片式链条炉排,配有无级变速齿轮箱驱动。

二、双锅筒纵置式水管锅炉

根据与炉膛布置的相对位置不同,这种锅炉可分为"D"型和"O"型两种结构。

图 6-7 所示为双锅筒纵置于炉膛左侧的"D"型锅炉。

上、下锅筒由胀接于锅筒间的弯水管管束连接。炉膛与锅筒管束各居一侧。在炉膛四壁均布有水冷壁管,其中一侧水冷壁管直接接入上锅筒,覆盖炉顶,如字母"D"形。因此,又称之为"D"型锅炉。

为适应贫煤燃烧,炉膛后部布置有低而长的后拱。炉膛烟气由后拱上部的出口烟窗进入燃尽室。燃尽室右侧墙上开有烟窗,烟气由此进入对流管束烟道。在对流管束烟道中设置一纵向隔墙。进入的烟气由后向前流动,横向冲刷第一对流管束;烟气流到炉前再向后折转180°,冲刷靠外墙部分的第二对流管束,从前向后流动;然后经省煤器由引风机送入烟囱排入大气。

该锅炉结构紧凑、体积小、炉内布置有较长的前、后拱,燃烧条件较好,煤种适应性强。且设有燃尽室,可促使飞灰的燃尽和沉降。该炉的缺点是观火、拨火只能一侧操作。

90

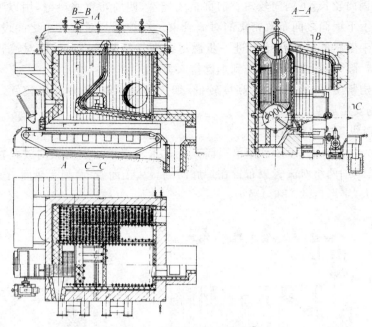

图 6-7　SHL2-1.25-P 型锅炉

图 6-8 所示为 SZL6-1.25-AⅢ型锅炉。它在锅炉厂组装成两大部件出厂,以锅炉受热面为主体的上部大件和以燃烧设备为主体的下部大件。从正面看锅炉本体,锅筒间的对流管束与居中的上、下锅筒呈"O"形。因此,又称之为 O 形锅炉。

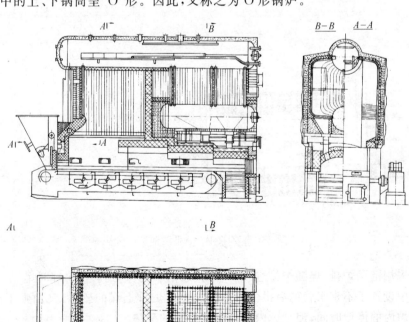

图 6-8　SZL6-1.25-AⅢ锅炉

该锅炉上锅筒较长,下锅筒较短。前部是燃烧室,四周布置水冷壁,用以吸收炉膛辐射热。在其后端上下锅筒之间布置密集的对流管束。在炉膛与对流管束之间设置了燃尽室,烟气中夹带的未燃尽的碳粒在这里进一步燃尽。烟气经两次横向冲刷对流管束的回程之后,流经省煤器、除尘器,由引风机送到烟囱排入大气。

该锅炉结构紧凑、外形尺寸小,高度较低,烟气横向冲刷,传热效果较好。由于组装出厂,缩短了现场安装周期。

三、单锅筒纵置式水管锅炉

图 6-9 所示为 DZL2-1.0-AⅢ型单锅筒纵置式水管锅炉。锅筒纵向放置在锅炉上部中央,炉膛设在其下。两组对流管束布置在炉膛两侧。从正面看,两侧受热面与锅筒构成"人"字形,又称为"人"字形(或"A"形)锅炉。

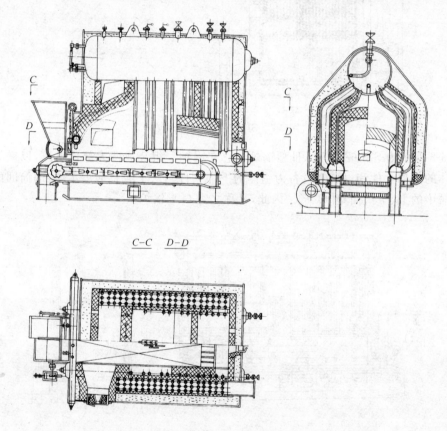

C-C   D-D

图 6-9　DZL2-1.0-AⅢ型锅炉

该锅炉采用链条炉排,煤随炉排进入炉膛后,逐渐燃烧,达到炉排尾部时燃尽,落入灰渣斗中。炉膛中设置了不带水管的后拱。这样既加速了炉排上煤的燃尽,又加强了高温烟气的扰动和在炉内的停留时间,使炉膛内水冷壁能很好的受热。

燃烧生成的高温烟气由后拱上部进入燃尽室。在燃尽室的右侧开有烟窗,烟气经烟窗进入左侧对流管束烟道,由后向前横向冲刷对流管束;在上锅筒前端下部转向烟道,折转180°,进入右侧的烟道,由前向后继续横向冲刷对流管束。最后烟气从该对流管束尾部烟气出口离开锅炉本体。

为了提高锅炉两侧对流管束中烟气的流速,增强冲刷传热效果,将对流管束下联箱提高,减小烟道流通截面,控制一定的烟气流速。

炉膛四周均布置有水冷壁。通向前拱处水冷壁的下降管直接由锅筒前部引出,而通向后墙及两侧水冷壁的下降管由对流管束下联箱引出。使锅炉对流受热面与辐射受热面紧凑地组合在一起。

因为锅炉只采用一个锅筒,所以锅炉钢材耗量小、结构较紧凑。但锅炉水容量相应较小,对负荷波动的适应能力较差。

部分蒸汽锅炉的计算数据见附录2。

第五节　热　水　锅　炉

在采暖工程中,由于热水采暖比蒸汽采暖具有节约燃料、运行安全、供暖环境舒适、卫生等优点,国家规定:"民有建筑的集中采暖应采用热水作为热媒"。与其相适应的热水锅炉也迅速地发展起来。

和蒸汽锅炉相比,热水锅炉有如下特点:

一、结构简单、耗钢量小

热水锅炉不设汽水分离装置,一般满水运行,不设水位表。强制循环的热水锅炉可以不用锅筒或不用大直径的锅筒。热水锅炉工质温度低,传热温差大,在传热量相同的情况下,所需的受热面面积较小,因此,金属耗量较少。与蒸汽锅炉相比,热水锅炉可节约$10\%\sim20\%$。

二、对水质要求较低,但必须除氧

热水锅炉中锅水不汽化,管内结垢不严重。考虑水中溶解的氧气、CO_2析出时对锅炉和管道的腐蚀,热水锅炉给水应除氧。

三、安全可靠性好,操作简便

受压元件工作温度低,运行压力一般都不高,无需监测水位。

四、热水锅炉的循环水量大

一般为同容量的蒸汽锅炉给水量的十多倍。

五、热水锅炉不允许发生汽化

为保证安全运行,出口水温控制在比工作压力下的饱和温度低25℃左右。

热水锅炉按所供热水的温度可分为低温热水锅炉(供热水温度≤95℃)和高温热水锅炉(供热水温度≥115℃);按工作原理可分为自然循环和强制流动两类。

自然循环热水锅炉的结构形式与蒸汽锅炉相似,锅筒内无汽水分离装置。运行时锅内充满水。热水是靠上升管与下降管中水的密度差所产生的压头进行循环的。

强制流动热水锅炉是通过采暖系统的循环泵提供所需的压头,使水在锅炉各受热面中流动,一般不设锅筒。因此,受热面布置灵活、结构紧凑、耗钢量少。但锅炉的水容量较小,运行中一旦停电,常会因炉内热惰性大,锅水易汽化,产生水击、振动,导致锅炉和热网设备受到损坏。设计时应考虑防止突然停电、水泵停转时锅水汽化的措施,以免发生水击现象损坏锅炉及管网系统。

图6-10是SHW4.2-1.0/115/70-AⅡ型自然循环热水锅炉,该锅炉为双锅筒横置式往

复推动炉排热水锅炉。其额定热功率为 4.2MW，允许工作压力 1.0MPa，供水温度 115℃，回水温度 70℃，设计煤种为 Ⅱ 类烟煤。

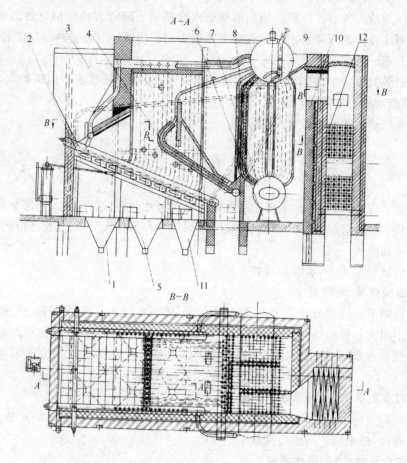

图 6-10　SHW4.2-1.0/115/70-AⅡ型热水锅炉

1、5、11—漏煤斗；2—炉排；3—煤斗；4—水管系统；6—锅筒支架；7—下锅筒；

8—对流管束；9—上锅筒；10—炉墙；12—省煤器

锅炉的对流受热面布置在上、下锅筒间。炉膛的左、右侧墙水冷壁上端接于上集箱，下端分别连接于左、右下集箱。后拱水冷壁管上端直接引入上锅筒。

侧墙两侧水冷壁均由两根下降管供水，下降管引自上锅筒，并置于炉墙外侧，不受热。后拱由两根下降管供水。

上锅筒直径为 $\phi1000\times16mm$，下锅筒直径为 $\phi900\times14mm$，水冷壁管采用 $\phi63.5\times3.5mm$ 无缝钢管，对流管束采用 $\phi15\times3mm$ 的无缝钢管。

往复推动炉排倾角为 20°。炉排下分三个风室，单侧进风，另一侧设置人孔门，当停炉时人孔门须打开，进风冷却炉排。在炉膛内设有低而长的后拱，炉排与拱的组合，非常适于燃烧劣质煤、褐煤及其他烟煤。

上锅筒内装有回水引入管、集水孔板。下锅筒接有定期排污管。

图 6-11 所示为 QXL1.4/95/70 型强制流动热水锅炉，该锅炉本体为管架结构。

炉体右侧为炉膛，四周布置有直径为 $\phi51\times3mm$ 的水冷壁管，其上、下端分别连接于上、

94

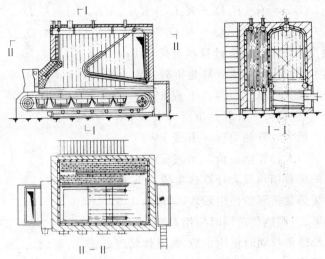

图 6-11　QXL1.4/95/70-A 型热水锅炉

下集箱。炉膛左侧为两道对流烟道,每一烟道上、下纵置两根 $\phi219\times6mm$ 的联箱。上下联箱之间由 $\phi38\times3mm$ 水管连接,组成"O"形对流管束。回水自对流管束集箱进入锅炉。经过对流管束、水冷壁加热后,热水直接由水冷壁上集箱供出。

燃烧设备采用轻型链带式链条炉排。炉膛内布置有抛物线前拱及低而长的后拱,有利于煤的烘干、点燃及燃尽,增加了烟气的扰动。高温烟气掠过水冷壁顶棚,经过后拱上部出口烟窗进入燃尽室,然后由燃尽室左侧烟窗进入第一对流烟道,由后向前冲刷对流管束,到前部折转 180° 再由前向后冲刷对流管束,最后由后墙左上角烟气出口排出炉外。

附录 3 列出了常用热水锅炉型号及计算数据。

第六节　锅炉炉型及台数的选择

锅炉炉型及台数的选择主要取决于锅炉房的热负荷、供热介质和参数的要求及采用的燃料种类。

一、锅炉房的热负荷

锅炉房的热负荷可分为小时最大计算热负荷、平均热负荷、采暖季热负荷、非采暖季热负荷和全年热负荷。其中最大计算热负荷是选择锅炉容量的依据,所以也称为设计热负荷。而后四项热负荷是计算锅炉房各个时期和全年耗煤量的依据,并以此确定各个时期的燃料贮存量。

工业企业锅炉房的热负荷包括:采暖热负荷、通风(含空调)热负荷、生活热负荷、生产热负荷和锅炉房自用热负荷。而民用采暖锅炉房除无生产热负荷外,包括其他四项热负荷。对于一个具体锅炉房来说,都有哪些热负荷,则视实际情况而定。

锅炉房的最大计算热负荷和平均热负荷应根据外网的热负荷曲线,并考虑管网的热损失及锅炉房自用热负荷来确定。若无法取得热负荷曲线图,则以热负荷资料进行计算。

(一)最大计算热负荷

蒸汽锅炉房和热水锅炉房最大计算热负荷分别按下式计算:

$$D_{\max} = K_0(K_1 D_1 + K_2 D_2 + K_3 D_3 + K_4 D_4) + K_5 D_5 \qquad (6\text{-}1a)$$

$$Q_{\max} = K_0(K_1 Q_1 + K_2 Q_2 + K_3 Q_3 + K_4 Q_4) + K_5 Q_5 \qquad (6\text{-}1b)$$

式中　$D_{\max}$——蒸汽锅炉房的最大计算热负荷，t/h；

$\quad Q_{\max}$——热水锅炉房的最大计算热负荷，kW；

$\quad D_1, Q_1$——采暖最大计算热负荷，t/h 或 kW；

$\quad D_2, Q_2$——通风、空调最大计算热负荷，t/h 或 kW；

$\quad D_3, Q_3$——生产最大计算热负荷，t/h 或 kW；

$\quad D_4, Q_4$——生活最大计算热负荷，t/h 或 kW；

$\quad D_5, Q_5$——锅炉房自用热最大计算热负荷，t/h 或 kW；

$\quad K_1$——采暖热负荷同时使用系数，一般取 1.0；

$\quad K_2$——通风、空调热负荷同时使用系数，视具体情况采用 0.8～1.0；

$\quad K_3$——生产热负荷同时使用系数，视具体情况确定，一般取 0.7～1.0；

$\quad K_4$——生活热负荷同时使用系数，一般取 0.5；若生产与生活用热使用时间完全错开，一般取 0；

$\quad K_5$——自用热负荷同时使用系数，一般取 0.8～1.0；

$\quad K_0$——室外管网散热损失和漏损系数，见表 6-1。

室外管网热损失和漏损系数 K_0　　　　表 6-1

管　道　种　类	架　　空	地　　沟
蒸　汽　管　网	1.1～1.15	1.08～1.12
热　水　管　网	1.06～1.08	1.06～1.08

　　如果工厂有余热可以利用，则应经技术、经济比较，尽量设法利用。这时应从总热负荷中减去可利用的热量，求出最大计算热负荷。

　　式(6-1b)中的生活最大热负荷可按下式计算：

$$Q_4 = \varphi Q_{pj4n} \qquad (6\text{-}2a)$$

$$Q_{pj4n} = 0.001163 \frac{m V(t_r - t_1)}{T} \qquad (6\text{-}2b)$$

式中　φ——小时变化系数。根据用水单位数，按《建筑给水排水设计规范》一般可取 2～3；

$\quad Q_{pj4n}$——采暖季生活平均热负荷，kW；

$\quad m$——用热水单位数(住宅为人数、公共建筑为每日人次数，床位数算)；

$\quad V$——用水单位每日热水用量，L/d，按《建筑给水排水设计规范》取用；

$\quad t_r$——生活热水计算温度，℃；

$\quad t_1$——冬季冷水计算温度，取最低月平均水温，℃；

$\quad T$——每日供水小时数，h(住宅，旅馆，医院等一般取 24h)。

　　如果生活热水由蒸汽加热，则需将其热负荷折算成所需蒸汽的蒸发量。

（二）平均热负荷

$$D_{pj} = K_0(D_{pj1} + D_{pj2} + D_{pj3} + D_{pj4}) + D_{pj5} \qquad \text{t/h} \qquad (6\text{-}3a)$$

$$Q_{pj} = K_0(Q_{pj1} + Q_{pj2} + Q_{pj3} + Q_{pj4}) + Q_{pj5} \qquad \text{kW} \qquad (6\text{-}3b)$$

（1）采暖(通风空调)平均热负荷

$$Q_{pj1(2)} = \frac{t_n - t_{pj}}{t_n - t_w} D_{1(2)} \qquad\qquad (6\text{-}4a)$$

$$Q_{pj1(2)} = \frac{t_n - t_{pj}}{t_n - t_w} Q_{1(2)} \qquad\qquad (6\text{-}4b)$$

式中　$D_{pj1(2)}$，$Q_{pj1(2)}$——采暖（或通风空调）平均热负荷，t/h 或 kW；

t_n——采暖（或通风空调）室内计算温度，℃；

t_{pj}——采暖季室外平均温度，℃；

t_w——冬季采暖（或通风空调）室外计算温度，℃。

（2）生产平均热负荷　生产平均热负荷 D_{pj3}（或 Q_{pj3}）由各车间生产平均热负荷相加而得。

（3）生活平均热负荷　对于热水锅炉房，采暖季生活热水平均热负荷 Q_{pj4n}，按式（6-2b）计算；非采暖季生活热水平均热负荷 Q_{pj4f}，按下式计算：

$$Q_{pj4f} = Q_{pj4n} \frac{t_r - t_{lf}}{t_r - t_l} \qquad \text{kW} \qquad (6\text{-}5a)$$

式中　t_{lf}——非采暖季冷水平均温度，℃；

对于蒸汽锅炉房，生活平均热负荷可按下式计算：

$$D_{pj4} = \frac{1}{8} D_4 \qquad \text{t/h} \qquad\qquad (6\text{-}5b)$$

（4）锅炉房自用热平均热负荷　由于锅炉房自用热负荷相对较少，所以，采暖季锅炉房自用平均热负荷，可近似地采用锅炉房自用最大热负荷。而非采暖季锅炉自用平均热负荷应从自用最大热负荷中扣减锅炉房本身的采暖通风最大热负荷。

（三）采暖季热负荷

锅炉房的采暖季热负荷，由采暖季各项平均热负荷相加，再乘以采暖季锅炉运行小时数 N 而得：

$$D_n = N[K_0(D_{pj1} + D_{pj2} + D_{pj3} + D_{pj4}) + D_{pj5}] \qquad (6\text{-}6a)$$

$$Q_n = 0.0036 N[K_0(Q_{pj1} + Q_{pj2} + Q_{pj3} + Q_{pj4n}) + Q_{pj5}] \qquad (6\text{-}6b)$$

式中　D_n、Q_n——分别为蒸汽锅炉房和热水锅炉房的采暖季热负荷，t/采暖季或 GJ/采暖季；

N——采暖季锅炉统一运行小时数，h；应根据锅炉房的运行班次计算。

如无法确定锅炉房统一运行小时数，也可按不同热负荷的各自运行小时数分别计算采暖季热负荷。

（四）非采暖季热负荷

锅炉房在非采暖季一般没有采暖、通风、空调热负荷。非采暖季热负荷由非采暖季各项平均热负荷相加，同时考虑 K_0，乘以非采暖季锅炉运行小时数而得。

（五）全年热负荷

锅炉房全年热负荷 D_y（或 Q_y）根据采暖、通风、空调、生产、生活、自用热负荷年利用时数 h_1、h_2、h_3、h_4、h_5 和相应的平均热负荷确定：

$$D_y = K_0(h_1 D_{pj1} + h_2 D_{pj2} + h_3 D_{pj3} + h_4 D_{pj4}) + h_5 D_{pj5} \qquad \text{t/a} \qquad (6\text{-}7a)$$

$$Q_y = 0.0036[K_0(h_1 Q_{pj1} + h_2 Q_{pj2} + h_3 Q_{pj3} + h_4 Q_{pj4}) + h_5 Q_{pj5}] \qquad \text{GJ/a} \qquad (6\text{-}7b)$$

当热负荷波动较大时，可调整生产班次、错开各用热时间，使热负荷曲线趋于平稳。有条件的工厂可采用蓄热器,此时锅炉房的规模按平均热负荷来确定。

二、锅炉类型的确定

锅炉房热负荷和燃料种类确定之后,可综合考虑以下各方面,进行锅炉类型的选择。

(一)应能满足供热介质种类和参数的要求

蒸汽锅炉的工作压力和温度应根据用户的要求,并考虑管网及锅炉房内部的压力损失,结合蒸汽锅炉系列来确定。当用户用汽压力不同时,一般按较高压力选择;用汽压力较低的用户,可通过减压阀降压供给。设在高层民用建筑内的蒸汽锅炉,额定蒸汽压力不得超过1.6MPa。

热水锅炉水温的选择,取决于用户的要求,按热水锅炉系列来确定。当锅炉设在高层民用建筑内时,出口热水温度不得超过95℃。

同一锅炉房一般选用型号相同的锅炉,这样便于设计布置、运行管理和检修;当选用不同类型锅炉时,不宜超过两种。

(二)有效燃烧所选用的燃料

要根据采用的燃料种类选择适合的燃烧设备。同时考虑锅炉对煤种的变化及热负荷变化的适应性,并有较高的热效率,消烟除尘效果要好,劳动强度要低。一般来说,可选用链条炉,也可以选用往复炉排炉;当使用石煤、煤矸石或其他劣质煤时,可考虑选用沸腾炉或循环流化床炉;工业锅炉房热负荷波动较大,容量也较小,一般不宜选用煤粉炉;对于环保要求较高的大中城市,可选用燃油、燃气炉。在市区的燃油锅炉多使用0号轻柴油。城市煤气多属于低发热值煤气,其燃烧效率很低,用于锅炉是否合适,应从技术上、经济上及能源转换效率上等多方面进行详细论证。

(三)所选用的锅炉有较好的经济效益和环境效益,并能经济而有效地适应热负荷变化。 对在短期内热负荷可能有较多增加的锅炉房,要考虑扩建的可能,宜采用台数少,容量大的锅炉。

三、锅炉台数的确定

锅炉房中选用锅炉的总台数,应按所有运行锅炉在额定蒸发量工作时,能满足锅炉房最大计算热负荷的原则来考虑。选用锅炉的台数应考虑对负荷变化的适应性。根据用户热负荷的昼夜、冬夏季节的变化,灵活地调节和调整运行锅炉的台数及工作容量。锅炉的经常负荷状态不应低于其额定负荷的70%。

锅炉台数的确定,应有利于运行管理和节省基建投资。选用的锅炉容量太小或台数过多,不仅会提高锅炉房的造价,而且给运行、管理及维修带来很多不便。当采用机械加煤锅炉且锅炉房为新建时,锅炉房内锅炉总台数一般不超过5台;改建扩建时,不宜超过7台。

锅炉台数的确定,还要考虑锅炉房安全供热的可靠性。当锅炉因某种原因突然停止运行,其他锅炉应仍能满足大部分生产和生活的用热需要。至少要满足不能中断的生产负荷和全部用户低标准采暖的需要。因此,锅炉房内设置的锅炉一般以不少于两台为好。

锅炉是有压设备,连续运行时间不能过长,需经常停炉检修。因此以供生产为主或常年供热的锅炉房,需要设置1台备用锅炉。只供采暖、通风用热的锅炉房可不考虑设置备用锅炉。设备维修可在非采暖季进行。但为大宾馆、饭店、医院等有特殊要求的民用建筑而设置的锅炉房,应根据情况设置备用锅炉。生产和采暖共用的锅炉房,当非采暖季至少有一台锅炉停运,锅炉轮流进行检修,也可不设备用锅炉。

【例 6-1】 华北某工厂拟建一座锅炉房，以满足该厂生产、采暖及生活用汽的需要。室外管网采用地沟敷设。各项资料如下：

1. 热负荷资料

生产最大热负荷为 5.2t/h，生产平均热负荷为 3.8t/h，生产用饱和蒸汽的压力为 1.0MPa，生活热负荷 1.2t/h，采暖用汽量 4.5t/h，总凝结水回收率约 55%。

2. 煤质资料

低位发热量 $Q_{ar,net} = 19523$kJ/kg，收到基灰分 $A_{ar} = 18.75\%$。

3. 气象资料

冬季采暖室外计算温度 -9℃

采暖期室外平均温度 -0.9℃

采暖室内计算温度 18℃

采暖天数 124 天

4. 工作班次资料

三班制，全年生产 306 天。

试确定锅炉型号及台数。

【解】 1. 最大计算热负荷

$$D_{max} = K_0(K_1 D_1 + K_3 D_3 + K_4 D_4)$$
$$= 1.15 \times (1.0 \times 4.5 + 0.8 \times 5.2 + 0.5 \times 1.2)$$
$$= 10.65 \text{t/h}$$

其中，考虑到采用热力除氧器，将其自用汽负荷附加到室外管网散热与漏损系数 K_0 上，故 K_0 取 1.5。

非采暖季最大热负荷

$$D_f = 1.15 \times (0.8 \times 5.2 + 0.5 \times 1.2) = 5.47 \quad \text{t/h}$$

2. 平均热负荷

$$D_{pj1} = \frac{t_n - t_{pj}}{t_n - t_w} D_1 = \frac{18 + 0.9}{18 + 9} \times 4.5 = 3.15 \quad \text{t/h}$$

$$D_{pj3} = 3.8 \quad \text{t/h}$$

$$D_{pj4} = \frac{1}{8} D_4 = \frac{1}{8} \times 1.2 = 0.15 \quad \text{t/h}$$

$$D_{pj} = K_0(D_{pj1} + D_{pj3} + D_{pj4})$$
$$= 1.15 \times (3.15 + 3.8 + 0.15) = 8.17 \quad \text{t/h}$$

3. 锅炉房年热负荷 D_y

$$D_{y1} = 24 \times 124 \times 3.15 = 9374.4 \quad \text{t/a}$$
$$D_{y3} = 24 \times 306 \times 3.8 = 27907.2 \quad \text{t/a}$$
$$D_{y4} = 24 \times 306 \times 0.15 = 1101.6 \quad \text{t/a}$$
$$D_y = K_0(D_{y1} + D_{y3} + D_{y4})$$
$$= 1.15(9374.4 + 27907.2 + 1101.6)$$
$$= 44140.68 \quad \text{t/a}$$

根据锅炉房最大计算热负荷 10.65t/h，用汽参数为 1.0MPa 的饱和蒸汽，燃用Ⅱ类烟煤,设计确定选用 SHL6-1.25-A Ⅱ型锅炉两台。非采暖季运行一台,考虑到非采暖季可以停运一台锅炉进行检修,故不设置备用锅炉。

复习思考题

1. 简述烟管锅炉和水管锅炉的特点。

2. 水管锅炉"O"型、"D"型、"A"型布置中燃烧室与对流受热面布置的相对位置有何区别?

3. 热水锅炉分几种类型? 各自特点是什么?

4. 如何选择锅炉的类型及台数,应考虑哪些方面的要求?

5. 有一供暖锅炉房,建于哈尔滨市,供 35000m² 的住宅采暖,供热介质为 95℃热水,供水压力为 0.4MPa,试用采暖面积热指标计算该锅炉房的热负荷,并选择锅炉。

第七章　锅炉房的燃料供应与除灰渣

对于燃煤锅炉房,锅炉所用燃煤一般由火车、汽车或船舶运至锅炉房的贮煤场,用人工或机械方法把煤卸到地坪上,再从贮煤场输送到锅炉前的贮煤斗中。通常把从锅炉房贮煤场至锅炉前贮煤斗之间的燃煤输送系统,称为锅炉房的运煤系统,其中包括煤的破碎、筛选、计量和转运、输送等过程。

煤燃烧后所产生的残余物称为灰渣,也叫炉渣。其中大部分从炉排后部排出,仅有少部分飞灰随烟气进入除尘器,飞灰中较大颗粒的粉尘被收集下来,而较细小颗粒的飞灰随烟气经烟囱排入大气。一般将灰渣从锅炉及除尘器处运往锅炉房外贮渣场的灰渣输送系统,称为锅炉房的除灰渣系统。该系统包括灰渣的浇湿、运输以及堆放和贮存等过程。

运煤和除灰渣是燃煤锅炉房的重要组成部分,其设置是否合理,直接关系到锅炉能否正常运行,还将影响锅炉房的位置选择和基建投资,以及工人的劳动强度和环境卫生状况等。因此,应根据锅炉燃烧设备的特点、锅炉房的耗煤量和产生的灰渣量、场地条件和技术经济的合理性等,选用适宜的运煤和除灰渣系统。

锅炉房运煤和除灰渣系统及其所用设备的选择,主要取决于锅炉房容量的大小。一般按单台锅炉容量和锅炉房总容量,将锅炉房分为大、中、小三类。小型锅炉房:单台容量≤4t/h,总容量<20t/h;中型锅炉房:单台容量 6t/h,10t/h 或 20t/h,总容量 20~60t/h;大型锅炉房:单台容量>20t/h,总容量>60t/h。

本章主要介绍一般燃煤锅炉房常用的运煤和除灰渣系统的组成、常用设备的构造原理和特点及选择、使用要求。同时简要介绍燃油、燃气锅炉房的燃油、燃气供应系统。

第一节　锅炉房的耗煤量和灰渣量

锅炉房的耗煤量和产生的灰渣量,是进行运煤和除灰渣系统设计、确定贮煤场和灰渣场面积以及确定不同时期向贮煤场进煤和从灰渣场向外运灰渣所需运输设备能力的基本数据,也是计算锅炉房运行费用的必需数据。

一、锅炉房的耗煤量

锅炉房的耗煤量分为锅炉的额定耗煤量、锅炉房的最大耗煤量、平均耗煤量、采暖季耗煤量、非采暖季耗煤量和年耗煤量。

(一)锅炉的额定耗煤量

锅炉的额定耗煤量,是指锅炉在额定参数下运行的耗煤量。它是确定炉前贮煤斗容积的依据,可用下式计算:

$$B_{ed} = \frac{(1.015 \sim 1.036) D_{ed} (h_q - h_{gs})}{Q_{ar,net} \eta} \times 100 \tag{7-1}$$

式中　　　B_{ed} ——锅炉的额定耗煤量,t/h;

D_{ed}——蒸汽锅炉的额定蒸汽量，t/h；

h_q——蒸汽锅炉在额定压力和温度下蒸汽的焓值，kJ/kg；

h_{gs}——蒸汽锅炉给水的焓，kJ/kg；

$Q_{ar.net}$——煤的低位发热量，kJ/kg；

η——锅炉热效率，%；

1.015~1.036——锅炉排污热损失折算系数，是按蒸汽锅炉排污率为5%~12%折算的，对只有定期排污的锅炉取较小值。

对于热水锅炉仍可用上式计算锅炉额定耗煤量，只不过用 $3600Q_{ed}$（MW）代替 $D_{ed}(h_q-h_{gs})$，排污热损失系数取较小值。

（二）锅炉房最大耗煤量

锅炉房最大耗煤量是指锅炉房相应于最大计算热负荷的耗煤量，它是选择运煤系统设备容量的依据，也称为运煤系统的设计耗煤量。可用下式计算：

$$B_{max}=\frac{(1.015\sim1.036)D_{max}(h_q-h_{gs})}{Q_{ar.net}\eta}\times100 \qquad (7\text{-}2)$$

式中 B_{max}——锅炉房最大耗煤量，t/h；

D_{max}——蒸汽锅炉房最大计算热负荷，t/h。

热水锅炉房也可用式（7-2）计算，只是用 $3600Q_{max}$（MW）代替 $D_{max}(h_q-h_{gs})$，排污热损失系数取较小值。

（三）锅炉房平均耗煤量

锅炉房平均耗煤量，是指按锅炉房平均热负荷求得的耗煤量，分为采暖季平均耗煤量 B_n^{pj}（t/h）和非采暖季平均耗煤量 B_f^{pj}（t/h）。可利用式（7-2）计算，这时需将式中的最大计算热负荷 D_{max} 用相应的热负荷代入，即可算出相应的耗煤量。

采暖季和非采暖季耗煤量，是确定相应购煤量的依据。可按各自的平均耗煤量乘以相应季节锅炉房的运行小时数，再乘以 1.1~1.2 的运输不平衡系数计算。

（四）锅炉房的年耗煤量

锅炉房的年耗煤量，是指按锅炉房年热负荷计算的耗煤量，可用下式计算：

$$B_y=\frac{(1.13\sim1.2)D_y(h_q-h_{gs})}{Q_{ar.net}\eta}\times100 \qquad (7\text{-}3)$$

式中 B_y——锅炉房的年耗煤量，t/a；

D_y——蒸汽锅炉房的年热负荷，t/a；

1.13~1.2——运输不平衡、排污热损失等富裕量。

对于热水锅炉，可用 10^3Q_y（MJ）代替 $D_y(h_q-h_{gs})$ 代入上式计算，系数取 1.13，求得热水锅炉房的年耗煤量。

二、锅炉房产生的灰渣量

锅炉产生的灰渣量，主要取决锅炉的耗煤量、机械不完全燃烧热损失和煤的灰分。灰渣量又分为最大灰渣量 A_{max}、平均灰渣量 A_{pj}、采暖季灰渣量 A_n、非采暖季灰渣量 A_f 和年灰渣量 A_y（t/a）。

以上各类灰渣量，应依照各类耗煤量，利用下式计算：

$$A = B \left(\frac{A_{ar}}{100} + \frac{q_4 Q_{ar,net}}{100 \times 33913} \right) \qquad (7\text{-}4)$$

式中　A——锅炉房产生的灰渣量,t/h;

　　　B——锅炉房的耗煤量,t/h;

　　　q_4——锅炉的机械不完全燃烧热损失,%;

　　　A_{ar}——煤的收到基灰分,%;

　33913——碳的发热量,kJ/kg;

当燃用烟煤和无烟煤时,各项灰渣量,也可以按相应耗煤量的25%～30%估算。

第二节　贮煤场与灰渣场

一、贮煤场

燃煤的场外运输,可能会因为煤源、气候、运输等各种条件影响而中断;此外,锅炉房的耗煤量与车、船的运输能力也不一定平衡。因此,在锅炉房附近必须设置贮煤场,以确保锅炉的燃料供应不中断。

贮煤场的贮煤量应视煤源远近、交通运输条件以及锅炉房的耗煤量等因素来确定,同时应少占用土地,并符合下列要求:火车和船舶运煤时,为10～25天的锅炉房最大耗煤量;汽车运煤时,为5～10天的锅炉房最大耗煤量。

煤场的煤堆高度,除了对易自燃的煤有特殊要求外,一般采用以下数据:

移动式皮带机堆煤时不大于5m;堆煤机堆煤时为5～6m;装载机(铲斗车)堆煤时为2～3m;人工堆煤时不大于2m。

贮煤场面积可按下式计算:

$$F = \frac{B_{max} TMN}{H \cdot \rho \cdot \varphi} \mathrm{m}^2 \qquad (7\text{-}5)$$

式中　B_{max}——锅炉房最大耗煤量,t/h;

　　　T——锅炉房每昼夜运行小时数,h;

　　　M——煤的储备天数,d;

　　　N——煤堆过道占用面积系数,一般取1.5～1.6;

　　　H——煤的堆积高度,m;

　　　φ——煤的堆角系数,一般取0.6～0.8;

　　　ρ——煤的堆积密度见表7-1,t/m³。

煤 的 堆 积 密 度　　　　　　　　　　表7-1

煤　　种	堆积密度(t/m³)	煤　　种	堆积密度(t/m³)
细 煤 粒	0.75～1.0	褐　　煤	0.65～0.78
干 无 烟 煤	0.8～0.95	干块状泥煤	0.33～0.40

煤场一般为露天布置。在雨水较多的地区会因燃煤含水量过大,给破碎、运输和燃烧造成困难,因而需设置简易的干煤棚,以贮存干燥的燃煤,其贮量为3～5天锅炉房最大耗煤量,用时将干煤和湿煤混合使用。干煤棚的设置应考虑干煤和湿煤混合的方便,同时不影响露天煤场的运煤。干煤棚的纵向中心线应与雨季的主导风向相平行,以减少雨水的吹入。

煤场地面至少应平整夯实,应有排水坡度,四周要有排水沟。煤堆之间应留有通道,其宽度最小不少于 2m。煤场应有照明和防火设施。

二、灰渣场

对于燃用固体燃料的锅炉房,为了保证锅炉的正常运行,必须及时将燃料燃烧的固态产物——灰渣集中运到贮渣场,再转运他处。所以锅炉附近应设置灰渣场。

一般灰渣场设在锅炉房常年主导风向的下方,且同锅炉房间的距离大于 10m。

灰渣场的贮存量,应根据灰渣综合利用情况和运输方式等条件确定,一般应能贮存 3～5 昼夜锅炉房最大排灰渣量。

灰渣场面积可用公式(7-5)计算。只是其中的 B_{max} 用 A_{max} 代入,M、ρ 等代入灰渣的相应数值即可。

灰渣堆积密度推荐值如下:

干灰 0.7～0.75　t/m³;

干渣 0.8～1.0　t/m³;

湿渣 1.3～1.4　t/m³;

湿灰渣 1.4　t/m³。

若在锅炉房外设置集中灰渣斗时,则不设置灰渣场。灰渣斗的总容量,应为 1～2 天锅炉房最大排灰渣量。斗壁倾斜角不宜小于 60°。灰渣斗排出口与地面的净高,用汽车运渣时不应小于 2.6m;火车运渣时不小于 5.3m,当机车不通过灰渣斗下部时,其净高可为 3.5m。

第三节　锅炉房的运煤系统及设备

一、锅炉房的运煤系统

图 7-1 为工业锅炉房运煤系统的示意图。

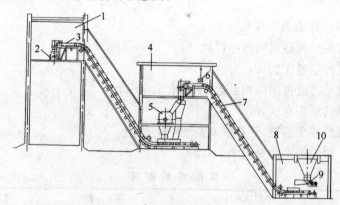

图 7-1　工业锅炉房运煤系统示意图
1—给煤间;2—1# 皮带;3—2# 皮带;4—转运间;5—破碎机;
6—除铁器;7—3# 皮带;8—受煤坑;9—受煤机;10—受煤斗

贮煤场的煤用推煤机或铲斗车运到受煤坑,煤从受煤坑上的固定筛板落入受煤斗。经给煤机将煤送入皮带输送机,在第一条皮带输送机上方设置除铁器,将煤中铁件去除后进入碎煤机破碎。破碎后的煤送到第二条皮带输送机,然后通过皮带输送机,将煤运往炉前的贮煤斗处,由皮带输送机上的卸料器将煤卸入贮煤斗。

以下简要介绍煤的制备、运煤设备及运煤方式的选择。

（一）煤的制备

不同的锅炉对原煤的粒度要求不同，如：人工加煤锅炉粒度不超过80mm，抛煤机炉粒度不超过40mm，链条炉粒度不超过50mm，沸腾炉要求粒度不超过8mm。当锅炉燃煤的粒度不能满足燃烧设备的要求时，煤块必须经过破碎。此时，运煤系统中应设置碎煤装置。工业锅炉常用的破碎机有环锤式碎煤机、双辊齿牙式破碎机。

在破碎之前，煤应先进行筛选，以减轻碎煤装置不必要的负荷。筛选装置有振动筛、滚筒筛和固定筛三种。固定筛结构简单，造价低廉，用来分离较大的煤块。振动筛和滚动筛可用于筛分较小的煤块。

当采用机械碎煤或对锅炉的燃烧设备有要求时，尚应进行煤的磁选，以防止煤中夹带的碎铁进入设备，发生火花和卡住等事故。常用的磁选设备有悬挂式电磁分离器和电磁皮带轮两种。悬挂式电磁分离器悬挂在输送机的上方，可吸除输送机上煤的堆积厚度50～100mm中的含铁杂物，分离器应定期用人工加以清理。当煤层很厚时，底部的铁件很难清除干净，此时可与电磁皮带轮配合使用。电磁皮带轮通常作为皮带输送机的主动轮，借直流电磁铁产生的磁场自动分离输送带上煤中的含铁杂物。

为了使煤连续均匀地供给运煤设备，常在运煤系统中设置给煤设备。常用的给煤设备有电磁振动给煤机和往复振动给煤机。

在运行中，为了加强经济管理，在运煤系统中应设置煤的计量装置。采用汽车、手推车进煤时，可选用地秤；皮带输送机上煤时，可采用皮带秤；当锅炉为链条炉排时，还可以采用煤耗计量表。

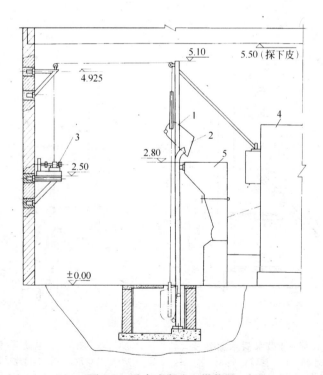

图 7-2 垂直式翻斗上煤装置

1—滑轨；2—小翻斗；3—减速机；4—锅炉；5—小煤斗

（二）运煤设备

锅炉用的燃煤通过运煤设备从煤场运至炉前贮煤斗,向锅炉连续不断地供燃煤,保证锅炉的正常运行。将煤提升至炉前煤斗的常用运煤设备有以下几种:

(1) 卷场翻斗上煤机　卷场翻斗上煤机是一种简易的间歇运煤设备。根据翻斗运动方向分为垂直式和倾斜式。图 7-2 为垂直式翻斗上煤装置示意图。

该装置由滑轨、小翻斗、减速机等组成。用手推车将煤运至炉前,通过该装置可将煤直接从炉前提升到炉前小煤斗的上方,煤从小翻斗中倒入锅炉煤斗中。它的特点是占地面积小、运行机构简单,为 4t/h 以下快装锅炉配套的单台炉上煤装置。小翻斗容积为 0.15～0.21m³,电机功率在 1.1kW 以下。

(2) 摇臂翻斗上煤机　见图 7-3。它是垂直翻斗上煤装置的改进,相比之下,耗钢量小、结构简单轻巧、炉前无立柱、维修方便。翻斗容量分别为 90、100、120 和 130kg,电机功率 1.1kW。

(3) 电动葫芦吊煤罐　该装置是一种简易的间断上煤设备,可以进行水平和垂直方向的运输工作。每小时运煤量 2～6t,一般适用于额定耗煤量 4t/h 以下的锅炉房。图 7-4 为其装置简图。电动葫芦见图 7-5。

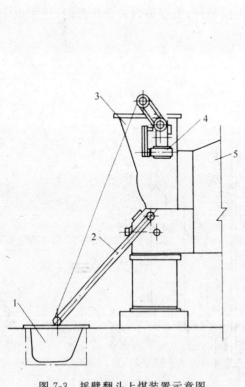

图 7-3　摇臂翻斗上煤装置示意图
1—小翻斗;2—摇臂;
3—锅炉煤斗;4—电动机;5—锅炉

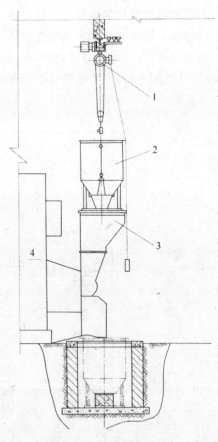

图 7-4　电动葫芦吊煤罐
1—电动葫芦;2—活底吊煤罐;3—煤斗;4—锅炉

电动葫芦起重量一般为 0.5～3t,提升高度 6～13m,提升速度 8m/min,运行速度为

20m/min。

吊煤罐有方形、圆形及钟罩式三种，均为底开式，容积为 0.4~1.0m³。

（4）埋刮板输送机　该装置是由头部驱动装置带动封闭的中间壳体内的刮板链条，连续地输送散状物料的输送设备。在输送过程中，刮板链条埋在被输送的物料之中，故称此设备为"埋刮板输送机"。图 7-6 为其示意图。

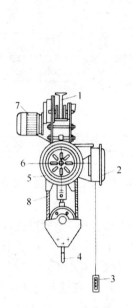

图 7-5　电动葫芦

1—工字形滑轨；2—控制箱；3—按钮；4—吊钩；5—卷筒；
6—垂直提升电动机；7—水平运行电动机；8—钢丝绳

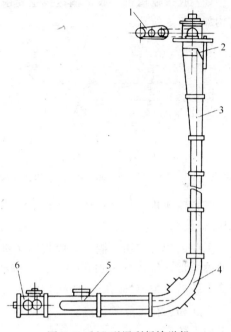

图 7-6　MC 型埋刮板输送机

1—驱动装置；2—头部；3—中间段；
4—弯曲段；5—加料段；6—尾部

国内常用的有水平型、垂直型和垂直水平型三种，其布置形式见图 7-7。

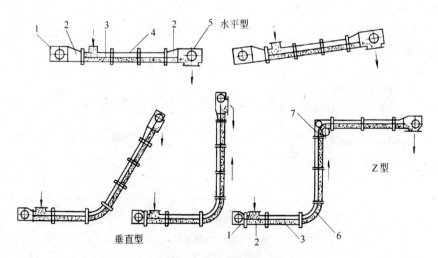

图 7-7　各种机型埋刮板输送机

1—尾部；2—过渡段；3—加料段；4—中间段；5—头部；6—弯曲段；7—回转段

107

该输送机的槽宽一般为 160mm、200mm、250mm。运行速度:对煤粉为 0.16~0.2m/s,对碎煤为 0.2~0.5m/s。输送量:运送碎煤约 9~37t/h,运送煤粉为 7~28t/h。

该设备结构简单、重量轻、体积小、布置灵活、密封性能好,是一种连续运煤设备,能水平和垂直运煤,且能多点加料与卸料,可为几台锅炉同时上煤。一般用于耗煤量大于 3t/h 以上的锅炉房。

(5)胶带输送机 胶带输送机主要由头部驱动装置、皮带、尾部装置及机架等组成。其结构如图 7-8 所示。

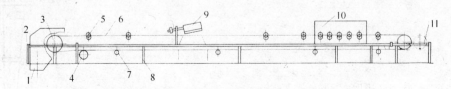

图 7-8 胶带输送机简图

1—头罩;2—头架;3—传动滚筒;4—改向滚筒;5—上托辊;
6—皮带;7—下托辊;8—支腿;9—卸料器;10—导料槽;11—尾架

胶带输送机是一种连续运输设备。它可以水平输送,也可以通过倾斜的方式解决提升运送,但倾角不应大于 18°。

工业锅炉房常用的固定式胶带输送机一般采用上胶厚为 3mm,下胶厚为 1~1.5mm 的普通橡胶带。带宽有 500mm、650mm 两种。带速一般为 0.8~1.25m/s。较长的水平输送带选取较高的带速;倾角大、距离短时,带速应取得低些。胶带输送机具有输送连续、均匀、生产率高和运行可靠等优点。但占地面积大、一次性投资高,一般适用于耗煤量在 4.5t/h 以上的锅炉房。

移动式胶带输送机装有滚轮,可以任意移动,常用在贮煤场作为煤的装卸转运之用。

(6)波状挡边带式输送机 波状挡边带式输送机是一种新型带式输送机,在胶带输送带的两侧粘有波型挡边,中部按需要加上横隔板,使物料在一个匣状的容器中进行输送。其中隔板按不同的断面可分为 T 型、C 型、TC 型。T 型适用于倾角 $\beta \leqslant 40°$ 的场合;C 型适用于倾角 $\beta > 40°$ 且物料流动性较好的场合;TC 型用于倾角 $\beta > 40°$ 且物料黏性较大的场合。挡边带及隔板形式见图 7-9。

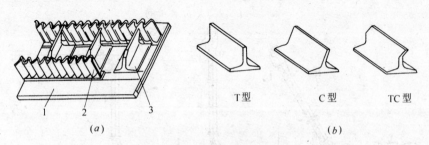

T型   C型   TC型

(a)   (b)

图 7-9 挡边带及隔板形式

(a)挡边带;(b)隔板形式

1—基带;2—挡边;3—隔板

该设备与普通胶带输送机相比,输送角度最大可达 90°,而其工作原理和结构组成与普通胶带输送机相同。除了适用该设备的专用部件外，绝大部分部件均可与普通胶带输送机的相应部件通用，给使用、维修带来方便。

由于可使物料大倾角输送和垂直提升，因此使用该设备可以节约占地面积，节省设备投资和基建费用，并且运行可靠、维护管理简便。典型波状挡边带式输送机如图7-10所示。

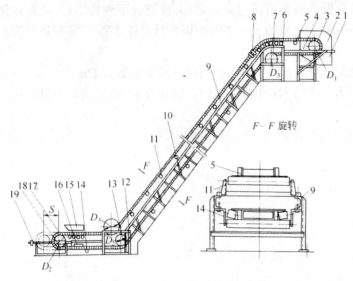

图7-10　波状挡边带式输送机

1—卸料漏斗；2—头部护罩；3—传动滚筒；4—拍打清扫器；5—挡边带；6—凸弧段机架；7—压带轮；8—挡辊；9—中间机架；10—中间架支腿；11—上托辊；12—凹弧段机架；13—改向滚筒；14—下托辊；15—导料槽；16—空段清扫器；17—尾部滚筒；18—拉紧装置；19—尾架

二、运煤系统的选择

对运煤系统的基本要求是能向锅炉可靠地供应燃煤，保证锅炉的正常运行。运煤系统的选择，主要根据锅炉房规模、耗煤量大小、燃烧设备的形式及场地条件等因素，经技术经济比较，综合考虑确定。工业锅炉房运煤系统通常有以下几种：

（一）额定耗煤量小于 1t/h、单台额定蒸发量小于 4t/h 的锅炉，采用手推车运煤，翻斗上煤机供煤。

（二）额定耗煤量为 1～6t/h、单台额定蒸发量为 4～10t/h 的锅炉，采用间歇机械化设备装卸及间歇或连续机械化设备运煤。如：手推车配电动葫芦吊煤罐，手推车配埋刮板输送机。

（三）额定耗煤量大于 6t/h、单台额定蒸发量大于 10t/h 的锅炉，一般采用胶带输送机运煤。

工业锅炉房采用胶带运煤系统一般为单路运输，不设备用装置。考虑到检修设备的需要，运煤系统一般按一班或两班制工作。

运煤系统的运煤量可按下式计算：

$$Q = \frac{24 B_{max} K Z}{t} \quad \text{t/h} \tag{7-6}$$

式中　Q——运煤系统的运煤量，t/h；

　　　B_{max}——最大耗煤量，t/h；

　　　K——运输不平衡系数，一般用 1.1～1.2；

Z——锅炉房发展系数；

t——运煤系统昼夜有效作业时间，h。一班制时，$t \leqslant 6h$；两班制时，$t \leqslant 12h$；三班制时，$t \leqslant 18h$。

为了保证运煤设备检修期间不至于中断供煤，炉前一般应设置贮煤斗。煤斗的贮量应根据运煤的工作制和运煤设备检修所需时间确定，并应符合下列要求：一班制运煤为16～20h的锅炉额定耗煤量；两班制运煤为10～12h的锅炉额定耗煤量；三班制运煤为1～6h的锅炉额定耗煤量。

煤斗和溜煤管的壁面倾角不宜小于60°，以防煤下滑不畅形成堵塞。

【例7-1】 按例6-1给出的条件，计算该锅炉房的耗煤量，确定该锅炉房内的运煤设备和贮煤场面积。

【解】 1. 锅炉房耗煤量的计算

锅炉额定耗煤量 B_{ed}

$$B_{ed} = \frac{(1.015 \sim 1.036)D_{ed}(h_q - h_{gs})}{Q_{ar,net}\eta} \times 100$$

$$= \frac{1.036 \times 6 \times (2787 - 436)}{19523 \times 75} \times 100$$

$$= 0.998t/h$$

最大耗煤量 B_{max}

$$B_{max} = \frac{1.036D_{max}(h_q - h_{gs})}{Q_{ar,net}\eta} \times 100$$

$$= \frac{1.036 \times 10.65 \times (2787 - 436)}{19523 \times 75} \times 100$$

$$= 1.772t/h$$

平均耗煤量 B_n^{pj}

$$B_n^{pj} = \frac{1.036D_{pj}(h_q - h_{gs})}{Q_{ar,net}\eta} \times 100$$

$$= \frac{1.036 \times 8.17 \times (2787 - 436)}{19523 \times 75} \times 100$$

$$= 1.359t/h$$

年耗煤量 B_y

$$B_y = \frac{1.2D_y(h_q - h_{gs})}{Q_{ar,net}\eta} \times 100$$

$$= \frac{1.2 \times 44140.68 \times (2787 - 436)}{19523 \times 75} \times 100$$

$$= 8505t/a$$

2. 运煤系统的选择

根据锅炉房最大耗煤量为1.772t/h，本设计拟采用机械化运煤，锅炉房内运煤设备采用埋刮板输送机。为便于运煤设备的检修，每台锅炉前设一贮煤斗。

燃煤由汽车从厂外运到锅炉房贮煤场，采用移动式胶带输送机堆煤。由铲车将煤运到受煤斗，然后由埋刮板输送机运到锅炉前的贮煤斗。

3. 贮煤场面积的确定

$$F = \frac{B_{\max} \cdot T \cdot M \cdot N}{H \cdot \rho \cdot \varphi}$$

$$= \frac{1.772 \times 24 \times 10 \times 1.5}{3 \times 0.9 \times 0.8}$$

$$= 295 \text{m}^2$$

本锅炉房煤场场地确定为 $18\text{m} \times 18\text{m}$。

4. 运煤设备的选择计算

运煤系统为一班制工作,系统的运煤量为

$$Q = \frac{24 B_{\max} \cdot K \cdot Z}{t}$$

$$= \frac{24 \times 1.772 \times 1.2 \times 1}{6}$$

$$= 8.51 \text{t/h}$$

选 MZ20 型埋刮板输送机上煤,垂直提升高度为 13m,水平段长 14m。另选一套电动葫芦吊煤罐作为备用。起重量为 1t,功率为 1.5kW。

第四节　锅炉房除灰渣系统及设备

设置合理的除灰渣系统,是保证锅炉正常运行的重要条件之一。该系统一般分为人工、机械和水力除灰渣系统。

一、人工除灰渣

人工除灰渣即锅炉房的灰渣完全靠人力来装卸和输送。由工人将灰渣从灰坑中扒出装上手推车,用人力推到灰渣场。

由于灰渣温度高、灰尘大,为了保证安全生产和改善工人的劳动条件,灰渣应先浇水冷却,才能从锅炉房向外运。同时要保持灰渣场内良好的通风,尽量减少灰尘、蒸汽和有害气体对环境的污染。

由于人工除灰渣劳动强度大、卫生条件差,常用于小容量锅炉房。

二、机械除灰渣系统

前述的一些运煤设备,一般也可用来输送灰渣。只是炽热的灰渣需先用水喷淋冷却,且大块焦渣还得适当破碎后倒入除渣设备,否则容易出现大块焦渣卡住设备,导致电机烧坏或设备损坏的情况。下面介绍几种锅炉房常用的除渣设备。

(一)重型框链除渣机

重型框链除渣机是连续输送灰渣的设备。主要由支架、主动轮、链条、托辊、从动轮、减速机及铸石板组成。链条的材质为铸钢或铸铁。链条上每隔一定间距设置一块带长翼的链节,借此输送灰渣。在驱动装置的带动下,循环运行的链条贴在铺有铸石板的灰渣槽内滑动,将炉渣带走。

当锅炉配置碎渣机时,灰渣槽中充满水。接锅炉出渣口的溜渣管直接插入灰渣槽水中,防止空气漏进炉膛,同时消除灰渣中红火并使大块焦渣炸碎,防止大焦渣卡住除渣机。

该设备结构简单、耐磨、除渣干净、工作可靠及日常维修量极少,可供单台或多台

1～75t/h 锅炉出渣用。能水平或倾斜布置,倾角一般小于 18°,最大不能大于 40°(超过 18°需加压轮)。灰渣槽分水泥槽和铁槽两种,槽体为地下布置或地上布置两种形式,根据不同炉型进行选用。此设备现已得到广泛应用。其外形图和主要技术参数分别见图 7-11 及表 7-2。

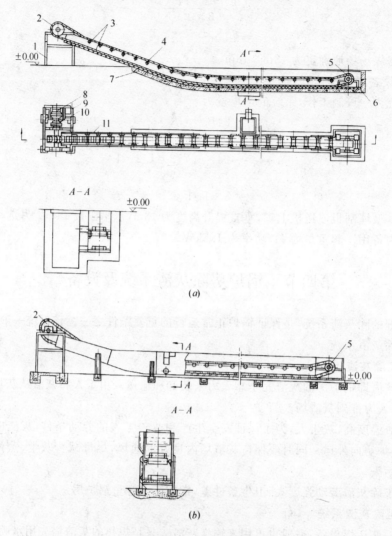

图 7-11 重型框链除渣机

(*a*) 水泥灰渣槽;(*b*) 铁灰渣槽

1—支架;2—主动轮;3—链条;4—托辊;5—从动轮;6—支架;

7—铸石板;8—减速机;9—电动机;10—保险、联轴器;11—铁槽

重型框链出渣机主要技术参数   表 7-2

名　　称	配 套 锅 炉						
	1～4t/h	4～6t/h	6～10t/h	10～20t/h	20～75t/h	75～150t/h	75～300t/h
锅炉总蒸发量(t/h)	18	35	60	100	160	250	300
出渣量(t/h)	0.8	1.6	2.7	4.5	7.2	11.3	13.5
链条速度(m/min)	2.2	2.5	2.5	2.5	2.5	2.5	2.5

名　称		配　套　锅　炉						
		1~4t/h	4~6t/h	6~10t/h	10~20t/h	20~75t/h	75~150t/h	75~300t/h
链条规格(mm)		260×200×80	300×210×80	400×200×80	500×210×80	600×210×80	800×210×80	1000×210×80
提升角度(°)		5~18°	5~18°	5~18°	5~18°	5~18°	5~18°	5~18°
输送长度(m)		30	40	50	60	70	80	90
机座号		74	84	85	95	106	117	128
传动装置	减速器型号	XWE						
	电动机 型号	Y100L1-4	Y100L2-4	Y112M-4	Y132S-4	Y132M-4	Y160M-4	Y160L-4
	电动机 功率(kW)	2.2	3.0	4.0	5.5	7.5	11.0	15.0
水凝渣槽	P (mm)	850	850	900	900	900	900	900
	M (mm)	510	510	610	710	810	1010	1210
	K (mm)	800	800	800	900	900	900	900
	S×S	1200×1200	1200×1200	1200×1200	1300×1300	1300×1300	1400×1400	1600×1600
铁渣槽	M (mm)	510	510	610	710	810	1010	1210
	F (mm)	560	560	660	760	860	1060	1260
	S×S	1200×1200	1200×1200	1200×1200	1200×1200	1200×1200	1400×1400	1600×1600

（二）螺旋除渣机

螺旋除渣机由驱动装置、螺旋轴、筒壳、进渣斗和出渣口等几部分组成。其工作原理是利用旋转的螺旋将被输送的灰渣沿固定的筒壳内壁推移而将灰渣送出炉外。电机转速30~70r/min，螺旋直径200~300mm。该设备有效流通截面较小，输送的灰渣量及渣块受到限制。容量为2~4t/h的锅炉配备的较多。该设备简单，运行管理方便，但不适用于结焦性强的煤。图7-12是其结构简图。主要技术参数见附录4。

（三）马丁碎渣机

马丁碎渣机主要由碎渣机构、排渣机构、水封槽和驱动装置组成。图7-13是该设备结构简图。

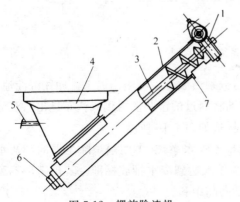

图7-12　螺旋除渣机

1—蜗杆减速箱；2—螺旋筒体；3—螺旋轴；
4—渣斗；5—供水管；6—轴承；7—出渣口

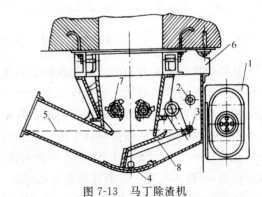

图7-13　马丁除渣机

1—齿轮箱；2—进水口；3—溢流口；4—放水口；5—水封线；
6—出渣器框架；7—碎渣机构；8—推渣机构

马丁碎渣机用于双层布置的 6～20t/h 锅炉。直接与锅炉出渣口相接,锅炉产生的灰渣经碎渣机构破碎后落入水槽。再由推渣机构从渣口推出,因此,该碎渣机具有碎渣、出渣和水封炉膛的作用。它的湿式出渣有利于环境卫生,但该设备结构复杂,易发生故障,且需要配置运渣设备。马丁碎渣机主要技术参数见附录表 5。

（四）圆盘除渣机

图 7-14 是圆盘除渣机结构简图。该设备是坐地安装。灰渣经落渣管进入渣槽,在渣槽水中冷却后由出渣轮刮至机前运渣设备。由于落渣管插入出渣槽水面 100mm,则保持了一定的水封,避免了冷空气进入炉膛,有利于燃烧。

该设备运行稳定、占地少、电耗小、改善了锅炉卫生条件。但该机无碎渣能力,易被大块渣卡住,因此不适用于结焦性强的煤。

圆盘除渣机额定除渣量为 1～3t/h,适用于单台 10～35t/h 的层燃炉除渣,同时需配备运渣设备。圆盘除渣机主要技术参数见附录 6。

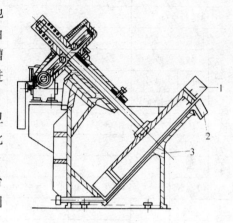

图 7-14　圆盘除渣机
1—出渣轮叶片;2—耐磨衬板;3—出渣槽

三、水力除灰渣系统

水力除灰渣是用其有一定压力的水,将锅炉落入灰渣沟内的碎渣及细灰冲走,送至渣池的运灰渣系统。水力除灰渣系统分为低压、高压和混合式水力除灰渣三种。

工业锅炉房一般采用低压水力除灰渣系统,其水压为 0.4～0.6MPa,工艺流程如图 7-15 所示。

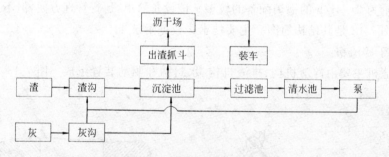

图 7-15　水力除灰渣系统的流程图

从锅炉排出的灰渣和湿式除尘器排出的细灰,分别由激流喷嘴喷出的水流冲往沉淀池。再由抓斗起重机将灰渣从沉淀池放至沥干台。定期将沥过的湿灰渣再倒入汽车运出。沉淀池中的水经过滤后进入清水池循环使用。其系统构造如图 7-16 所示。

一般渣池水水质呈碱性(pH>10),不能直接排入下水系统,多用锅炉除尘器的冲灰水(pH 值在 4～5 间)与渣水中和,使水力冲灰渣系统排水达到废水排放标准。若仍满足不了排放标准,可排入使之中和的其他废液或投放化学药品中和。

该系统具有运行安全可靠、劳动强度低、卫生条件好且操作管理方便等优点。但湿灰渣含水量较大,运输不方便且不利于综合利用,需要建深而大的沉淀池。寒冷地区为防止系统冻结,沉淀池需要布置在室内,供水部分也需保温,使其应用受到限制。

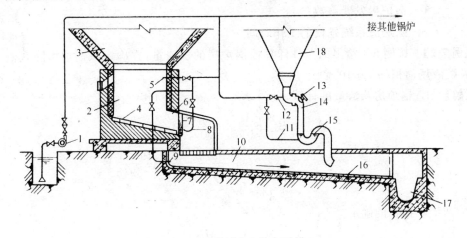

图 7-16　低压水力除灰系统

1—水泵;2—排渣槽;3—灰渣斗;4—铸铁护板;5—灭火喷嘴;6—排渣口;

7—灰渣闸口;8—冲灰喷嘴;9—冲洗喷嘴;10—冲灰沟;11—激流喷嘴;

12—喷嘴;13—手孔;14—冲灰器;15—水封;16—铸石衬里;17—集灰沟;18—飞灰斗

四、除灰渣方式的选用

锅炉房除灰渣方式的选择要根据锅炉类型、灰渣排出量、灰渣特性、运输及基建投资等方面因素,经技术经济比较后确定。工业锅炉房的除灰渣系统选用可参见表 7-3。

锅炉房除灰渣系统推荐表　　　　　　　　　　　　　表 7-3

锅炉容量及台数	灰渣量(t/h)	推荐采用的除灰渣系统
锅炉房总蒸发量 8t/h	<0.5	1. 刮板除渣机 2. 螺旋除渣机　+手推车 3. 框链除渣机
4t/h　3~4 台	0.5~1.0	1. 螺旋除渣机+手推车 2. 框链除渣机 3. 刮板除渣机
6t/h　1~2 台 10t/h　1~2 台	1.0~2.0	1. 马丁碎渣机(或圆盘除渣机)+皮带机 2. 框链除渣机 3. 刮板除渣机
6t/h　3~4 台 10t/h　2~4 台 20t/h　2~4 台	≥2	1. 马丁碎渣机+皮带机(刮板除渣机) 2. 圆盘除渣机+皮带机 3. 刮板除渣机 4. 水力除灰渣

除灰渣系统的运渣量可按下式计算:

$$Q_z = \frac{24 A_{max} \cdot K \cdot z}{t} \quad t/h \qquad (7-7)$$

式中　A_{max}——小时最大灰渣量,t/h;

K——运输不平衡系数 1.1~1.2；

z——锅炉房发展系数；

t——除灰渣系统昼夜的工作时间。

【例 7-2】 按例 6-1 给出的条件计算该锅炉房的灰渣量，并确定该锅炉房除灰渣方式、设备及贮渣场面积(q_4 为 10%)。

【解】 1. 锅炉房灰渣量的计算

$$A_{\max} = B_{\max} \left(\frac{A_{ar}}{100} + \frac{q_4 Q_{ar,net}}{100 \times 33913} \right)$$

$$= 1.772 \times \left(\frac{18.75}{100} + \frac{10 \times 19523}{100 \times 33913} \right)$$

$$= 0.434 \text{t/h}$$

2. 灰渣场面积的确定

$$F = \frac{A_{\max} TMN}{H \rho \varphi}$$

$$= \frac{0.434 \times 24 \times 3 \times 1.5}{2 \times 0.85 \times 0.7}$$

$$= 39.39 \text{m}^2$$

则本锅炉房灰渣场场地确定为 6m×7m。

3. 除灰渣系统运渣量 Q_z

$$Q_z = \frac{24 \times 0.434 \times 1.1 \times 1}{24}$$

$$= 0.48 \text{t/h}$$

4. 除灰渣方式的选择

本锅炉房选用重型框链出渣机，额定出渣量 1.6t/h，电动机功率 3.0kW。

第五节　锅炉房燃油系统

燃油系统是燃油锅炉房的重要的组成部分。它应能适应燃料的理化性能，供应适合锅炉燃油品质的燃料，保证锅炉安全正常运行。燃油系统主要由燃油的接收、贮备和输配三部分构成。

一、锅炉房耗油(耗气)量计算

单台锅炉计算燃油(燃气)消耗量可按下式求得：

$$B = K \frac{D(h_q - h_{gs})}{\eta Q_{ar,net}} \tag{7-8}$$

式中　B——锅炉计算燃油(燃气)消耗量，kg/h(m³/h)；

D——锅炉蒸发量，kg/h；

h_q——蒸汽的焓值，kJ/kg；

h_{gs}——给水的焓值，kJ/kg；

η——锅炉效率；

$Q_{ar,net}$——燃油(燃气)的收到基低位发热量，kJ/kg(kJ/m³)；

116

K——富裕系数，一般取 $1.2\sim1.3$。

每只燃烧器计算燃油（燃气）消耗量可由下式求得：

$$G_{RS} = \frac{B}{n} \qquad (7\text{-}9)$$

式中　G_{RS}——每只燃烧器的计算燃油（燃气）消耗量，kg/h（m³/h）；

　　　　n——单台锅炉燃烧器的数量，只。

锅炉房计算燃油（燃气）消耗量按下式求出：

$$\Sigma B = B_1 + B_2 + \cdots\cdots + B_n \qquad (7\text{-}10)$$

式中　ΣB——锅炉房计算燃油（燃气）消耗量，kg/h（m³/h）；

B_1、B_2、B_n——分别为第 1 台、第 2 台、第 n 台锅炉计算燃油（燃气）耗量，kg/h（kJ/m³）。

二、锅炉房的燃油系统

燃油系统中设有贮油罐（箱）、油泵、加热器、过滤器、燃烧器、燃油管道、阀门、仪表，若采用气动阀门，还应有空气压缩机，压缩空气贮罐等。

燃油一般用火车或汽车运到锅炉房，自流或用泵卸入油库的贮油罐。如果是重油，应先用蒸汽将铁路油罐车或汽车油罐中的燃油加热，以降低其黏度。重油在油罐贮存期间，加热保持一定的温度，沉淀水分并分离机械杂质。沉淀出的水排出，油则经输油泵送入锅炉房内的日用油箱，再由供油泵将燃油喷入炉膛内燃烧。

图 7-17 为燃烧轻油的锅炉房燃油系统。轻油用汽车运到锅炉房，靠自流卸至卧式地下贮油罐中。罐中的燃油通过输油泵送入日用油箱，燃油再经燃烧器内部的油泵加压通过喷嘴，一部分喷入炉膛内燃烧，另一部分燃油返回油箱。

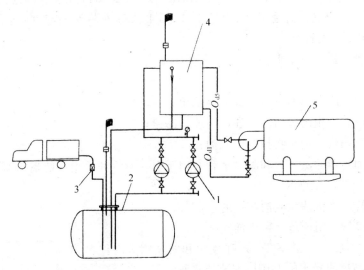

图 7-17　燃烧轻油的锅炉房燃油系统

1—供油泵；2—卧式地下贮油罐；3—卸油口（带滤网）；4—日用油箱；5—全自动锅炉

图 7-18 为燃烧重油的锅炉房燃油系统。由汽车运来的重油靠卸油泵卸到贮油罐内，贮油罐中的燃油由输油泵送入日用油箱，加热后经燃烧器内部的油泵加压，通过喷嘴一部分进入炉膛燃烧，另一部分则返回油箱。在日用油箱中设有电加热器和蒸汽加热装置。在锅炉启动初期没有蒸汽时，靠电加热装置加热日用油箱中的燃油，待锅炉产生蒸汽后，改为蒸汽加热。

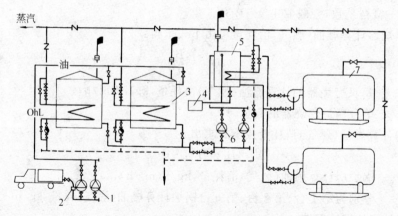

图 7-18 燃烧重油的锅炉房燃油系统

1—卸油泵；2—快速接头；3—地上贮油罐；4—事故油池；5—日用油箱；6—供油泵；7—锅炉

该系统没有设炉前重油二次加热装置，适用于黏度不太高的重油。

三、燃油系统辅助设施的选择

（一）贮油罐

锅炉房贮油罐的总容积应根据油的运输方式和供油周期等因素来确定。用火车和船舶运输时，不小于 20～30 天的锅炉房最大耗油量；用汽车运输时，不小于 5～10 天的锅炉房最大耗油量；用油管路输送时，不小于 3～5 天的锅炉房最大耗油量。如工厂设有总油库，锅炉房燃用的重油或柴油应由总油库统一安排。

重油罐的数量不应少于两台，以便一个使用，另一个进行沉降脱水、加热等工作。

贮油罐多采用钢制。有地下式、半地下式、地上式等安装形式，其断面形状多为圆形。轻、重油贮油罐上的配管有：

（1）进油管　运输设备上油罐内的油靠自流或油泵通过贮油罐上的进油管送入贮油罐内；

（2）出油管　罐内油通过自流或油泵输出；

（3）排出口管　排出罐内的污油（水）或排净罐内贮油；

（4）蒸汽吹扫管　用于吹扫罐中残油；

（5）罐内加热器的蒸汽管和凝结水管　用于引入蒸汽和排出加热器内凝结水。轻油贮油罐内一般不设蒸汽加热器。

（6）回油管　连接油泵或油箱上的回油管；

（7）排放口管　用于排除罐内油气。

贮油罐根据规定应安装阻火器、呼吸阀和安全阀等附件，有加热器的贮油罐的凝水管上还应安装疏水阀。

（1）呼吸阀　呼吸阀是轻油罐上的必要装置。正常情况下，油罐内部空间必须与空气隔绝，以减少油品挥发损失，并能防止油罐变形；当罐内负压超过允许值时吸入空气；罐内正压超过允许值时，释放出罐内多余的气体。

1）NH50 型全天候呼吸阀　从结构和材质上保证适合于各种气候条件下的应用，外形尺寸见图 7-19。

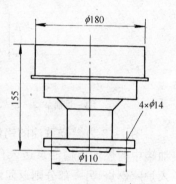

图 7-19　NH50 型全天候呼吸阀

2）FAHX-10 型防火安全呼吸阀　由阻火器和呼吸阀两部分组成。吸气口装有防尘金属网,可承受 1.5 倍呼吸压力而无泄漏现象。达到呼吸压力时,阀片上下浮动灵活,其技术参数见表 7-4,外形尺寸见表 7-5。

FAHX-10 型防火安全呼吸阀技术参数　　　　　　　　表 7-4

公称直径 DN/mm	呼气压力/Pa	吸气压力/Pa
50～250	900±100	−300±100
50～250	1200±100	−300±100
50～250	1500±100	−300±100

FAHX-10 型防火安全呼吸阀外形尺寸　　（单位:mm）　表 7-5

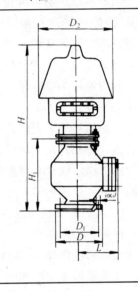

公称直径 DN	D	D_1	D_2	H	H_1	L	n×d
50	160	125	270	538	244	134	4×18
65	180	145	287	564	266	145	4×18
80	195	160	304	605	288	155	8×18
100	215	180	420	720	320	200	8×18
150	280	240	506	930	400	210	8×23
200	335	295	690	1102	465	280	8×23
250	390	350	870	1280	530	350	12×23

注:1. 订货时应注明管径、呼气压力、吸气压力。

（2）阻火器　其作用是阻止火焰和空气一起经过呼吸阀（或安全阀）进入罐内,所以阻火器安装在呼吸阀及安全阀下面。当火焰通过阻火器时,阀内多层金属网吸收燃烧气体的热量使火焰熄灭。如 SCZ 系列阻火器,其阻火芯是采用不锈钢冷轧薄板压制出均匀波纹组合而成,耐腐蚀。阻火器外形尺寸见表 7-6。

SCZ 型系列阻火器外形尺寸　　（单位:mm）　表 7-6

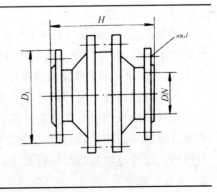

型　号	DN	D_1	H	n×d
SCZ50	50	140	175	4×14
SCZ80	80	185	205	4×14
SCZ100	100	205	220	4×18
SCZ150	150	260	240	4×18
SCZ200	200	315	260	4×18

（3）阻火透气帽　安装在油罐通气管上，能阻火、透气。如 SCZ50 型阻火透气帽，采用不锈钢做顶帽，中间配置阻火芯，外形尺寸如图 7-20 所示。

（4）液压安全阀　为防止油罐上的机械呼吸阀因锈蚀而堵塞、失灵，在呼吸阀旁安装有液压安全阀，当油罐内正负压力超过规定值时能自动开启，以保护油罐安全。

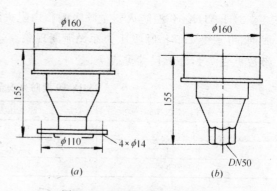

图 7-20　SCZ50 型阻火透气帽
(a) 法兰连接；(b) 螺纹连接

（二）日用油箱

当贮油罐距锅炉房较远，或锅炉需经常起动、停炉或管理不便时，可在锅炉房设置日用油箱。燃油从贮油罐经输油泵送入日用油箱后，再用供油泵把油压送至燃油锅炉燃烧器供锅炉燃烧用。若燃烧器本身带有油泵，可省去供油泵。

日用油箱的总容量。一般不大于锅炉房一昼夜的燃油量。对于重油不应大于 5m³，对于柴油不应大于 1m³。

日用油箱应采用闭式。其上应设置直接通向室外的通气管，通气管上设置阻火器和防雨装置。重油日用油箱内设置有加热器，多为圆筒形卧式或立式罐。

室内油箱应设有将油排放至室外事故油箱的紧急排放管，排放管应设在安全和便于操作的地点。在锅炉房室外还应设置地下事故油箱（也可用地下贮油罐代替）。

（三）炉前重油加热器

锅炉燃用重油时，为了保证燃油的良好雾化和合理燃烧，除了在油罐区和管道中预热重油使其顺利输送外，还需配置炉前重油加热器。

燃油锅炉常用的加热器形式有：管壳式加热器、套管式加热器和电加热器。

管壳式加热器有直管束和 U 形管两种形式。U 形管加热器机械清扫较困难，目前多采用直管束加热器。直管束加热器管程内介质为重油，便于清扫。

套管式加热器管内走重油，蒸汽走套管间。管子规格一般采用直径 25～50mm 的无缝钢管，套管采用直径 50～100mm 的无缝钢管。套管式加热器结构简单、便于制造、清扫方便，在生产中应用较多，但外形尺寸较大，单位换热面积耗用金属较多。

燃用重油的锅炉房，未设置轻油或燃气点火燃料系统时，可以采用重油加热器加热重油。但这种加热器不能用作经常加热燃油的设备。

（四）燃油过滤器

燃油在运输和装卸过程中不可避免地混入一些机械杂质，另外在燃油的贮存和加热过程也会产生渣质、沥青胶质及碳化物，这些杂质在管道内不易通过、损坏油泵、妨碍燃烧器工作。因此，通常在油泵前和喷嘴前设置过滤器。过滤器按结构形式分为网状过滤器和片状过滤器。

网状过滤器滤网是用铜丝或合金丝编成，结构简单，通油能力大，常用作泵前过滤器。

片状过滤器的主要优点是可在过滤器工作过程中清除机械杂质。适合于要求不间断地精细过滤燃油的场合，而且强度大、不易损坏。这种过滤器多用在喷油嘴前，作为炉前过滤器使用。这种过滤器的结构较复杂，制造精度要求较高。

（五）卸油泵

当不能利用位差卸油时，需设置卸油泵，将油罐车的燃油送入贮油罐。卸油泵的总排油量 Q 按下式计算：

$$Q = \frac{nV}{t} \quad (m^3/h) \tag{7-11}$$

式中　V——单个油罐车的容积，m^3；

　　　n——卸车车位数，个；

　　　t——纯泵卸时间，h。

泵卸时间 t 与罐车进厂停留时间有关，一般为 4～8h。其中辅助作业时间一般为 0.5～1h，加热时间（重油）一般为 1.5～3h，纯泵时间为 2～4h。

卸油泵要求流量大、扬程低。可选用蒸汽往复泵、离心泵、齿轮泵或螺杆泵作卸油泵。

（六）输油泵

为了将燃油从卸油罐输送到贮油罐或从贮油罐输送到日用油箱，需设输油泵。通常采用螺杆泵和齿轮泵，也可选用蒸汽往复泵及离心泵。油泵不宜少于 2 台，其中 1 台备用。

用于从贮油罐往日用油箱输送燃油的输油泵，其容量不应小于锅炉房小时最大计算耗油量的 110%。用于从卸油罐向贮油罐输送燃油的输油泵，其容量应根据油罐车的容积和卸车时间确定。

（七）供油泵

供油泵用于从日用油箱向锅炉直接供应一定压力的燃油。一般要求流量小、压力高、油压稳定。供油泵的工作特点是工作时间长，连续运转。一般选择齿轮泵或螺杆泵作供油泵。

供油泵的扬程不应小于下列各项的代数和：供油系统的压力降；供油系统的油位差；燃烧器前所需的油压；适当的富裕量。

供油泵不应少于 2 台，当其中任何 1 台停止运行时，其余泵的总容量，不应少于锅炉房最大计算耗油量和回油量之和。

带回油的喷油嘴的回油量，由设置制造厂提出，一般为喷油嘴额定出力的 15%～50%。

全自动燃油锅炉本身带有加压油泵，因而一般不再单设供油泵，只要日用油箱安装高度满足燃烧器要求即可。

（八）污油处理池

污油处理池接收燃油管道吹扫时排出的污油、管道放空时排出的燃油以及用蒸汽吹扫过滤器、油箱时的污油和贮油罐沉淀脱水时放出的污水。这些污油、污水沉淀脱水后，再经净化将燃油回收，送入油罐。污油处理池是燃油系统中不可缺少的构筑物。

对于地上式油罐，尽可能使污油处理池处于最低位置，以利于自流排放。对于半地下式或地下式贮油罐，油罐底和油泵房地面以及油泵房内的部分燃油管道，一般都低于污油处理池。为使这些污油（水）自流排放，可在油泵房内设一小容量的混凝土污油池接收污油、污水，并用蒸汽将池内污油加热，再用专用油泵转送入污油处理池沉淀脱水。

污油处理池如图 7-21 所示。污油池Ⅰ和油水分离池Ⅱ用隔墙隔开，下部连通，以防止进入污油池Ⅰ的液流扰动油水分离池中的油、水，影响油、水的分离。污油、水进入后，通过下部通道平稳进入油水分离池中。加热器将其加热到适当的温度，燃油上浮，水下沉二者分离。污油、水继续流入，使油水分离池液位逐渐上升，当升至导油管槽口边缘 A 标高以上时，燃油经导油管流入油池Ⅳ。沉入下部的水，经油水离池Ⅱ和水池Ⅲ间的隔墙下部通道流入水池Ⅲ,当水池Ⅲ中水位超过闸板的标高 B 时,水流经闸板进入污水排出管排出。导油管和槽口下边缘的标高 A 比闸板的标高 B 略高。闸板的标高 B 可以根据实际需要进行调整,例如更换闸板、改变闸板高度,以达到自流排水的目的。流入油池Ⅳ中的燃油,用输油泵送入贮油罐内。

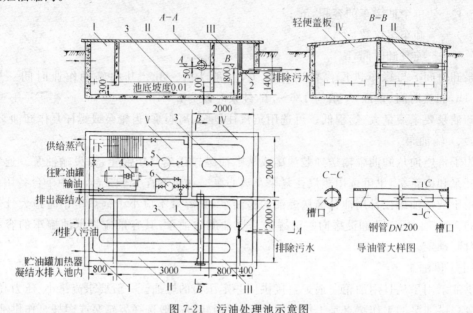

图 7-21　污油处理池示意图

Ⅰ—污油池;Ⅱ—油水分离池;Ⅲ—水池;Ⅳ—油池;Ⅴ—泵室

1—导油管;2—闸板;3—加热器;4—输油泵;5—油过滤器;6—疏水阀

四、燃油管路的设计要点

锅炉房的供油管道宜采用单母管;常年不间断供热时,宜采用双母管。回油管道应采用单母管。采用双母管时,每一母管的流量宜按锅炉房最大计算耗油量和回油量之和的 75% 计算。

重油供油管道应保温,当重油在输送过程中,由于温度降低不能满足生产要求时,还应有伴热措施。目前伴热介质一般采用蒸汽。应用比较广泛的伴热方式为外伴热,即蒸汽伴热管在油管路外部,贴油管路敷设,这种方式便于施工、检修。

燃油管道内油品流速的选择合理与否,直接影响到锅炉房的钢材消耗和建设投资。如果流速过低,燃油中的杂质会沉积管壁,日积月累,管道的流通截面逐渐减小,甚至堵塞;流速过高,会使油泵产生抽空现象,这不仅会降低油泵的效率,还会造成泵体内零件的损坏。一般情况下燃油流速根据油品的黏度按有关资料选取。对于通过加热器加热后的重油管道,应控制在 0.7m/s 以上。

燃油管道采用顺坡敷设,但接入燃烧器的重油管道不宜坡向燃烧器。柴油管道的坡度不应小于 0.003,重油管道的坡道不应小于 0.004。

采用单机组配套的自动燃油锅炉,应保持其燃烧自控的独立性,并按其要求配置燃油管道系统。

在重油供油系统的设备和管道上,应在能吹净设备和管道内的重油的地方。设置吹扫口。吹扫介质宜采用蒸汽或用轻油置换,吹扫用蒸汽压力为 0.6~1MPa。

每台锅炉的供油干管上,应装设关闭阀和快速切断阀。每个燃烧器前的燃油支管上,应装设关闭阀。当设置两台及以上锅炉时,还应在每台锅炉的回油干管上装设止回阀。

燃油管道一般采用无缝钢管。除与设备、附件等连接处或由于安装和拆卸检修的需要采用法兰连接外,应尽量采用焊接连接。

第六节　锅炉房燃气系统

燃气锅炉的燃气供应系统,由供气管道进口装置、锅炉房内配管系统、以及吹扫放散管道等组成。

从安全角度考虑,锅炉房燃气系统一般采用次中压($0.005\text{MPa}<P\leqslant0.2\text{MPa}$)或低压($P\leqslant0.005\text{MPa}$)供气系统。

为了保证燃气锅炉能安全稳定地燃烧,燃气系统当燃气压力过高或不稳定时,应设调压装置,为此需设调压站。调压站的设计应符合现行国家标准《城市燃气设计规范》的有关规定。

一、燃气辅助设备

常见的燃气辅助设备包括增压设备、调压设备、燃气过滤器、燃气排水器、燃气计量设备等。

(一)增压设备

常见的燃气增压设备为煤气专用系列罗茨鼓风机。其特点是:在设计压力范围内,管网阻力变化时流量改变很小;在流量要求稳定而阻力变动幅度较大的工作场合可自动调节,工作适应性强,并具有无泄漏、防爆等优点。

(二)调压设备

调节器是燃气调压站主要设备,是燃气供应系统进行降压和稳压的设备。它能使燃气锅炉安全稳定地燃烧。调节器有气动薄膜调节器和自力式调节器。

(三)燃气过滤器

其作用是滤去燃气中的污物和杂质,防止燃气燃烧器堵塞。常用的燃气过滤器有玻璃纤维过滤器和马鬃过滤器。

(四)流量计

测量燃气的体积流量,一般用差压式流量计或容积式流量计。大流量的系统采用差压式流量计,小流量的采用容积式流量计。

(五)燃气排水器

用来排除燃气管道中的凝结水,安装在燃气管道的最低点,在直管道上每隔 $200\sim250\text{m}$ 应设一个。按安装位置分地上排水器和地下排水器,按排水特征分连续排水器和定期排水器。

二、供气管道系统设计的基本要求

(一)供气管道进口装置设计要求

由调压站至锅炉房的燃气管道宜采用单母管;常年不间断供热时,宜采用双母管。采用双母管时,每一母管的流量宜为锅炉房最大计算耗气量的 75%。

当调压装置进气压力在 0.3MPa 以上,调压比又较大时,可能产生很大的噪声。为避免噪声沿管道传入室内,调压装置后宜有 $10\sim15\text{m}$ 的一段管道采用埋地敷设,如图 7-22 所示。

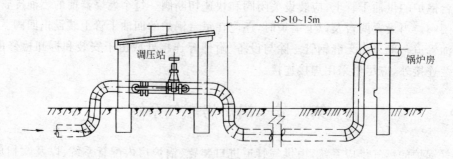

图 7-22　调压站至锅炉房间的管道敷设

外部引入锅炉房的燃气总管在进口处应装设总关闭阀。按燃气流动方向,阀前应设放散管,放散管上设取样口,阀后装吹扫管接头。

（二）锅炉房燃气系统设计要求

锅炉房内燃气管道的设计,应按现行《工业企业煤气安全规程》的有关规定执行。

为保证锅炉安全可靠的运行,要求供气管道上安装的附件连接必须严密、可靠,能承受最高使用压力。设计管路系统时应考虑管路的检修和维护是否方便。

当锅炉台数较多时,供气干管可按需要用阀门分隔成数段,每段供应 2～3 台锅炉。在通向每台锅炉的支管上,应装有阀门,阀后串联两只切断阀（手动阀或电磁阀）,并在两阀之间设置放散管（放散管可采用手动阀或电磁阀）。靠近燃烧器的一只安全切断电磁阀应尽量靠近燃烧器,以减少管段内燃气渗入炉膛的数量。

燃气管道一般采用架空敷设,设在锅炉房外墙或锅炉间空气流通的地方,以利排除泄漏的燃气。

燃气管道可从地下或架空引入锅炉间,管道穿越墙壁或基础时,应设置套管。管路上的阀门应选用明杆阀或阀杆带有刻度的阀门,以便使操作人员能识别阀门的开关状态。

燃气管道采用钢管,多用焊接连接。管道与阀门或其他附属设备的连接,应根据具体情况选择采用法兰或丝扣连接。

（三）吹扫放散管道系统设计

燃气管道在停止运行检修时,需将管道内的燃气吹扫干净,以保证检修工作安全。系统在较长时间停止工作后再次投入运行前,也需要进行吹扫,将可燃混合气体排入大气,以防止燃气、空气的混合物进入炉膛引起爆炸。因此,锅炉房供气系统中应设置吹扫和放散管道。

设计吹扫放散系统应注意以下问题:

（1）吹扫方案应根据用户的实际情况确定。可以设置专用的惰性气体吹扫管道,用氮气、二氧化碳或蒸汽进行吹扫。也可不设专用吹扫管道,而是在燃气管道上设置吹扫点,在系统投入运行前用燃气进行吹扫,停运检修时用压缩空气进行吹扫。吹扫点（或吹扫管接点）应设置在下列部位:

1) 锅炉房进气管总关闭阀后面（顺气流方向）;

2) 在燃气管路用阀门隔开的管段上需要分段吹扫的适当地点。

（2）燃气系统在下列部位应设置放散管道:

1) 锅炉房进气管总切断阀的前面（顺气流方向）;

2）燃气干管的末端，管道、设备的最高点；

3）燃烧器前两切断阀之间的管段；

4）系统中其他需要放散的适当地点。

放散管可分别或集中引出室外。其出口应安装在适当的位置，确使放散出去的气体不致被吸入室内或通风装置内。放散管出口应高出屋脊 2m 以上。

（3）放散管的管径根据吹扫管段的容积和吹扫时间来确定。一般按吹扫时间为 15～30min、排气量为吹扫段容积的 10～20 倍作为放散管管径的计算依据。表 7-7 为锅炉房燃气系统放散管管径参考数据。

锅炉房燃气系统放散管直径选用表 表 7-7

燃气管道直径(mm)	25～50	65～80	100	125～150	200～250	300～350
放散管直径(mm)	25	32	40	50	65	80

三、锅炉燃气供应系统

以前使用的一些小型燃气锅炉，都由人工控制，燃烧系统比较简单。一般是燃气管道由外网或调压站进入锅炉房。在管道入口处装设一个总切断阀，顺气流方向在总切断阀前设放散管，阀后设吹扫点。由干管到每台锅炉的支管上安装一个关闭阀，阀后串联安装切断阀和调节阀，切断阀和调节阀之间设置放散管。在切断阀前引出一点火管路供点火使用。调节阀后安装压力表。阀门选用截止阀或球阀。手动控制燃气供应系统如图 7-23 所示，一般不设吹扫管路。

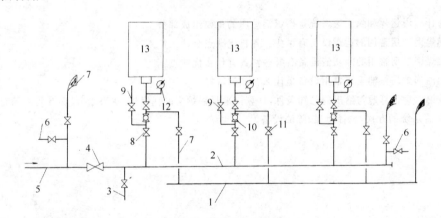

图 7-23 手动控制燃气供应系统

1—放散管；2—供气干管；3—吹扫入口；4—燃气入口总切断阀；5—燃气引入口；
6—取样口；7—放散管；8—关闭阀；9—点火管；10—调节阀；11—切断阀；12—压力表；13—锅炉

随着燃气锅炉技术的发展，燃气供应系统在不同程度上采用了一些自动切断、自动调节和自动报警装置。自动控制和自动保护程度较高，有的还实行了程序控制。图 7-24 为 WNQ4-0.7 型燃气锅炉供气系统。

WNQ4-0.7 型燃气锅炉采用涡流式燃烧器。要求燃气进气压力为 10～15kPa。炉前燃气管道及其附属设备由锅炉配套供应，每台锅炉配备一台自力式调压器。由外网或锅炉房供气干管来的燃气，先经过调压器调压，再通过两只串联的电磁阀（又称主气阀）和一只流量调节阀，然后进入燃烧器。在两只电磁阀之间接有放散管和放散电磁阀。当主电磁阀关闭

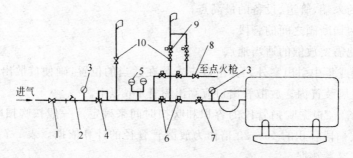

图 7-24　WNQ4-0.7 型燃气锅炉供气系统

1—总关闭阀；2—气体过滤器；3—压力表；4—自力式压力调节阀；5—压力上下限开关；
6—安全切断电磁阀；7—流量调节阀；8—点火电磁阀；9—放空电磁阀；10—放空旋塞阀

时，放散电磁阀自动开启，避免漏气进入炉膛。主电磁阀与锅炉高低水位保护装置、蒸汽超压装置、火焰监测装置以及鼓风机等联锁。当锅炉运行中发生事故时，主电磁阀自动关闭切断供气。

在电磁阀之前引出的点火管道上设有关闭阀和串联的两只电磁阀。点火电磁阀由点火或熄火讯号控制。燃气系统起动和停止的自动控制和程序控制过程：当开始点火时，首先打开风机进行预吹扫（一般几十秒），然后打开点火电磁阀，点火后再打开主电磁阀，同时火焰监视装置投入工作，锅炉投入正常运行；停炉时，先关闭主气阀，然后吹扫一段时间。

复习思考题

1. 为什么说运煤和除尘渣系统是燃煤锅炉房的重要组成部分？

2. 燃煤锅炉房常用的运煤设备有哪些？各自优缺点是什么？

3. 燃煤锅炉房常用的除灰渣设备有哪些？各有什么优缺点？

4. 燃油锅炉房供油系统常用设备是什么？如何选择？

5. 按第六章计算题与给出的已知条件，计算该采暖锅炉房的耗煤量、灰渣量、煤场及灰渣场面积，确定运煤、除灰渣系统的方式，选择运煤、除渣设备。

第八章　锅炉的烟气净化

目前我国的工业锅炉主要是以煤为燃料。煤燃烧后,产生大量的烟尘及硫和氮的氧化物等有害气体。这些有害物排放到大气中,严重地污染了周围大气的环境。尤其是工业锅炉大多集中在城市和市郊区,又属于低空排放,对生产、人民生活和人体健康都会造成极大的危害。因此,通过消烟除尘措施,将锅炉排放的烟尘污染降低到国家规定的允许范围内,对改善大气环境质量是至关重要的。

第一节　烟尘的危害与排放标准

一、烟尘的危害

燃煤锅炉排烟中的烟尘由两部分组成:

一部分是煤烟,即炭黑。它是煤在高温缺氧条件下分解和裂化出来的一些微小碳粒,其粒径为 $0.05\sim1.0\mu m$。烟气中炭黑多时即形成黑烟。

另一部分是"尘"。是由于烟气的扰动作用而被带走的灰粒和一部分未燃尽的煤粒,也称飞灰,其粒径一般在 $1\sim100\mu m$。

粒径小于 $10\mu m$ 的尘粒能长期飘浮在空气中,称为飘尘。粒径大于 $10\mu m$ 的尘粒,由于自身重力的作用,在短时间内可以降落到地面上,称为降尘。工业锅炉排出的烟尘中 $10\%\sim30\%$ 是小于 $5\mu m$ 的尘粒。这些微粒具有很强的吸附能力,很多有害气体、液体或某些金属元素(如镍、铬、锌等)都能吸附在烟尘粒子上,随着人的呼吸而被带入人体内,刺激呼吸道。如长期吸入这种粉尘粒子,将导致气管炎、支气管炎、哮喘,进入人体肺泡,会引起肺气肿和肺心病等,甚至引起肺癌等病症。

烟尘降落在植物叶面上,会妨碍植物的光合作用,造成植物叶片褪绿,农作物产量降低,园林受害。

烟气污染空气,降低了空气的可见度,会增加城市交通事故。由于烟尘的遮挡,减弱了太阳紫外线辐射,会影响儿童发育,引起儿童佝偻病。另外,大量废热排入空中,空气中的灰尘起到形成水蒸气凝结核的作用,会使空气的温度、湿度及雨量发生变化。空气中烟气浓度大,还将严重影响某些工业如纺织、食品及仪表等产品的质量。

总之,锅炉排放的烟尘是一种空气污染物,对人体健康、环境、生态及经济都有严重的危害。必须加以限制,不能任意排放。

二、烟尘排放标准

锅炉烟尘排放标准是为了防止大气污染、保护环境而对锅炉烟尘排入环境的数量所作的限制的规定。

规定采用 $1m_N^3$ 排烟体积中含有烟尘的质量(mg)来表示锅炉排出烟气的含尘量,称为烟尘浓度。

锅炉房的烟尘排放应符合《锅炉大气污染物排放标准》(GB 1327—2001)的规定;并应符合本地区环保部门的有关规定。《锅炉大气污染物排放标准》(GB 1327—2001)中规定的最高允许浓度的限值见表 8-1。

表 8-1

锅炉烟尘最高允许排放浓度和烟气黑度限值

锅 炉 类 别		适 用 区 域	烟尘排放浓度 (mg/m_N^3)		烟气黑度 (林格曼黑度,级)
			Ⅰ 时 段	Ⅱ 时 段	
燃煤锅炉	自然通风锅炉 (<0.7MW〈1t/h〉)	一 类 区	100	80	1
		二、三类区	150	120	
	其他锅炉	一 类 区	100	80	1
		二 类 区	250	200	
		三 类 区	350	250	
燃油锅炉	轻柴油、煤油	一 类 区	80	80	1
		二、三类区	100	100	
	其他燃料油	一 类 区	100	80 *	1
		二、三类区	200	150	
燃 气 锅 炉		全 部 区 域	50	50	1

注:一类区禁止新建以重油、渣油为燃料的锅炉。

标准中的一类区和二、三类区是对环境空气质量功能区的分类:

一类区　为自然保护区、风景名胜区和其他需要特殊保护的地区。

二类区　为城镇规划中确定的居住区、商业交通居民混合区、文化区、一般工业区和农村地区。

三类区　为特定的工业区。

该标准按锅炉建成使用年限不同分为两个阶段,执行不同的大气污染物排放标准。

Ⅰ时段:2000 年 12 月 31 日前建成使用的锅炉;

Ⅱ时段:2001 年 1 月 1 日起建成使用的锅炉(含在 Ⅰ 时段立项未建成或未运行使用的锅炉和已建成使用的锅炉房中,需要扩建、改建的锅炉)。

锅炉在额定出力的情况下,除尘器前的烟尘浓度称为锅炉的初始烟尘排放浓度。它与燃烧方式、煤质、锅炉类型及运行管理等多种因素有关。为此国标(GB 13271—2001)中给出了"燃煤锅炉烟尘初始排放浓度和烟气黑度限值"见表 8-2。

表 8-2

燃煤锅炉烟尘初始排放浓度和烟气黑度限值

锅 炉 类 别		燃煤收到基灰分 (%)	烟尘初始排放浓度(mg/m_N^3)		烟气黑度 (林格曼黑度,级)
			Ⅰ 时 段	Ⅱ 时 段	
层燃锅炉	自然通风锅炉 (<0.7MW〈1t/h〉)	—	150	120	1
	其他锅炉 (≤2.8MW〈4t/h〉)	$A_{ar} \leqslant 25\%$	1800	1600	1
		$A_{ar} > 25\%$	2000	1800	
	其他锅炉 (>2.8MW〈4t/h〉)	$A_{ar} \leqslant 25\%$	2000	1800	1
		$A_{ar} > 25\%$	2200	2000	

锅 炉 类 别		燃煤收到基灰分（%）	烟尘初始排放浓度（mg/m³）		烟气黑度（林格曼黑度，级）
			Ⅰ 时 段	Ⅱ 时 段	
沸腾锅炉	循环流化床锅炉	—	15000	15000	1
	其他沸腾锅炉	—	20000	18000	
抛煤机锅炉		—	5000	5000	1

同时国标（GB 13271—2001）还规定了"锅炉二氧化硫和氮氧化物最高允许排放浓度"，见表 8-3。

锅炉二氧化硫和氮氧化物最高允许排放浓度 表 8-3

锅 炉 类 别		适用区域	SO_2 排放浓度（mg/m³）		NO_X 排放浓度（mg/m³）	
			Ⅰ 时 段	Ⅱ 时 段	Ⅰ 时 段	Ⅱ 时 段
燃 煤 锅 炉		全部区域	1200	900	—	—
燃油锅炉	轻柴油、煤油	全部区域	700	500	—	400
	其他燃料油	全部区域	1200	900*	—	400*
燃 气 锅 炉		全部区域	100	100	—	400

注：一类区内禁止新建以重油、渣油为燃料的锅炉。

由表 8-2 和表 8-3 可知，工业锅炉排烟含尘浓度均超过国家允许的排放标准。

在实际燃烧过程中，要使燃料全部完全燃烧是不可能的，要烟气中一点飞灰没有也是不可能的。一般所说的消烟除尘，只是把烟气的黑度和含尘量降低到不至于污染环境和危害人体健康的程度。

烟尘中的黑烟，可通过改进燃烧装置以及合理的调节燃烧，使挥发物在炉膛中充分燃烧，以达到消除的效果，并应设法减少飞灰逸出。此外，还必须在引风机前装设除尘设备，使锅炉排烟含尘量能符合排放标准。至于烟气中有害气体的净化，目前主要是烟气脱硫，其他的烟气净化问题，有待进一步研究解决。

第二节　锅炉的除尘设备

锅炉除尘设备按其作用原理可分为：机械式除尘器（重力沉降除尘器、惯性除尘器、离心除尘器）、湿式除尘器（冲击式除尘器、泡沫除尘器、麻石水膜除尘器）、过滤式除尘器（袋式除尘器）和静电除尘器。

旋风除尘器结构简单、投资省、除尘效率较高且负荷适应性也较强。麻石水膜除尘器除尘效率高、取材方便、抗腐蚀及耐磨性好，但需设置一套灰水处理装置。净化后的烟气常带水，排出的灰水呈酸性，对除尘器后面的风机和烟道需给以防腐处理。袋式除尘器除尘效率很高，但滤带材料使用寿命短、设备结构复杂、投资大，目前工业锅炉房中很少采用。静电除尘器的除尘效率很高，处理烟气量大、阻力低，但其外形尺寸大、投资昂贵，除在特殊环境下，极少选用。

一、旋风除尘器

旋风除尘器是一种强制烟气作旋转运动,从而使尘粒在离心力的作用下从烟气中分离出来的装置。图 8-1 为旋风除尘器的工作原理示意图。

含尘烟气以 15～20m/s 的速度切向进入除尘器外壳和排气管之间的环形空间,形成一股向下运动的外旋气流。这时,烟气中的尘粒在离心力的作用下被甩到筒壁,并随烟气一起沿着圆锥体向下运动,落入除尘器底部灰斗。由于气流旋转和引风机的抽吸作用,在旋风筒中心产生负压。运动到筒体底部的已净化的烟气改变流向,沿除尘器的轴心部位转而向上,形成旋转上升的内涡旋气流,并从除尘器上部的排气管排出。

旋风除尘器结构简单、管理方便、处理烟气量大,除尘效率高,是锅炉烟气净化中应用最广泛的除尘设备。

目前旋风除尘器种类很多,在此仅介绍几种较常用的旋风除尘器。

（一）立式旋风除尘器

图 8-2 为 XZZ 型旋风除尘器结构示意图。

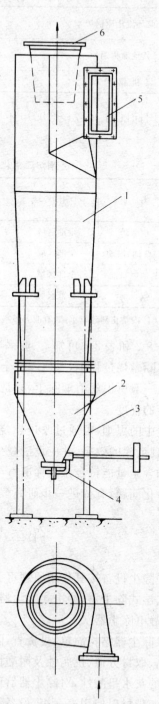

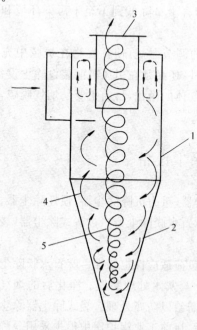

图 8-1　旋风除尘器工作原理图
1—筒体;2—锥体;3—排出管;
4—外涡旋;5—内涡旋

图 8-2　XZZ 型旋风除尘器结构示意图
1—筒体;2—灰斗;3—支架;4—排灰阀;
5—烟气进口;6—烟气出口

除尘器本体由筒体、烟气进口管、平板反射屏、烟气排出管及排灰口等组成。含尘烟气以 18～20m/s 的流速从进口切向进入除尘器,由上而下在筒体内壁作高速螺旋运动(形成外涡流)。逐渐旋转到底部的烟气,再沿筒体轴心部分向上旋转,呈内涡流形式从筒体上口引出。而烟气中的尘粒在离心力的作用下被甩向筒壁,在重力和下旋气流的作用下,沿筒壁落入底部灰斗。

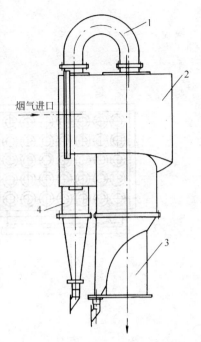

图 8-3　XS 型双级旋风除尘器
1—排气连通管;2—大旋风壳体;
3—排气管;4—小旋风锥体

该除尘器采用了收缩、渐扩形进口,提高了烟气进口流速,使离心力增大。

由于该设备有合理的气流组织,就使得已被分离出来的尘粒,有可能被完全捕集下来。因此,该除尘器效率较高,热态运行效率达 90%～93%,阻力为 774～860Pa。适用于 1～4t/h 的层燃锅炉。

除了单筒立式除尘器外,还有双筒、四筒或多筒组合除尘器,以适应不同容量锅炉的需要。

（二）立式双旋风除尘器

是由一个大旋风蜗壳和一个小旋风分离器组成的。如图 8-3 为 XS 型立式双旋风除尘器。

含尘烟气切向进入大旋风蜗壳,在离心力作用下,尘粒被抛向大蜗壳的外边缘。当烟气旋转到 270°时,最外边缘上约 15%～20% 的含尘的浓缩烟气进入小旋风分离器进一步净化。未进入小旋风的内层烟气,一部分进入平旋蜗壳在大旋风中继续旋转分离;另一部分气流通过蕊管与管壁之间的间隙与新进入除尘器的气流汇合,形成二次回流,以增加细尘粒被捕捉的机会。这两部分气流净化后,沿高度方向经导流叶片进入蜗壳型大旋风排气蕊管,并与小旋风分离器上的排气汇合。然后一同向下,排出除尘器。灰尘则被分别收集在大小旋风筒下部的灰斗中。

该除尘器除尘效率为 88%～92%,阻力为 608～715Pa。除尘器下部排烟口同引风机进风口连接方便。适用于容量为 1～20t/h 的锅炉。

（三）立式多管旋风除尘器

在旋风除尘器中,尘粒的沉降速度与旋风除尘器的半径成反比。可见小直径的旋风除尘器除尘效率较高一些。为此,形成用多个小直径旋风除尘器并联起来共用一个集尘室,组成的多管除尘装置。

该除尘器是由组装在一个壳体内的若干个立式小旋风子、烟气进、出管、烟气分配室及贮灰斗所组成,如图 8-4 所示。单个旋风子的结构如图 8-5。

当含尘烟气通过螺旋型或花瓣型导向器进入旋风子内部时,产生旋转。尘粒在离心力的作用下被抛到壳体内壁,沿内壁向下下落入贮灰斗,经锁气器排出。净化后的烟气在引风机的作用下,形成上升的内涡流,经排气管汇于排气室后排走。

多管旋风除尘器的优点是能够处理较大的烟气量,并具有较高的除尘效率。多个旋风子组成一个整体,便于烟道的连接和设备的布置。除尘效率可达 92%～95%,阻力为 500～800Pa。缺点是金属耗量大,且易于磨损。

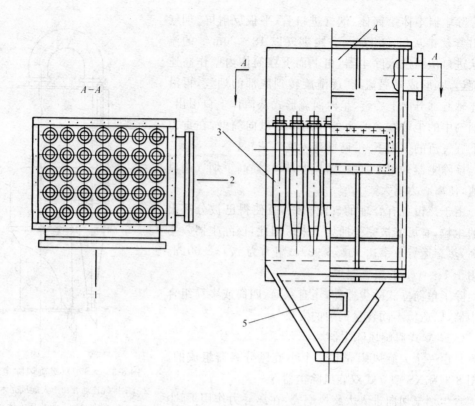

图 8-4　立式多管旋风除尘器

1—烟气进口；2—烟气出口；3—旋风子；4—排烟室；5—灰斗

（四）卧式旋风除尘器

卧式旋风除尘器筒体为对数螺旋线蜗壳，其构造如图 8-6 所示。烟气由切向入口进入蜗壳内，气流得以平稳而均匀的旋转，减少了除尘器内部的涡流。旋转烟气沿内壁向牛角锥尖方向流动，被分离出来的尘粒落入牛角尖处，经锁气器排出。净化后的烟气沿中心线返回，由烟气出口排出。其除尘效率可达到 92％，阻力为 725Pa。由于筒体为卧式，降低了除尘器高度，使得设备安装简便。适用于容量为 1～4t/h 锅炉。

（五）卧式双旋风除尘器

如图 8-7 所示为 XSW 型旋风除尘器。

锅炉烟气切向进入大旋风，利用旋转离心力的作用，使烟气中的尘粒浓缩到大旋风蜗壳外边缘上。然后，最外边缘的烟尘进入小旋风，在离心力的作用下进一步分离。分离后的烟气由导管引至引风机调节阀后，与大旋风净化的烟气汇合进入引

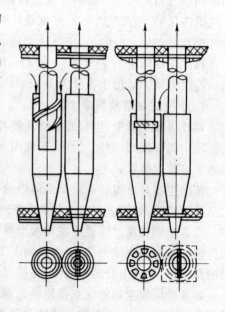

图 8-5　旋风子结构

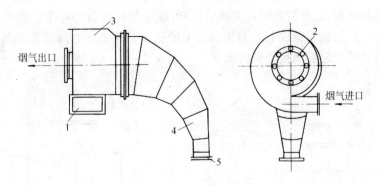

图 8-6　卧式旋风除尘器

1—烟气入口；2—烟气出口；3—进气蜗壳；4—牛角形锥体；5—排灰口

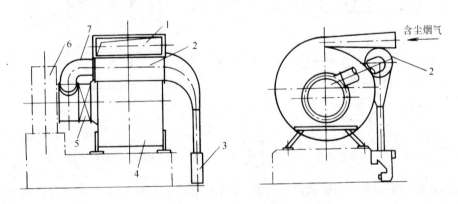

图 8-7　XSW 型卧式双旋风除尘器

1—含尘烟气进口；2—小旋风；3—水封冲灰器；4—大旋风；
5—引风机调节阀；6—引风机；7—烟气引出管

风机。小旋风分离出来的尘粒经水封冲灰器将灰排走。利用引风机调节阀进行烟气调节。调节阀安装在大旋风排出管段上，小旋风出口接在调节阀后，这样使小旋风能得到稳定的烟气量。因而保证了小旋风在锅炉各种负荷下都能达到较好的分离效率，提高了整个除尘设备的负荷适应性。由于卧式布置，安装高度较低，容易安装。适用于 1～20t/h 锅炉。

旋风除尘器捕集 5μm 以下的尘粒效率很低。旋风除尘器的除尘效率，除了与其本身结构有关外，还与下列因素有关：

（1）烟气进口速度　除尘器进口的烟气流速在 10～25m/s 范围内时烟气净化效率较高。流速增大会使除尘器阻力增加，流速减小会使除尘效率降低。

（2）烟尘的粒度和密度　烟尘粒度愈粗，密度愈大，除尘效率越高。

（3）烟气的初始含尘浓度　烟气初始含尘浓度高时，一般除尘效率也高。

（4）筒体的绝对尺寸　筒体直径越小，尘粒所受的离心力越大，除尘效率越高。

（5）除尘装置的严密性　旋风除尘器一般是在负压下工作，排灰装置漏风会使除尘器效率下降。当漏风率为 5％时，除尘器效率由原来的 90％下降到 50％；当漏风率达到 15％时，除尘效率接近于零。因此，旋风除尘器的排灰装置（锁气器）的使用应给以足够的重视。

当锅炉容量在 1～2t/h 以下时，可在除尘器排灰口设置固定式灰斗。如图 8-8 所示。

该种灰斗需定期清灰,而且清灰时应关闭引风机,以免积灰被烟气重新带走。

图 8-9 所示的翻板式锁气器是利用翻板上的积灰和平衡锤之间的重力平衡作用,来达到自动卸灰的目的。两层翻板轮流启闭。

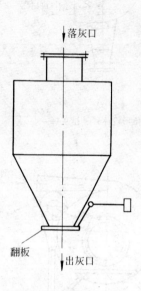

图 8-8　固定式灰斗

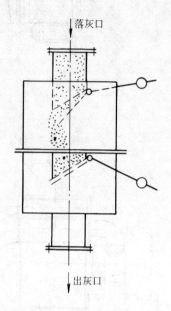

图 8-9　翻板式锁气器

在容量较大锅炉所配的旋风除尘器上,还有采用转动式锁气器、电磁锁气排灰阀和湿式排灰装置的。

二、麻石水膜除尘器

除尘器主要由圆柱形筒体、淋水装置、灰斗、烟气进口、烟气出口和排灰装置等组成。如图 8-10 所示。

筒体用麻石花岗岩砌筑,壁厚一般为 250mm,砌块高度为 500～700mm。淋水装置一般采用溢流外水槽式供水,靠除尘器内外的压差来实现。如果溢流口与水槽水位维持一定高差,那么除尘器内外压差就保持恒定。只要供水不断,就能使除尘器内壁形成一个均匀、稳定的水膜,保证其除尘效率稳定。为了使供水均匀,在溢水槽上部装设环形给水总管,总管上再接 8～12 根短管,向溢水槽供水。

含尘烟气在下部以 15～20m/s,最大不超过 23m/s 的速度切向进入筒体,形成急剧旋转的上升气流。筒体部分烟气流速一般为 4～5m/s。如果流速过大,水膜可能破裂而产生水滴。烟尘在离心力的作用下被甩向壁面,并被沿筒壁流下的水膜所湿润和粘附。然后同水一起流入锥形灰斗,经水封和排灰水沟冲到沉灰池。净化后的烟气从上部出口排出。

这种除尘器结构简单,工作可靠,阻力较小,除尘效率较高,能捕集较小的尘粒。同时还能把烟气中的 SO_2 和 SO_3 清除,因此该除尘器的排水呈酸性。对除尘后产生的含酸废水要配置处理装置。

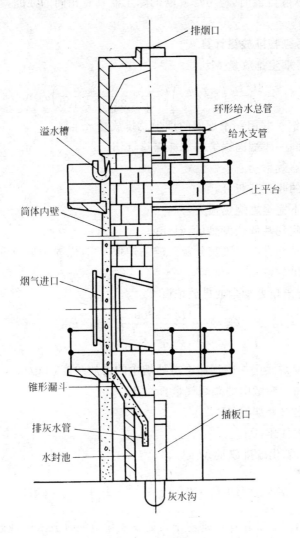

图 8-10　麻石水膜除尘器

第三节　除尘设备的选用

一、除尘设备的选择原则

锅炉烟气净化除尘设备有多种型式,且都有各自的特点和适用范围。选择除尘设备时,应根据有关标准和规定,及不同燃烧方式的锅炉在额定蒸发量下出口的烟尘浓度,和除尘器对负荷的适应性等因素,经技术经济比较,选用高效、低阻、设备投资少、运行费用低的除尘器。

供热锅炉房多采用旋风除尘器。对于往复炉排、链条炉排等层燃式锅炉,一般采用单级旋风除尘器。对抛煤机炉、煤粉炉、沸腾炉等室燃式锅炉,一般采用二级除尘;当采用干法旋风除尘达不到烟尘排放标准时,可采用湿式除尘。对湿式除尘来说,其废水应采取有效措施使排水符合排放标准。在寒冷地区还应考虑保温和防冻措施。

当采用多台并联除尘器时,应考虑并联的除尘器具有相同的性能,并应考虑其前后接管的压力平衡。

二、锅炉大气污染物排放量计算

(1)燃煤锅炉房烟尘排放量 M_A

$$M_A = \frac{10^9 B_g}{3600}\left(1-\frac{\eta_c}{100}\right)\left(\frac{A_{ar}}{100}+\frac{Q_{ar,net}q_4}{33913\times100}\right)\alpha_{fh} \quad mg/s \tag{8-1}$$

式中 M_A——多台锅炉共用一个烟囱的烟尘总排放量,mg/s;

     B_g——接入同一座烟囱锅炉的总耗煤量,t/h;

     η_c——除尘器效率,%;

     A_{ar}——燃料的收到基灰分,%;

     q_4——机械不完全燃烧热损失,%;

   $Q_{ar,net}$——燃料收到基低位发热量,kJ/kg;

     α_{fh}——锅炉排烟带出的飞灰分额。链条炉取 0.2,煤粉炉取 0.9,人工加煤取 0.35,抛煤机炉取 0.3~0.35。

(2)锅炉房烟囱出口处烟尘的排放浓度 C_A

$$C_A = \frac{M_A\times3600}{\Sigma V_y\times\dfrac{273}{T_c}\cdot\dfrac{10^5}{b}} \quad mg/m_N^3 \tag{8-2}$$

式中 C_A——多台锅炉共用一座烟囱出口处烟尘的排放浓度,mg/m³$_N$;

   ΣV_y——接入同一座烟囱的总烟气量,m³/h;

     T_c——烟囱出口处烟温,K;

     b——当地大气压,Pa。

(3)燃煤锅炉二氧化硫排放量 M_{SO_2}

$$M_{SO_2} = 10^3 B_g\cdot C\left[1-\frac{\eta_{SO_2}}{100}\right]\cdot\frac{S_{ar}}{100}\cdot\frac{64}{32} \quad kg/h \tag{8-3}$$

式中 M_{SO_2}——多台锅炉共用一座烟囱出口处二氧化硫的排放浓度,kg/h;

     B_g——接入同一座烟囱的锅炉总耗煤量,t/h;

     C——燃煤燃烧后生成 SO_2 的份额,一般链条炉取 0.7~0.8;煤粉炉取 0.85~0.9;沸腾炉取 0.8~0.85;

   η_{SO_2}——脱硫率,%;一般干式除尘器取 0,湿式除尘器取 5;文丘里湿式除尘器取 10~15;

     64——SO_2 分子量;

     32——S 分子量;

     S_{ar}——燃料的收到基含硫量,%。

三、选择除尘器时应注意的几个问题

(一)排烟含尘浓度

首先应了解当地锅炉烟尘允许排放浓度及锅炉排烟的含尘浓度,计算出除尘器应具有的除尘效率,然后选配除尘器的型式和级数。除尘器应具有的除尘效率 η_x,可按下式计算:

$$\eta_x = \left(1 - \frac{C_2}{C_1}\right) \times 100\% \qquad (8-4)$$

式中 C_1——除尘前烟气中含尘浓度,mg/m^3;

C_2——除尘后烟气中含尘浓度,mg/m^3。

含尘烟气净化后排入大气的允许浓度 C_2,应符合烟尘排放标准,锅炉出口的烟尘浓度 C_1,参见表8-2。

当采用两级除尘时,总除尘效率为:

$$\eta = \eta_1 + \eta_2(1 - \eta_1)\% \qquad (8-5)$$

式中 η_1——第一级除尘效率,%;

η_2——第二级除尘效率,%;

(二)烟尘的分散度

锅炉排烟的飞灰是由大小不同的尘粒组成的,烟尘的粒径范围一般在 $3\sim500\mu m$ 之间。通常将灰尘按一定直径范围分组,各组重量占烟尘总重量的百分数称为它的分散度。不同形式的除尘器,对于尘粒的分散度具有不同的适应性。当烟尘粒径在 $10\mu m$ 以上占大部分时,离心式除尘器有较高的效率;而在 $10\mu m$ 以下的微粒占大部分时,湿式除尘器的效果显著。

就同一类型的除尘器而言,捕集尘粒的大小不同,其相应的除尘效率也不一样。实际应用中,常用分级效率为 50% 的粒径 d_{c50} 来表示除尘器对不同尘粒的捕集能力,称为分割粒径。分割粒径是反映旋风除尘器性能的一项重要指标,d_{c50} 愈小,说明除尘效率愈高。锅炉烟尘分散度组成见表8-4。

锅 炉 烟 尘 分 散 度 组 成　　　　　　表8-4

粒径范围 (μm)	锅 炉 类 型						
	手烧炉 (自然引风)	手烧炉 (机械引风)	往复炉排炉	链条炉	抛煤机炉	煤粉炉	沸腾炉
<5	1.2	1.3	4.2	3.1	1.5	6.4	1.3
5~10	4.6	7.6	8.9	5.4	3.6	13.9	7.9
10~20	14.0	6.65	12.4	11.3	8.5	22.9	13.8
20~30	10.6	8.2	10.6	8.8	8.1	15.3	11.2
30~47	16.9	7.5	13.8	11.7	11.2	16.4	15.4
47~60	9.1	15.6	6.7	6.9	7.0	6.4	10.6
60~74	7.4	3.2	7.0	6.3	6.1	5.8	11.2
>74	36.2	50.0	36.4	46.5	54.0	13.4	28.6

(三)烟气量

各种除尘器都有与其相适应的设计处理烟气量。在此烟气量下工作,可使除尘器处于最佳运行工况。实际负荷变化时,将会引起除尘效率的变化。旋风除尘器一般没有负荷调整装置,当实际负荷低于设计负荷的70%时,由于其进口流速降低,除尘效率将显著下降。当负荷高于设计负荷时,会使除尘器的阻力增加。

工业锅炉运行时烟气量往往变化很大。锅炉高负荷运行时,排烟量增加;低负荷运行时,排烟量减小。因此,选择除尘器时,应考虑烟气量及其变化这一因素。

【例 8-1】 针对例 6-1 中所选定的锅炉,选择除尘设备,该锅炉的排烟温度为 180℃。

【解】 该锅炉房位于二类地区,由表 8-1 得知。锅炉最高允许排放浓度为 200 mg/m_N^3。

已知:$Q_{ar,net}=19523kJ/kg$,$A_{ar}=18.75\%$,$q_4=10\%$,$B_{ed}=998kg/h$,$\Sigma V_y=29961m^3/h$,$b=10^5Pa$,烟囱出口处烟气温度 t_c 为 175.4℃,$\alpha_{fh}=0.2$,选 GQX-F 型复合多管旋风除尘器,除尘效率 97%,烟囱出口处烟尘的排放浓度:

$$M_A=\frac{10^9 B_g}{3600}\left(1-\frac{\eta_c}{100}\right)\left(\frac{A_{ar}}{100}+\frac{Q_{ar,net}\cdot q_4}{33913\times100}\right)\alpha_{fh}$$

$$=\frac{10^9\times2\times998}{3600}\left(1-\frac{97}{100}\right)\left(\frac{18.75}{100}+\frac{19523\times10}{33913\times100}\right)\times0.2$$

$$=789mg/s$$

$$C_A=\frac{M_A\times3600}{\Sigma V_y\times\frac{273}{T_c}\cdot\frac{10^5}{b}}=\frac{789\times3600}{29961\times\frac{273}{273+175.4}\times\frac{10^5}{10^5}}=155mg/m_N^3$$

除尘效率为 97% 的多管旋风除尘器排烟在烟囱出口处烟尘浓度 155mg/m_N^3,满足环保要求,设备选择合理。

第四节 烟气脱硫简述

在锅炉燃烧中,由于供应的空气是过量的,产生的烟气中除了烟尘外,还有 SO_2、SO_3、NO 和 NO_2 以及碳氢化合物等。其中 SO_2、SO_3 浓度超标会诱发人体呼吸道疾病,腐蚀工业设备及建筑物。更严重的会造成酸雨,破坏植被、森林、庄稼和生态平衡。为此,我国制定了《大气污染物综合排放标准》和《锅炉大气污染物排放标准》,来严格控制锅炉烟气中 SO_2 的排放对大气的污染。

防止 SO_2 对大气污染的途径有:

一、采用低硫燃料

由于受低硫燃料资源的限制,此法有一定的局限性。

二、燃料脱硫

重油脱硫、燃气脱硫技术已经成熟,但费用较高。煤在燃烧过程中脱硫,常用的方法有型煤固硫和向锅炉炉膛内直接喷固硫剂。这些在技术上都是可行的,但设备投资和管理费用都比较大。

三、烟气脱硫

由于烟气中的硫分是以 SO_2 的形式存在,在技术上去除烟气中的 SO_2 是比较简单的。这也是目前研究较多、且较为有前途的防治 SO_2 对大气污染的方法。

烟气脱硫法目前有抛弃法和回收法两大类。

抛弃法是将吸收剂与 SO_2 结合,形成废渣。其中包括烟灰、$CaSO_4$、$CaSO_3$ 和部分水,没有再生步骤,废渣抛弃或作填坑处理。抛弃法只是将空气污染变成固体污染。

回收法是用吸收剂吸收或吸附 SO_2 然后再生循环使用。烟气中的 SO_2 被回收,转化成可利用的副产品,如硫磺、H_2SO_4 或浓 SO_2 气体。回收法效果好,但成本较高。

下面分别介绍几种排烟脱硫的方法:

(一)循环流化床锅炉炉内脱硫

向循环流化床锅炉燃烧室喷入石灰石粉,在炉内煅烧成 CaO 然后同 SO_2 反应,生成 $CaCO_3$ 与 $CaCO_4$。其脱硫效率为 40～75%,系统简单、投资省。

(二)喷雾干燥法脱硫

把石灰粉加水搅拌成石灰乳液,经喷雾器雾化成细雾进入脱硫干燥塔,与烟气充分接触反应吸收 SO_2,并蒸发干燥。生成的 $CaSO_4$ 颗粒降落于塔底,而烟气进入除尘器排出系统,使烟气得到净化。该方法脱硫效率为 70%～85%,但占地面积大、投资高。喷雾枪、石灰浆泵等磨损严重,吸收塔内易积灰结垢。

(三)石灰石-石膏法脱硫

利用石灰石粉浆液洗涤烟气,SO_2 同 $CaCO_3$ 产生化学反应,生成 $CaCO_3$ 与 $CaSO_4$,通过吸收、固液、分离等工艺过程,达到脱硫的目的。为减轻洗涤设备的负荷,含尘烟气进入洗涤器之前,需先经过除尘器。该系统技术可靠,工艺系统完善,可获得石膏副产品。但投资很大、占地面积大、系统复杂、系统中设备及管道易结垢,需经常冲洗。而且运行成本高、管理要求严格。脱硫效率达 90%～95%。

(四)废碱性液吸收法脱硫

利用锅炉房水力除灰渣系统的碱性循环废水以及企业的其他碱性废液作为吸收剂。通过麻石水膜除尘器洗涤烟气,烟气中的 SO_2 同碱性废水反应。脱硫效率为 30%～60%。系统简单,占地面积较大,运行费用较低。适用于中小容量的锅炉。

(五)氨液吸收法脱硫

利用氨水或液氨为吸收剂。通过吸收器洗涤烟气,SO_2 同氨反应,生成 $(NH_4)_2SO_4$ 和 NH_4HSO_3。该系统简单,占地小,投资较低,运行费用高。脱硫效率为 30%～60%。适用于中小容量锅炉,特别是工业锅炉,国内有系列设备。

复习思考题

1. 试述锅炉燃烧排放的烟尘及有害气体对生产、人民生活和人体健康的危害。

2. 锅炉的消烟除尘措施有哪些?简述所用设备。

3. 简述旋风除尘器的工作原理。

4. 如何选择除尘器。

5. 为第六章习题 5 中的锅炉选配除尘器。

第九章 锅炉的通风

要保证燃料在锅炉中正常燃烧,就必须将燃料燃烧所需的空气连续不断地送入锅炉炉膛,并及时排走燃烧生成的烟气,这一过程被称为锅炉的通风过程。为实现通风所采用的管道和设备,构成了锅炉房的通风系统。锅炉通风由送风和引风两部分组成。通常把向炉内供应空气的过程称为送风,把排出烟气的过程称为引风。

本章主要介绍通风系统的管道计算及风机的选择计算。

第一节 锅炉的通风方式

根据空气和烟气流动动力的不同,锅炉的通风方式可分为自然通风和机械通风两种。

自然通风是利用烟囱内热烟气和烟囱外冷空气的密度差形成的抽力作为推动力,来克服通风系统中空气及烟气流动时产生的阻力。由于热烟气和冷空气的密度差有限,这种抽力一般不会太大,所以仅适用于烟气阻力不大、无尾部受热面的小型锅炉的通风,如容量在1t/h以下的手烧炉等。

对于设有尾部受热面和除尘装置的锅炉,由于空气和烟气的流动阻力较大,必须采用机械通风,即借助于风机所提供的压头克服空气和烟气的流动阻力。

机械通风方式有三种,即负压通风、正压通风和平衡通风。

负压通风只在锅炉的通风系统中装设引风机。引风机和烟囱一起克服风、烟道阻力、燃料层、炉排和烟囱的阻力。沿着锅炉空气和烟气的流程,气流均处于负压状态。如果锅炉烟、风道阻力很大,采用这种方式会使炉膛负压过大,炉膛漏风量增加,炉膛温度下降,从而导致热损失增加,锅炉热效率降低。因此,负压通风只适用于烟、风系统阻力不大的小型锅炉。

正压通风只在通风系统中装设送风机。利用风机的压头和烟囱的抽力克服全部风、烟系统的阻力,锅炉炉膛及烟道均处于正压状态下工作,冷空气不可能渗入。但也要求炉墙和烟道严密封闭,以防烟气外泄,污染环境影响工作人员的安全。这种通风方式在某些燃油、燃气锅炉上有所应用。

平衡通风在锅炉的通风系统中同时装设送风机和引风机,如图9-1所示。利用引风机的压头和烟囱的抽力克服从炉膛出口到烟囱出口(包括使炉膛形成负压)的全部烟气行程的阻力;利用送风机的压头克服风道及燃烧设备的阻力。这种通风方式既能有效地调节送、引风量,满足燃烧的需要,又能使炉膛及烟道处于合理的负压下运行,锅

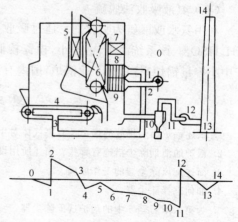

图 9-1 平衡通风沿程的风压变化示意图

炉房安全性及卫生条件较好。因此,这种通风方式在工业锅炉房中应用得最为普遍。

第二节　风、烟管道的设计

风、烟管道是通风系统的重要组成部分。风、烟管道的设计包括管道的结构、布置及管道断面尺寸的确定。

一、风、烟管道的结构

锅炉房的送风管道是指从空气吸入口到送风机入口,再从送风机出口到炉膛这段管道;排烟管道指从锅炉或省煤器烟气出口到引风机入口,再从引风机出口到烟囱入口的连接管道,二者统称为风、烟管道。

风、烟管道截面的形状有圆形、矩形,烟道截面还有圆拱顶形。在同等用料的情况下,圆形截面积最大,相应的流速及阻力最小,所以设计中常采用圆形风、烟道。

制作风、烟管道的材料有钢板和砖等。冷风管道一般用 2～3mm 厚度的钢板制作;热风管道和烟道一般用 3～4mm 厚的钢板制作。矩形钢板风、烟管道应配置足够的加强肋或加强杆,以保证其强度和刚度的要求。

对于砖砌烟道,因烟气温度较高,还应设内衬。当烟气温度小于等于 400℃ 时,内衬用 MU10 机制砖砌筑;当烟气温度大于 400℃ 时,内衬采用耐火砖和耐火砂浆砌筑。

砖砌烟道拱顶一般采用下列两种形式:

（一）大圆弧拱顶

拱顶净高 h 约为烟道宽度 B 的 15%,见图 9-2。烟道壁厚为一砖半或两砖。对于室外烟道拱顶可采用钢筋混凝土浇筑而成。

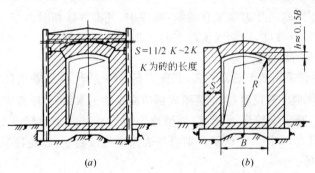

图 9-2　大圆弧拱顶烟道图
(a)大型烟道的砌筑;(b)小型烟道的砌筑

由于截面较大的烟道(大于 2m²),拱顶受热膨胀应力较大,为防侧墙破裂,每隔一定距离要用铁箍加固;烟道截面积小于 2m² 时,可不用加铁箍。

大圆弧拱顶的有效面积大,可相应降低烟道高度。

（二）半圆弧拱顶

拱顶以烟道宽度的 1/2 为半径,见图 9-3。半圆弧拱顶热膨胀时可自由上下伸缩,不易造成侧墙的破裂,对于大断面烟道也不必加铁箍而节省钢材,故被广泛采用。

当烟气温度较高或负荷较大时,拱顶宜采用双层,两层间空隙为 20～30mm,并填以石棉绳。如此,既减轻了下层静荷载,又增加了上层的安全。由于烟道底部易积灰,造成有效面积减小,所以烟道高度应为宽度的2～3倍。

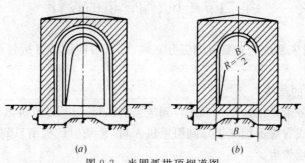

图 9-3　半圆弧拱顶烟道图

(a)有衬砌烟道;(b)无衬砌烟道

烟道底部一般采用双层砖,下垫灰渣层。砖的长度方面应与气流方向平行,以减小烟气流动时产生的阻力。

为了便于烟道除灰,烟道宽度不应小于 0.6m,高度不宜低于 1.5m。并在适当的位置留出除灰孔,除灰孔的宽度不小于 0.4m,高度不小于 0.5m。除灰孔一般用砖和黄泥砂浆砌筑,以便除灰时拆开,但应注意砖缝严密,以减少漏风。

在室内的热风管、烟管、引风机等应保温。

对于燃用煤粉、重油或天然气的锅炉,为了防止点火或燃烧不稳定时发生爆炸,必须在尾部烟道上装设防爆保护炉墙。防爆的位置不得装在有人停留或通行处,高出平台 2m 以上,否则应加上保护导烟罩。

二、风、烟管道布置要点

风、烟管道的布置原则是力求平直通畅,附件少、气密性好和阻力小。

水平烟道敷设要有坡度,沿烟气流动方向逐步抬高不得倒坡。通向烟囱的水平总烟道一般可采用 3% 以上的坡度。

风、烟管道应尽量采用地上敷设方式,其优点是检修方便、修建费用低。布置时不得妨碍操作和通行。当必须地下敷设时,风烟管道底部应高于地下水位,并应考虑防水及排水措施。

为了便于清灰,减少锅炉房面积,总烟道应布置在室外。烟道转弯处内壁不能做成直角,以免增加烟气阻力,如图 9-4 所示。烟道外表面应加以粉刷,以免冷风及雨水渗入,同时要有排除雨水的措施。

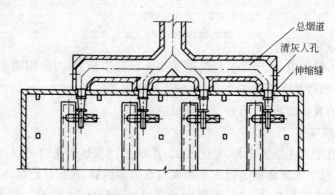

图 9-4　总烟道的布置

烟、风道截面积由小变大时,其渐扩管的张开角度取 7°～20°;烟、风道截面积由大变小时,其渐缩管的最佳收缩角为 20°。风机出口处渐扩管道的形状应符合图 9-5(a)的要求。图 9-5(b)的渐扩管形状会使阻力明显增加。

风机出口处风、烟道的转弯方向应与风机叶轮旋转方向一致,否则气流会形成旋涡使阻力明显增大,见图 9-6。

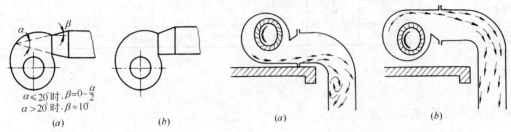

$\alpha \leqslant 20$ 时,$\beta=0\sim\dfrac{\alpha}{2}$
$\alpha > 20$ 时,$\beta \approx 10$

(a)　　　　　(b)

图 9-5　风机出口的渐扩管图
(a)正确;(b)不正确

(a)　　　　　(b)

图 9-6　风机出口管道的转向
(a)不正确;(b)正确

管道布置时,如果产生局部阻力的相邻配件距离过近,会使阻力明显增加。两个串联弯头所产生的阻力之和往往大于两个单独弯头产生的阻力之和。为了减少管道阻力,其相邻距离有一定要求,见图 9-7(图中 d_d 为管道当量直径)。

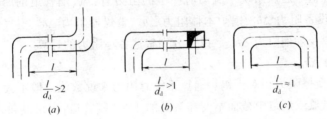

$\dfrac{l}{d_d} > 2$

$\dfrac{l}{d_d} > 1$

$\dfrac{l}{d_d} \approx 1$

(a)　　　　　(b)　　　　　(c)

图 9-7　对相邻弯头距离的要求
(a)平面 Z 形弯头;(b)非平面弯头;(c)平面 ⊓ 形弯头

三、风、烟管道截面面积

风、烟管道的截面面积计算是按锅炉额定负荷进行的,可按下式确定:

$$F=\frac{V}{3600w}\quad \text{m}^2 \tag{9-1}$$

式中　F——管道的截面积,m^2;

　　　V——空气量或烟气量,m^3/h;

　　　w——空气或烟气选用流速,m/s,见表 9-1。

空气流量按式(2-21)计算。

除尘器之前的烟道截面面积按锅炉排烟流量及排烟温度计算。除尘器之后的烟道截面面积按引风机处的烟气温度和烟气量计算(2-28 式)。较短的风、烟管道截面尺寸宜按其所连接设备的进出口断面来确定。

风、烟管道截面面积确定之后,根据确定的断面形状计算出其几何尺寸。

对圆形管道,其直径为:

烟道或风道类别	冷 风 道			烟道或热风道		自然通风烟囱出口		机械通风烟囱出口	
	自然通风流速(m/s)	机械通风吸入段流速(m/s)	机械通风压出段流速(m/s)	机械通风流速(m/s)	自然通风流速(m/s)	正常流速(m/s)	允许最小流速(m/s)	正常流速(m/s)	允许最小流速(m/s)
砖砌或混凝土管道	3～5	6～8	8～10	6～8	3～5	6～8	2.5～3	10～20	4～5
金属管道		8～12	10～15	10～15	8～10	8～10	2.5～3	10～20	4～5

$$D = \sqrt{\frac{F}{0.785}} \quad \text{m} \tag{9-2}$$

对矩形管道,其面积为:

$$F = H \cdot B \quad \text{m}^2 \tag{9-3}$$

管道截面的尺寸确定后,还应该算其实际流速。

第三节　风、烟管道系统的阻力计算

空气和烟气在锅炉通风系统中流动所产生的阻力有:风、烟管道的摩擦阻力 Δh_m 和局部阻力 Δh_j;燃烧设备阻力 Δh_r、锅炉本体阻力 Δh_g、省煤器阻力 Δh_s、空气预热器阻力 Δh_k、除尘器阻力 Δh_c 以及烟囱阻力 Δh_{yc}。以下分别叙述各项阻力的计算。

一、摩擦阻力 Δh_m

风、烟管道的摩擦阻力相对于锅炉通风系统总阻力来说数值一般不大,可由近似方法简化计算求得。取风道或烟道中截面不变和最长的 1～2 段管道,求出其每米的摩擦阻力,然后乘以整个风道或烟道的总长度,即可得出管道总的摩擦阻力。可按下式计算:

$$\Delta h_m = \lambda \frac{l}{d_d} \frac{w_{pj}^2}{2} \rho_{pj} \quad \text{Pa} \tag{9-4}$$

式中　λ——摩擦阻力系数,对于金属管道取 0.02,对于砖砌或混凝土管道取 0.04;

$\quad\quad l$——管段长度,m;

$\quad\quad w_{pj}$——空气或烟气的平均流速,m/s;

$\quad\quad \rho_{pj}$——空气或烟气的平均密度,kg/m³;

$\quad\quad d_d$——管道当量直径,m,对于圆形管道,d_d 为其直径;对于边长分别为 a、b 的矩形管道,可按公式(9-4a)换算;对于管道截面周长为 u 的非圆形管道,可按式(9-4b)换算。

$$d_d = \frac{2ab}{a+b} \quad \text{m} \tag{9-4a}$$

$$d_d = \frac{4F}{u} \quad \text{m} \tag{9-4b}$$

$$\rho_{pj} = \rho_0 \frac{273}{273 + t_{pj}} \quad \text{kg/m}^3 \tag{9-4c}$$

式中 ρ_0——标准状态下空气或烟气的密度,对于空气 $\rho_0 = 1.293\text{kg/m}^3$,对于烟气 $\rho_0 = 1.34\text{kg/m}^3$;

    t_{pj}——空气或烟气的平均密度,℃。

为了简化计算,将动压头 $\dfrac{w^2}{2}\rho$ 制成计算图,计算时可查阅有关手册。

在水平烟道中,当烟气流速为 3～4m/s 时,每米长度的 Δh_{m} 约为 0.8Pa/m;流速为 6～8m/s 时,每米长度为 Δh_{m} 约为 3.2Pa/m。

二、局部阻力 Δh_j

风、烟管道的阻力主要为局部阻力,通常按下式计算:

$$\Delta h_j = \zeta \frac{w^2}{2}\rho \quad \text{Pa} \tag{9-5}$$

式中 ζ——局部阻力系数,可由附录 7 表查得;

    w——空气或烟气的流速,m/s;

    ρ——空气或烟气的密度,kg/m³。

三、锅炉送风系统总阻力

送风系统总阻力包括风道的摩擦阻力 $\Sigma\Delta h_{\text{mf}}$ 和局部阻力 $\Sigma\Delta h_{jf}$、燃烧设备阻力 Δh_r、空气预热器空气侧阻力 $\Delta h_{\text{k-k}}$。即

$$\Sigma\Delta h_f = \Sigma\Delta h_{\text{mf}} + \Sigma\Delta h_{jf} + \Delta h_r + \Delta h_{\text{k-k}} \quad \text{Pa} \tag{9-6}$$

对于层燃炉,燃烧设备阻力包括炉排与燃料层的阻力,它取决于炉排形式和燃料层厚度等因素,宜取制造厂的测定数据为计算依据。若无此数据,可以参考下列炉排下所需风压值来代替:往复推动炉排炉 600Pa;链条炉排 800～1000Pa;抛煤机链条炉排 600Pa。

对于沸腾炉,Δh_r 是指布风板(风帽在内)阻力和料层阻力。

对于煤粉炉,Δh_r 是指按二次风计算的燃烧器阻力。

对于燃油、燃气锅炉,Δh_r 是指调风器的阻力。

空气预热器中空气在管束外横向流动,烟气在管内流动。空气预热器空气侧阻力 $\Delta h_{\text{k-k}}$ 及烟气侧阻力 $\Delta h_{\text{k-y}}$ 由制造厂家提供。

四、锅炉烟气系统总阻力

烟气系统总阻力包括形成的炉膛负压 Δh_l、锅炉本体阻力 Δh_g、省煤器阻力 Δh_s、空气预热器阻力 $\Delta h_{\text{k-y}}$、除尘器阻力 Δh_c、烟囱阻力 Δh_{yc}、烟道阻力 $\Sigma\Delta h_{\text{my}}$、$\Sigma\Delta h_{jy}$。即

$$\Sigma\Delta h_y = \Delta h_l + \Delta h_g + \Delta h_s + \Delta h_{\text{k-y}} + \Delta h_c + \Delta h_{\text{yc}} + \Sigma\Delta h_{\text{my}} + \Sigma\Delta h_{jy} \tag{9-7}$$

(一)炉膛负压 Δh_c

即炉膛出口处的真空度。它由燃料的种类、锅炉形式及所采用的燃烧方式确定。一般机械通风时,$\Delta h_l = 20～40\text{Pa}$;自然通风时,$\Delta h_l = 40～80\text{Pa}$。

炉膛保持一定负压可防止烟气和火焰从炉门及缝隙处向外喷漏。但负压不能过高,以免向炉内渗透过多的冷空气,降低炉温、影响锅炉热效率。因此,当燃烧设备阻力过大时,应采用送风机送风。

(二)锅炉本体阻力 Δh_g

锅炉本体阻力是指烟气离开炉膛后冲刷受热面管束所产生的阻力。其数值可由锅炉制造厂家的锅炉计算书中查得。对于铸铁锅炉及小型锅壳锅炉,没有空气动力计算书,其本体

烟气阻力可参照表9-2估算。

锅炉本体烟气阻力　表 9-2

炉　型	锅炉本体烟气阻力(Pa)	炉　型	锅炉本体烟气阻力(Pa)
铸铁锅炉	40～50	水火管组合锅炉	30～60
卧式水管锅炉	60～80	立式水管锅炉	20～40
卧式烟管锅炉	70～100		

（三）省煤器阻力 Δh_s

由锅炉制造厂提供。

（四）除尘器阻力 Δh_c

与除尘器形式和结构有关，根据厂家提供的资料确定。旋风除尘器阻力约为 600～800Pa；多管水膜除尘器阻力约为 800～1200Pa。

（五）烟囱阻力 Δh_{yc}

见本章第四节。

锅炉本体风、烟道阻力可参照表9-3估算。

锅炉本体风烟道阻力表　表 9-3

名　称	锅炉容量（t/h）					
	≤4	6	10	20	35	14（MW）
风道阻力(Pa)	800～1000	1000～1500	1900～2300	1600～2200	1600～2200	1300～1500
烟道阻力(Pa)	600～800	700～1080	500～1000	650～1100	1000～1400	850～1000

第四节　烟囱的计算

一、烟囱的种类和构造要点

烟囱按其制作材料不同可以分为砖烟囱、钢筋混凝土烟囱和钢板烟囱三种。

砖烟囱具有取材方便、造价低和使用年限长等优点，在中小型锅炉房中得到广泛的应用。砖烟囱的高度不宜超过 60m，适于地震烈度为七度及以下的地区。砖烟囱的缺点是如设计不当或施工质量低劣易产生裂缝，影响通风和运行安全。

钢筋混凝土烟囱具有对地震的适应性强、使用年限长等优点，但需耗用较多的钢材、造价较高。当烟囱高度超过 80m 时，钢筋混凝土烟囱的造价较砖烟囱要低。钢筋混凝土烟囱一般适用于烟囱高度超过 60m 或地震烈度在七度以上的地区。

钢板烟囱的优点是：自重轻、占地少、安装快、有较好的抗震性能。但耗用钢材较多，而且易受烟气腐蚀和氧化锈蚀。如果燃用含硫分高的燃料时，腐蚀会更严重。因此，必须经常维护保养，否则会缩短使用年限。钢板烟囱一般用于容量较小的锅炉、临时性锅炉房，以及要求迅速投产供热的快装锅炉上。要求煤的含硫量为每 4187kJ/kg 不大于 0.3%～0.4%。钢板烟囱的高度不宜超过 30m。

烟囱的种类应根据其高度要求及使用场合的具体情况来选定。

砖烟囱和钢筋混凝土烟囱的设计和施工属于土建专业的范围，以下仅就烟囱的构造要点作一简要介绍。

钢筋混凝土烟囱和砖烟囱的筒身,一般设计成锥度为 2‰～2.5‰的圆锥形,以求筒身的稳定。为了防止高温烟气损坏烟囱内壁,筒身内壁应敷以耐火材料的内衬,筒身与内衬之间通常留出 50mm 的空气隔热层。筒身支承在烟囱基础上,在烟囱底部应留比水平烟道底部低 0.5～1.0m 的积灰坑。烟囱底部还应设清灰人孔,以便清灰和检修。

当烟囱除灰量较大,并且当地地下水位较低时,清灰孔可设在与烟囱底部标高相同的地方,以便清灰操作。如果烟囱除灰量不大,并且当地地下水位较高时,清灰孔可设置在地面上。这种清灰孔的构造简单、施工方便,但清灰操作较为不便。图 9-8 为烟囱底部的构造及两种不同的清灰方式。

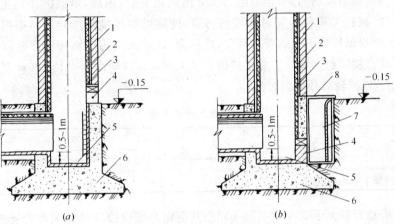

图 9-8 烟囱的构造及清灰方式

(a)地下清灰方式;(b)地面清灰方式

1—筒身;2—空气隔热层;3—耐火内衬;4—清灰孔;5—灰坑;

6—烟囱基础;7—清灰井;8—防雨盖板

烟囱底部的另一种布置方式见图 9-9,其优点是当锅炉停止运行,但烟囱内部温度仍然很高时,即可将清灰孔打开,从外面扒灰。此外,由于烟囱与烟道接合位置的提高,烟囱基础底面也相应地提高,从而减少了基础的砌筑量。

烟囱与烟道连接处应有伸缩缝。

烟囱的内衬所选用的材料:当烟气温度高于 500℃时,应用耐火粘土砖或耐热混凝土预制块砌筑;当烟气温度低于 500℃时,可用不低于 MU7.5 的红砖砌筑。红砖内衬:当烟气

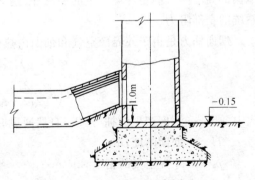

图 9-9 烟囱底部构造图

温度低于 400℃时,用 M2.5 混合砂浆砌筑;当烟气温度在 400℃以上时,用普通的生黏土和砂子配制的砂浆砌筑。耐火黏土砖内衬用耐火生黏土和黏土熟料粉配制的泥浆砌筑,其配合比为 1:2。耐火混凝土预制块用上述泥浆加 20％的水泥砌筑。

内衬的厚度:距烟囱底部 20m 以内的一段一般不小于 1 砖,其他各段不得小于半砖。

砖内衬的高度和烟气入口处的温度有关。当烟气温度在 151～250℃时,内衬高度不得

小于烟囱高度的 1/3；当烟气温度在 251～400℃时内衬高度不得小于烟囱高度的 1/2；当烟气温度高于 400℃时，内衬和筒身同高。钢筋混凝土烟囱的内衬应与筒身同高。

为防止烟囱遭受雷击，烟囱外部应设避雷设施。烟囱外部还应设爬梯，供检修烟囱、避雷设施等使用。

钢板烟囱由多节钢板圆筒组成，筒身厚度一般为 3～15mm。为了防止筒身钢板受烟气腐蚀，可在烟囱内壁敷设耐热砖衬或耐酸水泥。小型锅炉的钢板烟囱可以支承在锅炉的烟箱上，也可支承在屋面梁上或地面烟囱基础上。为了维持烟囱的稳定性，要用钢丝绳固定。钢丝绳可用三根，间隔 120°对称布置；也可用四根，间隔 90°对称布置。

二、烟囱高度的确定

对于采用机械通风的锅炉，烟道阻力主要由风机克服，因此，烟囱的作用主要是将烟尘排至高空扩散，减轻飞灰和烟气对环境的污染，使附近的环境处于允许污染程度之下。因此，烟囱高度要根据环境卫生的要求确定，应符合《锅炉大气污染物排放标准》(GB 13271—91)的规定，其高度应根据锅炉房总容量按表 9-4 选取。且应高出半径 200m 范围内最高建筑物 3m 以上，以减轻对环境的影响。

烟囱最低允许高度

表 9-4

锅炉房总容量	t/h	<1	1～<2	2～<4	4～<10	10～<20	20～<40
	MW	<0.7	0.7～<1.4	1.4～<2.8	2.8～<7	7～<14	14～<28
烟囱最低允许高度	m	20	25	30	35	40	45

当锅炉房总容量大于 28MW(40t/h)时，其烟囱高度应按环境影响评价要求确定，但不得低于 45m。

锅炉房在机场附近时，烟囱高度尚应征得有关部门的同意。

对于采用自然通风的锅炉房，要利用烟囱产生的抽力来克服风、烟系统的阻力。因此，烟囱的高度除了满足环境卫生的要求外，还必须通过计算使烟囱产生的抽力足以克服风、烟系统的全部阻力。

烟囱抽力是由于外界冷空气和烟囱内热烟气的密度不同，而形成的压力差产生的，即

$$S = gH(\rho_k - \rho_y) \quad \text{Pa}$$

$$S = gH\left(\rho_k^0 \frac{273}{273+t_k} - \rho_y^0 \frac{273}{273+t_{pj}}\right) \quad \text{Pa} \tag{9-8}$$

式中　S——烟囱产生的抽力，Pa，自然通风时应大于或等风、烟道总阻力的 1.2 倍；

H——烟囱高度，m；

ρ_k——外界空气的密度，kg/m³；

ρ_y——烟囱内烟气平均密度，kg/m³；

ρ_k^0、ρ_y^0——标准状态下空气和烟气的密度，$\rho_k^0 = 1.293$kg/m³，$\rho_y^0 = 1.34$kg/m³；

t_k——外界空气温度，℃；

t_{pj}——烟囱内烟气平均温度，℃，按(9-8a)式计算。

$$t_{pj} = t' - \frac{1}{2}\Delta t H \quad \text{℃} \tag{9-8a}$$

式中　t'——烟囱进口处烟气温度，℃；

Δt——烟气在烟囱每米高度的温度降,按下式计算:

$$\Delta t = \frac{A}{\sqrt{D}} \quad \text{℃/m} \tag{9-8b}$$

式中 D——在最大负荷下,由一个烟囱负担的各锅炉蒸发量之和,t/h;

A——不同种类烟囱的修正系数,见表9-5。

烟囱温降修正系数 A   表 9-5

烟囱种类	无衬铁烟囱	有衬铁烟囱	砖烟囱壁厚<0.5m	砖烟囱壁厚>0.5m
修正系数	2	0.8	0.4	0.2

烟囱或烟道的温降也可根据经验数值估算,砖烟道及烟囱或混凝土烟囱每米温降约为 0.5℃,钢板烟道及烟囱每米温度降约为 2℃。

对于机械通风为了简化计算,烟气在烟道和烟囱中的冷却可不考虑。烟囱内烟气平均温度按引风机前的烟气温度(近似等于排烟温度)进行计算。

采用自然通风时,风烟道阻力全部由烟囱的抽力克服,所以烟气在烟道及烟囱中的冷却要仔细计算。

计算烟囱的抽力时,外界空气温度 t_k 按出现各种不利情况时来考虑。对于全年运行的锅炉房,应分别以冬季室外温度和冬季锅炉房热负荷以及夏季室外温度和相应的热负荷分别确定烟囱高度,取二者中较高值;对于专供采暖的锅炉房,应将通过采暖室外计算温度和相应的热负荷计算确定的烟囱高度,与采暖期将结束时的室外温度和相应的热负荷计算确定的烟囱高度相比较,取其中较高值。烟囱每米高度产生的抽力可由表9-6查得。

烟囱每米高度产生的抽力(Pa)   表 9-6

烟囱内的烟气平均温度(℃)	在相对湿度 $\varphi=70\%$,大气压力为 0.1MPa 下的空气相对密度										
	1.420	1.375	1.327	1.300	1.276	1.252	1.228	1.206	1.182	1.160	1.137
	空 气 温 度 （℃）										
	−30	−20	−10	−5	0	+5	+10	+15	+20	+25	+30
140	5.65	5.15	4.70	4.42	4.15	3.91	3.68	3.45	3.20	3.00	2.77
160	5.97	5.50	5.02	4.75	4.51	4.27	4.03	3.81	3.57	3.35	3.12
180	6.31	5.85	5.37	5.10	4.86	4.62	4.38	4.16	3.92	3.70	3.47
200	6.65	6.20	5.72	5.45	5.21	4.97	4.73	4.51	4.27	4.05	3.82
220	6.98	6.50	6.02	5.75	5.51	5.27	5.03	4.81	4.57	4.35	4.12
240	7.28	6.78	6.30	6.03	5.79	5.55	5.31	5.09	4.85	4.63	4.40
260	7.55	7.05	6.57	6.30	6.06	5.82	5.58	5.36	5.12	4.90	4.67
280	7.80	7.28	6.80	6.53	6.29	6.05	5.81	5.59	5.35	5.13	4.90
300	8.00	7.51	7.03	6.76	6.52	6.28	6.05	5.82	5.58	5.36	5.13
320	8.20	7.72	7.24	6.97	6.73	6.49	6.25	6.03	5.79	5.57	5.34

三、烟囱出口直径的确定

烟囱出口内径可按下式计算：

$$d_2 = \sqrt{\frac{B_j n V'_y (t_c + 273)}{3600 \times 273 \times 0.785 \times w_c}} \quad \text{m} \tag{9-9}$$

式中　B_j——每台锅炉的计算燃料消耗量，kg/h，对不同型号的锅炉应分台计算；

　　　n——利用同一烟囱的锅炉台数；

　　　V'_y——烟囱出口处计入漏风系数的烟气量，m_N^3/kg；

　　　t_c——烟囱出口处烟气温度，℃；

　　　w_c——烟囱出口处烟气流速，m/s，可按表9-1选表。

选用流速时，应根据锅炉房扩建的可能性选取适当数值，一般不宜取上限，以便留有一定的发展余地；烟囱出口流速在最小负荷时也不宜小于2.5～3m/s，以免冷风倒灌。

烟囱出口内径也可参照表9-7选取。

烟囱出口内径推荐表　　　　　　　　　　　　　表 9-7

锅炉总容量 t/h	≤8	12	16	20	30	40	60	80
烟囱出口直径 m	0.8	0.8	1.0	1.0	1.2	1.4	1.7	2.0

设计时应根据冬、夏季负荷分别计算。如果冬、夏季负荷相差悬殊，则应首先满足冬季负荷要求。

由公式求得烟囱出口直径后，还应考虑因内壁挂灰使截面缩小的因素，一般应将出口直径适当加大，此值一般不大于100mm。

圆形烟囱的出口内径一般不小于0.8m，以便于施工时采用内脚手架砌筑。当出口内径较小时，可采用方形或矩形，施工时可采用外脚手架砌筑。钢板烟囱不受此限。

烟囱进口处直径 d_1：

$$d_1 = d_2 + 2iH \quad \text{m} \tag{9-10}$$

式中　i——烟囱锥度，取 0.02～0.03。

四、烟囱阻力计算

烟囱的阻力包括烟气的摩擦阻力和烟囱出口处局部阻力。

烟囱的摩擦阻力按下式计算：

$$\Delta h_{yc}^m = \lambda \frac{H}{d_{pj}} \frac{\omega_{pj}^2}{2} \rho_{pj} \quad \text{Pa} \tag{9-11}$$

式中　λ——烟囱的摩擦阻力系数，砖烟囱或金属烟囱均取 0.04；

　　　d_{pj}——烟囱的平均直径，取烟囱进出口内径的算术平均值，m；

　　　H——烟囱高度，m；

　　　ω_{pj}——烟囱中烟气的平均流速，m/s；

　　　ρ_{pj}——烟囱中烟气的平均密度，kg/m^3。

烟囱出口阻力 Δh_{yc}^j 可按下式计算：

$$\Delta h_{yc}^{j} = \zeta \frac{\omega_c^2}{2} \rho_c \quad \text{Pa} \qquad (9\text{-}12)$$

式中　ζ——烟囱出口阻力系数，$\zeta = 1.0$；

　　　ω_c——烟囱出口处的烟气流速，m/s；

　　　ρ_c——烟囱出口处的烟气密度，kg/m³。

　　烟囱阻力按下式确定：

$$\Delta h_{yc} = \Delta h_{yc}^{m} + \Delta h_{yc}^{i} \quad \text{Pa} \qquad (9\text{-}13)$$

第五节　风机的选择

一、概述

　　锅炉的送、引风机多采用离心式风机。根据其风压大小，可分为：低压风机（$\Delta P < 1000\text{Pa}$）、中压风机（$\Delta P = 1000 \sim 3000\text{Pa}$）、高压风机（$\Delta P > 3000\text{Pa}$）。

　　风机外形见图 9-10。由钢板焊制成蜗形外壳。引风机的外壳内有时附有一层厚的衬板，以便磨损后更换。

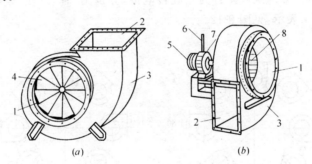

图 9-10　送、引风机外形图

(a)送风机；(b)引风机

1—吸风口；2—出风口；3—外壳；4—风量调节器；5—皮带轮；

6—冷却水管；7—轴承座；8—叶轮

　　离心式风机的叶轮由向前弯曲的叶片、锥形前盘和平面后盘（或中盘）焊制而成，并铆接在轴盘上。引风机的叶片较厚，在后盘（或中盘）上的叶片根部焊上增强钢板，以延长使用期限。

　　风机的传动轴是用优质钢材制成的。因为引风机在高温下工作，所以要注意轴承的冷却。通常用油冷却，较大型的风机用水冷却。

　　为了调节进风量或排烟量，风机进口处设有风量调节器。

　　风机和电动机的传动方式有六种，如图 9-11 所示。其中 A、D、F 为直接传动，风机和电动机转速一致。A 为风机的叶轮直接固装在风机的轴上；D 与 F 为联轴器传动。直接传动构造简单、布置紧凑、传动效率高。图中 B、C、E 为间接传动，即皮带传动，通过改变风机或电动机的皮带轮直径，可改变风机的转速，有利于调节。E、F 的轴承分布在风机两侧，运转比较平稳，适用于较大型风机。离心式风机传动方式代号见表 9-8。

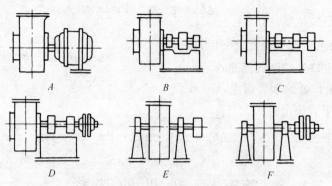

图 9-11　风机与电动机的连接方式

离心式风机的六种传动方式及其汉语拼音字母代号　　表 9-8

代　号	A	B	C	D	E	F
传动方式	无轴承电机直联传动	悬臂支承，皮带轮在轴承中间	悬臂支承，皮带轮在轴承外侧	悬臂支承，联轴器传动	双支承，皮带轮在外侧	双支承，联轴器传动

　　风机有右旋转和左旋转两种方式。从电动机一侧正视，叶轮顺时针方向旋转称为右旋转风机；叶轮按逆时针方向旋转则称为左旋转电机，分别用"右"、"左"表示。风机出风口位置用右（左）及角度来表示，见图 9-12。

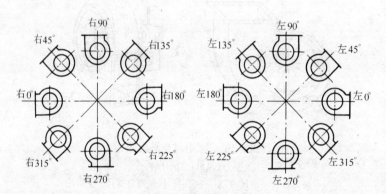

图 9-12　离心风机出风口位置

　　风机型号含义举例如下：

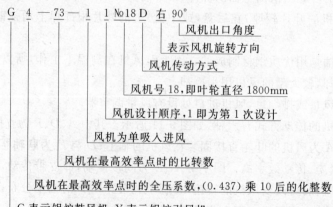

G 4—73—1 1 №18 D 右 90°

- 风机出口角度
- 表示风机旋转方向
- 风机传动方式
- 风机号 18，即叶轮直径 1800mm
- 风机设计顺序，1 即为第 1 次设计
- 风机为单吸入进风
- 风机在最高效率点时的比转数
- 风机在最高效率点时的全压系数，(0.437) 乘 10 后的化整数
- G 表示锅炉鼓风机、Y 表示锅炉引风机

二、选择风机的原则

锅炉的送、引风机宜单炉配置。容量较小的小型锅炉可根据具体情况,确定是单炉还是集中布置风机。

单炉配置风机的特点:

(一)灵活性好,当一台风机发生故障时,不会影响其他锅炉的运行。

(二)送、引风系统比较严密,漏风较少。

(三)随锅炉负荷变化的调节性能较好,能保证风机在较长的时间内经济运行,适合于负荷变化较大的情况。

(四)投资较高,占地面积较大。

集中布置风机的特点与单炉布置风机的特点相反。集中配置风机时,送、引风机都不应少于两台,其中各有一台备用。并应使风机符合并联运行的要求。

选择风机时,应使风机工作区在其效率较高的范围内。风机样本上列出的性能范围,是指效率不低于该风机最高效率90%时对应的性能,可按此数值范围选用。

风机的风量和风压应按锅炉的额定蒸发量进行计算。单独配置风机时,风量的富裕量应为10%,风压的富裕量应为20%;集中配置风机时,其风量和风压的富裕量应比单炉配置时适当加大。

选择风机时,必须考虑当地气压和介质温度对风机特性的修正,介质温度不能超过风机的允许工作温度。

风机的调节装置应设置在风机进口处,当两台风机并联运行时,每台风机出口管上还应装设关闭用的闸门,以便检修一台风机时,不影响锅炉的运行。常用的调节装置有闸板、转动挡板和导向器三种。闸板和转动挡板构造简单,但阻力较大。较大容量的风机均用导向器调节,它的阻力较小。

选择风机时,以选择效率高、转速低、功率小、寿命长、噪声小、价格低、高效率工作区范围宽为原则。有条件时,尽量选用调速风机。

三、风机的选择计算

风机的主要参数是流量和风压。当在锅炉额定负荷下烟、风道中介质的流量和阻力确定之后,即可计算所需风机的风量和风压,选出合适的风机。

(一)送风机的选择计算

送风机风量按下式计算:

$$V_s = 1.1V \frac{101.325}{b} \quad \text{m}^3/\text{h} \tag{9-14}$$

式中　1.1——风量储备系数;

V——额定负荷时的空气量,m^3/h,按式(2-25)计算;

b——当地大气压,kPa,根据当地海拔高度由表9-9查得。当海拔高度小于200m时,可取101.32kPa。

大气压力与海拔高度关系表 表 9-9

海拔高度(m)	≤200	300	400	600	800	1000	1200	1400	1600	1800
大气压力(kPa)	101.32	97.33	95.99	93.73	91.86	89.46	87.46	85.59	83.73	81.88
(mmHg)	760	730	720	703	689	671	656	642	628	614

送风机风压按下式计算：

$$H_s = 1.2\Sigma\Delta h_f \frac{273+t_k}{273+t_s} \times \frac{101.325}{b} \times \frac{1.293}{\rho_k^0}$$ (9-15)

式中　1.2——风压储备系数；

$\Sigma\Delta h_f$——风道总阻力，Pa；

t_k——冷空气温度，℃；

t_s——送风机铭牌上给出的气体温度，℃；

ρ_k^0——标准大气压 $b=101.325$kPa，温度为0℃时空气密度，$\rho_k^0=1.293$kg/m^3。

（二）引风机的选择计算

引风机的流量按下式计算：

$$V_{yf} = 1.1 V_y \frac{101.325}{b} \quad \text{m}^3/\text{h}$$ (9-16)

式中　V_y——引风机处的烟气流量，m^3/h，按式(2-33)计算。

引风机产品样本上列出的引风机风压，是以200℃和101325Pa的空气为介质计算的。因此，按实际设计条件下计算得到的所需的风机压头要折算到风机厂家设计条件下的风压。

引风机的风压按下式计算：

$$H_{yf} = 1.2(\Sigma\Delta h_y - S_y) \frac{1.293}{\rho_y^0} \times \frac{273+t_{py}}{273+t_y} \times \frac{101.325}{b} \quad \text{Pa}$$ (9-17)

式中　$\Sigma\Delta h_y$——烟道总阻力，Pa；

S_y——烟囱产生的抽力，Pa；

ρ_y^0——标准状态下烟气的密度，$\rho_y=1.34$kg/m^3；

t_{py}——排烟温度，℃；

t_y——引风机铭牌上给出的温度，℃。

送、引风机的风量也可参照表2-17、表2-19进行估算。

（三）风机所需电动机的功率

风机所需功率按下式计算：

$$N = \frac{VH}{3600 \times 10^3 \eta_t \eta_c} \quad \text{kW}$$ (9-18)

式中　N——风机所需功率，kW；

V——风机风量，m^3/h；

H——风机风压，Pa；

η_t——风机在全压下的效率，小型锅炉风机为0.6～0.7，大型工业锅炉风机可达0.9；

η_c——机械传动效率，当风机和电动机直联时，$\eta_c=1.0$；当风机与电动机用联轴器连接时，$\eta_c=0.95～0.98$；用三角皮带传动时，$\eta_c=0.9～0.95$；用平皮带传动时，$\eta_c=0.85$。

电动机功率按下式计算：

$$N_\mathrm{d} = \frac{NK}{\eta_\mathrm{d}} \quad \mathrm{kW} \tag{9-19}$$

式中　η_d——电动机效率，一般为 0.9；

　　　K——电动机储备系数，按表 9-10 取用。

储 备 系 数 K

表 9-10

电动机功率（kW）	储备系数 K		电动机功率（kW）	储备系数 K	
	皮带传动	同一转动轴或联轴器连接		皮带传动	同一转动轴或联轴器连接
至 0.5	2.0	1.15	至 2.5	1.2	1.10
至 1.0	1.5	1.15	大于 5.0	1.1	1.10
至 2.0	1.3	1.15			

（四）二次风机的选择设置

一般 $D > 35\mathrm{t/h}$ 的工业锅炉为加强燃烧，层燃炉的前、后拱处有设二次风喷嘴；对于超宽炉排，为克服和解决燃烧不均，也应设置二次风，以调整燃烧。二次风风量约占总风量的 8%～15%，煤种的挥发分高时取高值，挥发分低时取较小值；二次风风压高，一般在 2500～4000Pa。

在保证风机效率不变的情况下，离心风机的性能与转数有如下关系：

$$V = V_0 \frac{n}{n_0} \quad \mathrm{m^3/h} \tag{9-20a}$$

$$H = H_0 \frac{\rho}{\rho_0} \left(\frac{n}{n_0}\right)^2 \quad \mathrm{Pa} \tag{9-20b}$$

$$N = N_0 \frac{\rho}{\rho_0} \left(\frac{n}{n_0}\right)^3 \quad \mathrm{kW} \tag{9-20c}$$

式中　V、H、N、ρ——分别为转数为 n 时风机的风量、风压、功率和介质密度；

　　　V_0、H_0、N_0、ρ_0——分别为转数为 n_0 时风机的风量、风压、功率和介质密度。

由上式可见：当风机转数增加一倍时，风量增加一倍，风压增加 4 倍，而电机功率增加 8 倍。因此，增加转数，会使风机所需功率大大增大、耗电量增加，这时要考虑电机容量是否足够。提高转速，一般不超过 10%，否则会损坏风机。

对于锅炉引风机考虑到烟尘对叶片的磨损，一般转数不宜超过 980r/min；如采用高效除尘器，也不宜超过 1450r/min。

计算出风机的风量和风压后，根据产品样本中风机性能表，选择能满足风量和风压要求的风机。同时根据计算得到的电动机功率选择适合的电动机。

有时计算得到的风量和风压不能完全符合要求。通常选用风量基本符合，风压稍高于计算值的风机。运行时用阀门调节多余的风压，或者选配变频调速电机或变速电机。

四、风机的布置

风机的噪声会对周围环境造成污染。在布置风机时，应尽量减少噪声对环境和人员的影响,必要时要考虑设置消声隔振装置。

（一）送风机的布置

送风机集中布置时,应力求对每台锅炉送风均匀。风机可布置在锅炉前面两侧或专设的风机室内。如果在锅炉前面两侧各设一台风机,在送风管上应设阀门,使两台风机同时运行时不会相互干扰,见图9-13。

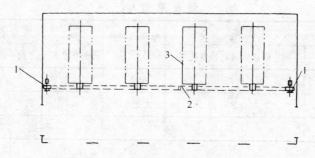

图 9-13　送风机集中布置平面
1—送风机;2—风道闸门;3—锅炉

当锅炉房单层布置时,送风机不应设置在妨碍司炉人员操作的位置上,风道可设在地下;锅炉房楼层布置时,送风机应设于底层,对于重量较轻的小型风机可以放置在柱子上,以节省风管,减少管道阻力,但管理和操作不便。见图9-14。

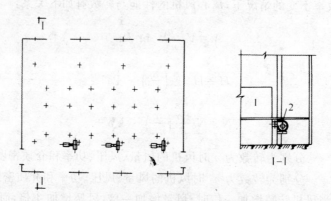

图 9-14　送风机柱上布置图
1—锅炉;2—送风机

二次风机的转速高,振动和噪声都较大,宜布置在底层。若布置在操作层楼板上,则应将风机放置在梁上并设减振装置,以减轻振动,见图9-15。

送风机进风管一般敷设在锅炉房上部温度较高处。这样既能利用顶部热空气的热量,又能在夏季加强室内通风,利于降温。但在北方地区,冬季如吸走大量室内热空气,必然要增加采暖设备,这样做也不经济。因此可将进风口做成三通形式,如图9-16所示,运行时可根据室内外气温情况,选择吸取室内或室外空气。

风机进风口应设网格,以免吸入大块杂物损坏风机。网格通路面积不得小于进风口截面面积。

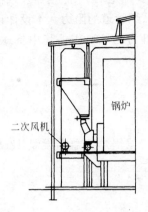

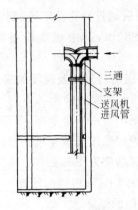

图 9-15　二次风机布置在楼板梁上　　　　　图 9-16　鼓风机送风管

（二）引风机的布置

引风机按烟气流程应布置在除尘器后面,以减轻烟尘对风机叶片和壳体的磨损。

如果引风机单炉布置,则应尽量使引风机靠近锅炉除尘器烟气出口。如果集中布置,即多台锅炉配一套引风机,应力求使风机对每台锅炉的抽力均衡。

引风机宜布置在锅炉房后面的附属间,这样操作及管理都比较方便,但基建投资较高。对于双层布置的锅炉房,引风机也可以设于锅炉房底层,靠近后墙的地面上。必要时引风机也可以露天布置,但必须考虑防雨、防腐和保温等措施。

如果引风机设有水冷却轴承,则轴承冷却水出口应做成开口式漏斗,便于随时观察和检查冷却水位是否正常。引风机露天布置时,如果轴承冷却水管道有冻结的可能,则必须采取防冻措施。

烟囱的位置应布置适当,力求对每台锅炉的抽力均衡,同时要考虑到锅炉房的扩建。烟囱与后墙的间距应满足工艺布置的要求,并应使烟道尽量缩短,同时还应考虑到烟囱基础下沉时不影响建筑物的基础。当烟囱与后墙之间不布置设备时,间距一般为 6～8m,见图 9-17。

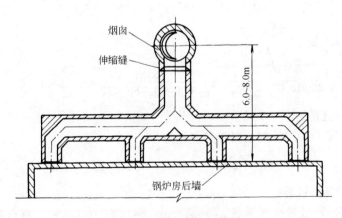

图 9-17　烟囱的布置

【例 9-1】　根据［例 6-1］给出的条件,确定该锅炉房的烟囱高度及出口直径。选择送、引风机(当地大气压 $b=102470Pa$)。

【解】 本锅炉房采用平衡通风,单炉配置风机。初步确定锅炉、除尘器及风机在平面上的位置,然后通过计算确定风、烟管道断面尺寸,计算风、烟管道的阻力。本设计计算得出送风阻力为 980Pa,其中燃烧设备阻力为 800Pa,排烟阻力为 1600Pa,其中锅炉本体阻力为 450Pa。

1. 烟囱出口直径及高度的确定

（1）烟囱高度的确定

两台锅炉合用一个烟囱,采用红砖砌筑。

本锅炉房采用机械通风。根据《锅炉烟尘排放标准》按锅炉房总蒸发量 12t/h,查表 9-5,确定烟囱高度为 40m。

（2）烟囱上、下口径的计算

1）烟囱的温降

$$\Delta t = \frac{A}{\sqrt{D}} H = \frac{0.4}{\sqrt{12}} \times 40 = 4.6^\circ\text{C}$$

2）烟囱出口烟温

$$t_c = t_{py} - \Delta t = 180 - 4.6 = 175.4^\circ\text{C}$$

3）烟囱出口处烟气流量

$$V_y = n B_j \left[V_y^0 + 1.0161(\alpha - 1)V^0 \right] \frac{t_c + 273}{273}$$

$$B_j = B_{ed}\left(1 - \frac{q_4}{100}\right) = 998\left(1 - \frac{10}{100}\right) = 898\text{kg/h}$$

除尘器之前烟道的过量空气系数为 1.61,除尘器及以后的烟道的漏风系数为 $\Delta\alpha = 0.05 + 0.2 = 0.25$,则该锅炉烟囱出口处总过量空气系数为 $\alpha = \alpha + \Delta\alpha = 1.61 + 0.25 = 1.86$。代入上式得:

$$V_y = 2 \times 898[5.63 + 1.0161(1.86 - 1) \times 5.18]\frac{175.4 + 273}{273} = 29961\text{m}^3/\text{h}$$

4）烟囱出口内径

$$d_1 = \sqrt{\frac{V_y}{3600 \times 0.785 \times \omega_c}} = \sqrt{\frac{29961}{3600 \times 0.785 \times 18}} = 0.768\text{m} \quad \text{取 } 0.8\text{m}$$

5）烟囱进口直径

若取烟囱锥度 $i = 0.02$,则烟囱底部直径为

$$d_1 = d_2 + 2iH = 0.8 + 2 \times 0.02 \times 40 = 2.4\text{m}$$

2. 送风机的选择计算

已知炉膛入口处过量空气系数 $\alpha'_L = \alpha''_L - \Delta\alpha_L = 1.3 - 0.1 = 1.2$,每台锅炉送风机的风量为:

$$V_s = 1.1 B_j V_k^0 \alpha'_L \frac{273 + 30}{273} \times \frac{101.325}{b}$$

$$= 1.1 \times 898 \times 5.18 \times 1.2 \times \frac{273+30}{273} \times \frac{101.325}{102.47}$$

$$= 6672 \text{m}^3/\text{h}$$

送风机所需风压为:

$$H_s = 1.2 \Sigma \Delta h \frac{273+t_k}{273+t_s} \times \frac{101.325}{b} \times \frac{1.293}{\rho_k^0}$$

$$= 1.2 \times 980 \times \frac{273+30}{273+20} \times \frac{101.325}{102.47} \times \frac{1.293}{1.293} = 1179 \text{Pa}$$

根据计算结果,选用 4-72-11№4.5A 型风机两台,风量 8500m³/h,风压 2176Pa;电动机功率 7.5kW。

3. 引风机的选择计算

锅炉排烟温度 180℃。计入除尘器的漏风系数 $\Delta \alpha = 0.05$ 后,引风机入口处过量空气系数 $\alpha = 1.66$,则引风机所需流量为:

$$V_{yf} = 1.1 B_j [V_y^0 + 1.0161(\alpha-1)V_k^0] \frac{273+t_y}{273} \times \frac{101.325}{b}$$

$$= 1.1 \times 898 [5.63 + 1.0161(1.66-1) \times 5.18] \frac{273+180}{273} \times \frac{101.325}{102.470}$$

$$= 14755 \text{m}^3/\text{h}$$

$t_k = -4℃$,烟囱每米高度的抽力由表 9-6 查得 $S_y' = 5.05$Pa。

烟囱抽力 $S_y = S_y' \cdot H = 5.05 \times 40 = 202$Pa,引风机所需风压为:

$$H_{yf} = 1.2(\Sigma \Delta h_y - S_y) \frac{1.293}{\rho_y^0} \times \frac{273+t_{py}}{273+t_y} \times \frac{101.325}{b}$$

$$= 1.2(1600-202) \frac{1.293}{1.34} \times \frac{273+180}{273+200} \times \frac{101.325}{102.470}$$

$$= 1533 \text{Pa}$$

根据计算结果,选用 YS-47№8C 型引风机两台,风量 20400m³/h,风压 2283Pa,电机功率 22kW,转数 $n = 1820$r/min。

复习思考题

1. 简述锅炉房通风系统的作用,有哪几种方式? 它们各适用于什么场合?
2. 为什么在平衡通风中既需要又可能保持炉膛一定的负压?
3. 锅炉房烟囱的高度如何确定?
4. 风、烟管道的摩擦阻力和局部阻力怎样计算?
5. 怎样确定送、引风机的流量和压头,选用风机?
6. 烟囱出口直径如何确定?
7. 按第六章习题 5 给出的条件,为该锅炉房选配风机,确定烟囱出口直径和高度。

第十章　锅炉给水处理

在锅炉房使用的各种水源中,无论是天然水(湖水、江水、地下水),还是由水厂供应的自来水,都含有杂质,不能直接用于锅炉给水。锅炉给水必须经过处理,符合锅炉给水水质标准后才能供给锅炉使用,否则会影响锅炉的安全、经济地运行。因此,锅炉房必须设置给水处理设备。

本章讲述水中的杂质及其对锅炉的危害,介绍工业锅炉常用的几种水处理方法,重点介绍钠离子交换软化的原理、设备运行及设备选择的基本知识。

第一节　水中的杂质及其危害

天然水(无论是地表水还是地下水)在自然界的循环运动过程中,溶解和混杂了大量杂质。这些杂质按其颗粒大小分为三类:颗粒最大的称为悬浮物,其次是胶体,最小的是离子和分子,即溶解物质。

悬浮物是指水流动时呈悬浮状态存在,但不溶于水的物质。其颗粒直径在 10^{-4} mm 以上,通过滤纸可以分离出来。主要是黏土、砂粒、植物残渣、工业废物等。

胶体是许多分子和离子的集合体。其颗粒直径在 10^{-4}～10^{-6} mm 之间。水中胶体物质有铁、铝、硅等的化合物,以及动植物有机体的分解产物——有机物。

天然水中的溶解物质主要是钙、镁、钾、钠等盐类以及氧和二氧化碳等气体。这些盐类在水中大都以离子状态存在,其颗粒直径小于 10^{-6} mm。水中溶解的气体则是以分子状态存在的。

悬浮物会造成沉积,污染树脂、堵塞管道。悬浮物过多会使锅水起沫。胶体物质会污染树脂,影响出水质量,进入锅炉,会产生大量泡沫,引起汽水共腾。

天然水中的悬浮物和胶体物质通常在水厂通过混凝和过滤处理,大部分被清除。如果将这些看起来澄清,但仍含有杂质的水直接供给锅炉,水中的一部分溶解物质(主要是钙、镁盐类)就会析出或浓缩沉淀出来。沉淀物中的一部分比较松散,被称为水渣;另一部分附着在受热面内壁,形成坚硬而致密的水垢。

水垢的导热性差,导热系数比钢小 30～50 倍,锅内结垢后会使受热面传热情况显著变坏。排烟温度就会升高,耗煤量增加,从而使锅炉热效率降低。试验表明,受热面内壁附着 1mm 厚的水垢,就要多消耗 2%～3%左右的煤。同时会使受热面金属温度升高而过热,其机械强度显著降低,导致管壁起包,甚至爆管。

锅炉水管内结垢,会减小管内流通截面积,增加水循环的流动阻力,破坏正常的水循环。严重时会将水管完全堵塞,使管子烧损。

水垢附着在锅内受热面上,特别是管内,很难清除。清除水垢不仅要耗费较多的人力、物力,造成停产,而且还会使受热面受到损伤,缩短锅炉的使用年限。

随着汽锅中的水不断蒸发、浓缩,其所含的悬浮物和盐分的浓度也会随之增加。当其浓度达到一定限度时,会使蒸发面上形成一层泡沫层,严重时会造成汽水共腾。汽水共腾会使蒸汽夹带较多的水分及其所含的盐分,严重影响蒸汽的品质;同时还会造成过热器及蒸汽管道结垢,使蒸汽过热器壁温升高,以致烧损。当锅水的相对碱度较大,同时锅炉锅筒的胀管口等应力集中处有裂缝时,还会引起受热面金属晶间腐蚀(苛性脆化)、造成裂管甚至爆炸事故。

水中含有的溶解氧和游离态二氧化碳会使给水管路、受热面金属产生化学腐蚀。锅炉的给水和锅水都是电解质,金属在电解质中会发生电化学腐蚀,氧气和二氧化碳的存在会加速腐蚀。这两种腐蚀均为局部腐蚀,严重时会使管壁穿孔,造成事故。

由此可见,为了保证工业锅炉的安全、经济地运行,锅炉给水必须经过处理,降低水中钙、镁盐类的含量(软化),减少水中的溶解气体(除氧),使其符合规定的水质标准要求,防止锅内结垢,减轻金属的腐蚀。

锅炉用水,根据其所处的部位和作用不同,可分为以下几种:

一、原水

是指锅炉的水源水,也称生水。原水主要来自江河水、井水或城市自来水。一般每月至少化验1次。

二、软化水

原水经过水质软化处理,硬度降低而符合锅炉给水水质标准的水。

三、回水

锅炉蒸汽或热水经使用后的凝结水或低温水,返回锅炉房循环利用的称为回水。

四、补给水

无回水或回水量不能满足锅炉供水需要,必须向锅炉补充的符合水质标准要求的水称为补给水。

五、给水

送入锅炉的水称为锅炉给水,通常由回水和补给水两部分组成。

六、锅水

锅炉运行中在锅内吸热、蒸发的水。

七、排污水

为除掉锅水中的杂质,降低水中的杂质含量,从汽锅中放掉的一部分锅水,称为锅炉排污水。

第二节 水质指标与水质标准

一、水质指标

用来表示水中杂质品类和含量的指标称为水质指标。常用的几个水质指标如下:

(一)悬浮物

表示水中不溶解的固态杂质含量,即将水样过滤分离出的固形物。它的含量通常用mg/L 表示。

(二)溶解固形物

将滤出悬浮物后的水样进行蒸发和干燥后所得的残渣,单位为 mg/L。溶解固形物包括水中所含的有机物,是表示水含盐量的近似指标。

（三）硬度（H）

指溶解于水中能够形成水垢的物质——钙、镁盐类的含量。常把水中钙（Ca^{2+}）、镁（Mg^{2+}）离子的总浓度称为总硬度（H）,单位以 mmol/L 表示。

水的硬度又分为碳酸盐硬度和非碳酸盐硬度。

（1）碳酸盐硬度（H_T）　溶解于水中的重碳酸钙 $Ca(HCO_3)_2$、重碳酸镁 $Mg(HCO_3)_2$ 和钙、镁的碳酸盐形成的硬度称为碳酸盐硬度。但一般天然水中钙、镁的碳酸盐含量很少,所以可将碳酸盐硬度看作是水中钙、镁的重碳酸盐含量。这些盐类很不稳定,会在水加热至沸腾后分解,生成沉淀物析出,即

$$Ca(HCO_3)_2 \xrightarrow{\triangle} CaCO_3 \downarrow + H_2O + CO_2 \uparrow$$

$$Mg(HCO_3)_2 \xrightarrow{\triangle} MgCO_3 + H_2O + CO_2 \uparrow$$

$$MgCO_3 + H_2O \xrightarrow{\triangle} Mg(OH)_2 \downarrow + CO_2 \uparrow$$

所以又称其为暂时硬度。

（2）非碳酸盐硬度（H_{FT}）　指水中的氯化钙 $CaCl_2$、氯化镁 $MgCl_2$、硫酸钙 $CaSO_4$、硫酸镁 $MgSO_4$ 等非碳酸盐的含量。这些盐类在加热至沸腾时不能立即沉淀析出,所以又称其为永久硬度。

显然总硬度等于暂时硬度和永久硬度之和,即

$$H = H_T + H_{FT}$$

（四）碱度（A）

是指水中碱性物质的总含量。例如氢氧根（OH^-）、碳酸盐（CO_3^{2-}）、重碳酸盐（HCO_3^-）及其他一些弱酸盐都是水中常见的碱性物质,都可以用酸中和。碱度的单位为 mmol/L。

水中不可能同时存在氢氧根碱度和重碳酸根碱度,因为二者会发生化学反应,即

$$HCO_3^- + OH^- \rightarrow CO_3^{2-} + H_2O$$

另外,水中的暂时硬度即钙、镁与 HCO_3^- 和 CO_3^{2-} 形成的盐类,也属于水中的碱度。当水的碱度较高时,水中常有钠盐碱度。钠盐碱度能使永久硬度消失,即

$$CaSO_4 + Na_2CO_3 \xrightarrow{\quad\quad} CaCO_3 \downarrow + Na_2SO_4$$

可见水中也不能同时有钠盐碱度与永久硬度共同存在。所以,钠盐碱度又称为"负硬度"。

因此,水中碱度和硬度之间的内在关系可归结为下列三种情况:

（1）若总硬度大于总碱度,水中必有永久硬度,而无钠盐碱度,则 $H_T = A$, $H_{FT} = H - A$;

（2）若总硬度等于总碱度,水中无永久硬度,也无钠盐碱度,则 $H = H_T = A$;

（3）若总硬度小于总碱度,水中无永久硬度,而有钠盐碱度,则 $H = H_T = A - H =$ 负硬度。

（五）相对碱度

指锅水中氢氧根碱度折算成游离 NaOH 的含量与锅水中溶解固形物含量的比值。相对碱度是为防止锅炉苛性脆化而规定的一项技术指标。我国规定的相对碱度必须小于0.2,它是一个经验数值。

（六）pH 值

指水中氢离子浓度的负对数,用来表示水的酸碱性。呈酸性的水会对金属产生酸性腐蚀,因此锅炉给水要求 pH>7;当水的 pH≥13 时,容易将金属表面的 Fe_3O_4 保护膜溶解,加快腐蚀速度,故锅水的 pH 值要求控制在 10~12。

（七）溶解氧（O_2）

指溶解于水中的氧气含量,单位为 mg/L。水中溶解氧能腐蚀锅炉设备及给水管路,所以给水中的溶解氧应尽可能除去。规定溶解氧为给水水质的控制指标。

（八）含油量

天然水一般是不含油的,但回水可能会带入油类物质,故规定了给水含油量指标,其单位为 mg/L。含油量不作为运行控制项目,只作为定期检测项目。

（九）磷酸根（PO_4^{3-}）

天然水中一般不含磷酸根,但有时为了消除给水带入锅内的残余硬度或为了防止锅炉内壁苛性脆化,会向锅内加入一定数量的磷酸盐。磷酸根大于 30mg/L 时,容易生成磷酸盐沉淀,粘附在金属壁上,形成水垢。因此,磷酸根也作为锅水的一项控制指标。

（十）亚硫酸根（SO_3^{2-}）

水中的溶解氧可用亚硫酸钠除去,这时亚硫酸根也是锅水的一项控制指标。

二、水质指标的单位换算

水质指标中硬度、碱度的法定计量单位为毫摩尔/升（mmol/L）。它以一价离子作为基本单元,对于二价离子则以其 1/2 作为基本单元。如硬度单位是以 $1/2Ca^{2+}$ 和 $\frac{1}{2}Mg^{2+}$ 为基本单元的毫摩尔/升,用 mmol/L 表示物质浓度时,在数值上与过去常用的（现已废止）毫克当量/升（mge/L）表示法相符。

由于历史原因,也有采用德国度（°G）和百万份单位（ppm）的。1 升水中含有硬度或碱度物质的总量相当于 10mg 的 CaO 时称为 1°G。换算关系为:1mmol/L=2.8°G。1 升水（1×10^6 mg）溶液中杂质的含量用相当于 1mg 碳酸钙（$CaCO_3$）的量来表示,即为百万份单位,简称 ppm。换算关系为 1mmol/L=50.1ppm,1°G=17.9ppm（现在°G 及 ppm 均已废除）。

三、水质标准

为了防止锅炉由于结垢、腐蚀及锅水起沫而影响锅炉安全、经济地运行,锅炉给水及锅水均要求达到一定的水质标准。

我国现行国家标准《工业锅炉水质》（GB 1576—2001）中规定:蒸汽锅炉和汽水两用锅炉的给水一般应采用锅外化学水处理,水质应符合表 10-1 的规定。

蒸汽锅炉水质（GB 1576—2001）　　　　　　　　　　　　表 10-1

项　目		给　水			锅　水		
额定蒸汽压力（MPa）		≤1.0	>1.0 ≤1.6	>1.6 ≤2.5	≤1.0	>1.0 ≤1.6	>1.6 ≤2.5
悬浮物（mg/L）		≤5	≤5	≤5	—	—	—
总硬度（mmol/L）[①]		≤0.03	≤0.03	≤0.03	—	—	—
总碱度（mmol/L）[②]	无过热器	—	—	—	6~26	6~24	6~16
	有过热器	—	—	—	—	≤14	≤12
pH（25℃）		≥7	≥7	≥7	10~12	10~12	10~12

项　目		给　水			锅　水		
溶解氧(mg/L)②③		≤0.1	≤0.1	≤0.05	—	—	—
溶解固形物(mg/L)④	无过热器	—	—	—	<4000	<3500	<3000
	有过热器	—	—	—		<3000	<25000
$SO_3^{2-④}$(mg/L)		—	—	—		10~30	10~30
$PO_4^{3-④}$(mg/L)		—	—	—		10~30	10~30
相对碱度=(游离NaOH/溶解固形物)⑤		—	—	—		<0.2	<0.2
含油量(mg/L)		≤2	≤2	≤2	—	—	—
含铁量(mg/L)⑥		≤0.3	≤0.3	≤0.3	—	—	—

注：① 硬度 mmol/L 的基本单元为 $c(1/2Ca^{2+}、1/2Mg^{2+})$，下同。

② 碱度 mmol/L 的基本单元为 $c(OH^-、1/2CO_3^{2-}、HCO_3^-)$，下同。

　对蒸汽品质要求不高，且不带过热器的锅炉，使用单位在报当地锅炉压力容器安全监察机构同意后，碱度指标上限值可适当放宽。

③ 当锅炉额定蒸发量大于等于 6t/h 时应除氧，额定蒸发量小于 6t/h 的锅炉如发现局部腐蚀时，给水应采取除氧措施。

④ 如测定溶解固形物有困难时，可采用测定电导率或氯离子(Cl⁻)的方法来间接控制，但溶解固形物与电导率或与氯离子(Cl⁻)的比值关系应根据试验确定，并应定期复试和修正此比值关系。

⑤ 全焊接结构锅炉相对碱度可不控制。

⑥ 仅限燃油、燃气锅炉。

额定蒸发量≤2t/h，且额定蒸汽压力≤1.0MPa 的蒸汽锅炉和汽水两用锅炉(如对汽、水品质无特殊要求)也可采用锅内加药处理。但必须对锅炉的结垢、腐蚀和水质加强监督。认真做好加药、排污和清洗工作，其水质应符合表 10-2 的规定。

锅内加药处理的锅炉水质　　　　　　　　　表 10-2

项　目	给　水	锅　水
悬浮物(mg/L)	≤20	—
总硬度(mmol/L)	≤4	—
总碱度(mmol/L)		8~26
pH(25℃)	≥7	10~12
溶解固形物(mg/L)	—	<5000

承压热水锅炉给水应进行锅外水处理。对于额定功率≤4.2MW 非管架式承压锅炉和常压热水锅炉，可采用锅内加药处理。但必须对锅炉的结垢、腐蚀和水质加强监督。认真做好加药工作，其水质应符合表 10-3 的规定。

热　水　锅　炉　水　质　　　　　　　　　表 10-3

项　目	锅内加药处理		锅外化学处理	
	给　水	锅　水	给　水	锅　水
悬浮物(mg/L)	≤20	—	≤5	—
总硬度(mmol/L)	≤6	—	≤0.6	—
pH(25℃)①	≥7	10~12	≥7	10~12
溶解氧(mg/L)②	—	—	≤0.1	—
含油量(mg/L)	—	—	≤2	—

注：① 通过补加药剂使锅水 pH 值控制在 10~12。

② 额定功率大于等于 4.2MW 的承压热水锅炉给水应除氧，额定功率小于 4.2MW 的承压热水锅炉和常压热水锅炉给水应尽量除氧。

第三节 锅炉给水的过滤

工业锅炉房用水一般由水厂供给。如果原水的悬浮物含量较高，为了减轻软化设备的负担，必须进行原水的过滤处理。对于顺流再生固定床离子交换器，悬浮物≥5mg/L的原水应先经过滤；对于逆流再生固定床离子交换器或浮动床交换器的原水，悬浮物含量≥2mg/L时应先经过滤；悬浮物含量＞20mg/L的原水或经石灰处理后的水均应混凝、澄清后经过滤处理。

锅炉房常用的过滤设备是单流式机械过滤器，也是最简单的一种过滤器，见图10-1。过滤器管路系统简单，运行稳定，过滤速度为4～5m/h，运行周期一般为8h。

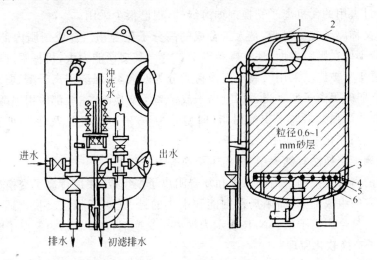

图 10-1 单流式过滤器

1—放气管；2—进水分配漏斗；3—水帽；
4—配水支管；5—配水母管；6—混凝土

单流式机械过滤器本体为密闭的钢制圆柱形容器。设有进水、排水管路。过滤器内装填过滤材料，常用的有石英砂、大理石、无烟煤等。石英砂不宜用于过滤碱性水，因为石英砂在水中溶解产生硅酸对锅炉有害；无烟煤、大理石适用于带碱性的水。滤料直径为0.5～1.5mm。

原水进入过滤器通过过滤层时，水中悬浮物被吸附和阻留在过滤料层的表面和缝隙中，使水得到净化。为了提高过滤速度，要求进水保持一定的压力，所以又称之为压力式过滤器。

当原水通过过滤层的压力降达到0.05～0.06MPa时，应停止过滤，进行反冲洗，把滤料层中截留的污泥冲洗掉，以恢复其正常工作能力。反冲洗强度为15L/(s·m²)，冲洗时间为10min，然后正冲洗至出水合格，就可以重新进行过滤。

采用压力式机械过滤器过滤原水时，台数不宜少于2台，其中1台备用。每台每昼夜反冲洗次数可按1～2次设计。

较大型的过滤装置多采用无阀滤池。

第四节 阳离子交换软化及除碱

水中的悬浮物和胶体物质通常经过水厂的沉淀、过滤等处理后大部分被去除。但水的硬度、碱度仍然存在。为了满足锅炉给水水质要求,需要对锅炉给水进行处理。工业锅炉房水处理的主要内容是软化和除氧,即除去水中的钙、镁离子,降低给水的含氧量。通常是利用不产生硬度的阳离子(如 Na^+、H^+)将水中的 Ca^{2+}、Mg^{2+} 置换出来,从而达到使水软化的目的,这种方法称为阳离子软化法,又称离子交换软化法。离子交换软化是通过离子交换剂实现的。

一、离子交换剂

不溶于水,但可用自己的离子把水溶液中某些同种电荷的离子置换出来的颗粒物质称为离子交换剂,它是一种高分子化合物。离子交换剂的种类很多,常用的离子交换剂有磺化煤和合成树脂两种。磺化煤由于其交换容量小,化学稳定性差,机械强度小,已逐步被合成树脂所代替。过去用的无机离子交换剂如海绿砂,现已很少采用。

合成树脂又称离子交换树脂,是人工合成的高分子化合物。合成树脂内部具有较多的孔隙,交换反应不但在颗粒表面,还在颗粒内部进行。其交换能力大,机械强度高,工作稳定性较好,因而近年来被广泛采用。离子交换树脂分为四大类:强酸阳离子型、弱酸阳离子型、强碱阴离子型、弱碱阴离子型。当采用氢离子或钠离子交换时,一般都采用强酸阳离子型树脂。常用的 001×7 强酸阳离子交换树脂(旧型号为 $732^\#$),其规格及性能列于附录 8 中。阳离子树脂一般用在化学除盐中。

常用的阳离子交换法有钠离子、氢离子交换等方法。

阳离子型的离子交换剂是由阳离子和复合阴离子根组成,在进行离子交换反应时,复合阴离子根是稳定的组成部分,而阳离子则能和水中的钙、镁离子相互交换。通常用 R 表示离子交换剂中的复合阴离子根。NaR 表示为钠离子交换剂,HR 表示为氢离子交换剂。

二、钠离子交换软化原理

目前在工业锅炉水处理中,钠离子交换软化用得最多。原水流过钠离子交换剂时,交换剂中的 Na^+ 与水中的 Ca^{2+}、Mg^{2+} 离子进行置换反应,使水得到软化。其反应式如下:

$$Ca(HCO_3)_2 + 2NaR = CaR_2 + 2NaHCO_3$$

$$Mg(HCO_3)_2 + 2NaR = MgR_2 + 2NaHCO_3$$

$$CaSO_4 + 2NaR = CaR_2 + Na_2SO_4$$

$$CaCl_2 + 2NaR = CaR_2 + 2NaCl$$

$$MgSO_4 + 2NaR = MgR_2 + Na_2SO_4$$

$$MgCl_2 + 2NaR = MgR_2 + 2NaCl$$

由以上各式可见,钠离子交换既能除去水中的暂时硬度,又能除去永久硬度,但不能除碱。这是因为构成天然水碱度主要部分的暂时硬度按照等物质量的规则转变为钠盐碱度 $NaHCO_3$;另外,按等物质量的交换规则 $1mol Ca^{2+}$ (40.08 克)与 $2mol$ (45.98 克)的 Na^+ 进行交换反应,软水中的含盐量有所增加。

随着交换软化过程的进行,交换剂中的 Na^+ 逐渐被水中的 Ca^{2+}、Mg^{2+} 所代替,交换剂由 NaR 逐渐变为 CaR_2 或 MgR_2,使出水硬度增高。当出水的硬度超过某一数值,水质不符合锅炉给水水质标准的要求时,则认为交换剂"失效"。此时应立即停止软化,对交换剂进行再生(还原),以恢复交换剂的软化能力。常用的再生剂是食盐 NaCl。其方法是让浓度为 $5\% \sim 8\%$ 的食盐水溶液流过失效的交换剂层进行再生,再生反应如下:

$$CaR_2 + 2NaCl = 2NaR + CaCl_2$$

$$MgR_2 + 2NaCl = 2NaR + MgCl_2$$

再生生成物 $CaCl_2$ 和 $MgCl_2$ 易溶于水,可随再生废水一起排掉。交换剂重新变成 NaR 型,恢复了其置换水中 Ca^{2+}、Mg^{2+} 的能力。

理论上,每置换 1mol 的钙、镁需要消耗 2mol 的 NaCl 即 117g,但实际食盐耗量要大于理论耗盐量的 1.2～1.7 倍才能使还原完全。一般采用食盐耗量为 140～200g/mol。

三、离子交换除碱

钠离子交换软化的主要缺点是不能除碱,对于暂时硬度高的碱性水,采用此法往往会使锅水碱度过高,为保证一定的锅水碱度,就要增加锅炉排污量和热量损失。采用氢－钠离子交换及部分钠离子交换等方法就能达到既软化水又降低碱度的目的。

(一)氢－钠离子交换原理及系统

阳离子交换剂如果不用食盐水而用酸(HCl 或 H_2SO_4)溶液去还原,则可得到氢离子交换剂(HR)。原水流经氢离子交换剂层后,同样可以得到软化,其反应如下:

对碳酸盐硬度
$$Ca(HCO_3)_2 + 2HR = CaR_2 + 2H_2O + 2CO_2 \uparrow$$
$$Mg(HCO_3)_2 + 2HR = MgR_2 + 2H_2O + 2CO_2 \uparrow$$

对非碳酸盐硬度
$$CaSO_4 + 2HR = CaR_2 + H_2SO_4$$
$$CaCl_2 + 2HR = CaR_2 + 2HCl$$
$$MgSO_4 + 2HR = MgR_2 + H_2SO_4$$
$$MgCl_2 + 2HR = MgR_2 + 2HCl$$

由此可见,经氢离子交换后水质发生了下列变化:

(1)水中的暂时硬度转变成水和 CO_2,在去除硬度的同时也降低了水的碱度和含盐量。其除盐、除碱的量与原水中的暂时硬度等量。

(2)在消除永久硬度的同时生成了等量的酸。

氢离子交换软化法,从碱度消除和含盐量降低来看,具有明显的优越性。然而由于出水呈酸性以及须用酸作为再生剂,故氢离子交换器及其管道要有防腐措施,而且处理后的水不能直接送入锅炉,因此它不能单独使用。通常它和钠离子交换器联合使用,即氢－钠离子交换。经氢离子交换产生的游离酸与经钠离子交换后产生的碱中和,达到除碱的目的,即

$$H_2SO_4 + 2NaHCO_3 = Na_2SO_4 + 2H_2O + CO_2 \uparrow$$
$$HCl + NaHCO_3 = NaCl + H_2O + CO_2 \uparrow$$

中和所产生的 CO_2 可用除 CO_2 器除去。这样既消除了酸性,降低了碱度,又消除了硬度,并使水的含盐量有所下降。

失效的氢离子交换剂还原时,用浓度为 2% 左右的硫酸,或浓度不超过 5% 的盐酸。氢－钠离子交换软化一般适于处理暂时硬度较高的碱性水。

氢－钠离子交换有并联、串联、综合等几种组合方式。并联系统如图 10-2 所示。原水按照一定的比例分别经过钠离子交换器和氢离子交换器,然后汇集在一起,经除 CO_2 器除去生成的 CO_2,存入水箱由水泵供给锅炉。为了保证软水混合后不产生酸性水,根据原水水质计算水量分配比例时,应考虑让混合后的软水仍带有一定的碱度,称为残余碱度,通常为 0.3～0.5mmol/L。

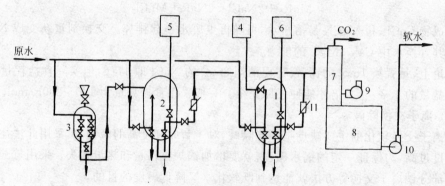

图 10-2　H-Na 并联离子交换软化和脱碱系统

1—氢型离子交换器；2—钠型离子交换器；3—盐溶解器；4—稀酸溶液箱；5、6—反洗水箱；

7—除 CO_2 器；8—中间水箱；9—离心鼓风机；10—中间水泵；11—水流量表

串联系统如图 10-3 所示。进水也分为两部分，一部分原水进入氢离子交换器，其出水与另一部分原水混合。出水中的酸度和原水中的碱度中和，中和反应产生的 CO_2 由除 CO_2 器去除。然后经钠离子交换器，除去未经过氢离子交换器的那部分原水硬度，其出水即为除硬脱碱了的软化水。

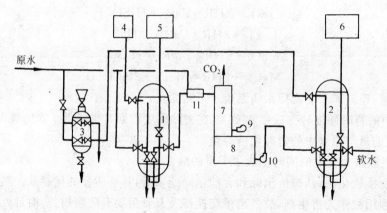

图 10-3　H-Na 串联离子交换软化和脱碱系统

1—氢型离子交换器；2—钠型离子交换器；3—盐溶解器；4—稀酸箱；5、6—反洗水箱；

7—除 CO_2 器；8—中间水箱；9—离心鼓风机；10—中间水泵；11—混合器

H-Na 串联离子交换软化脱碱系统中，一定要先除去 CO_2，以免 CO_2 形成碳酸后再流经钠离子交换器，出水又重新出现碱度。其反应式为：

$$NaR + H_2CO_3 = HR + NaHCO_3$$

同时，为保证出水不呈酸性，应使出水具有一定的残留碱度。

（二）不足量酸再生法

不足量酸再生法，是指当离子交换剂失效后，仅用理论用酸量进行再生。由于再生不完全，当采用顺流再生时，只能使上层交换剂转变成 H 型，而下层的交换剂仍为钙、镁型，通常称下部未被还原的层为缓冲层。当全部原水流经上层交换剂时，水中的非碳酸盐硬度会产生一定量的酸，水流流经缓冲层时，酸中的 H^+ 又和 Ca^{2+}、Mg^{2+} 进行交换。可见原水经过不足量酸再生的氢离子交换剂后，只是降低了其中碳酸盐的硬度，而非碳酸盐硬度基本不变。

不足量酸再生法可以减少还原用酸量并防止出水呈酸性。不足量酸再生的氢离子交换剂主要用于除碱,软化并不彻底,故它总是与钠离子交换串联使用。其设备系统与氢-钠离子串联系统基本相同,见图10-3,只是原水不再另分一路与交换器出水混合。需要指出的是:不足量酸再生法只适用于磺化煤和弱酸性阳离子交换树脂(111×22型或D111型),不能用于强酸性树脂。因为若用于强酸性树脂,交换过程产生的酸不足以使缓冲层中钙、镁型树脂还原,出水仍呈酸性。

该系统适用于原水碱度较大,永久硬度小而暂时硬度大,或有负硬度($A>H$)的水。

(三) 部分钠离子交换

让原水部分经过钠离子交换器软化,另一部分直接进入水箱。水中的 H_{FT} 经钠离子交换后,转变为 $NaHCO_3$。$NaHCO_3$ 在水箱中受热分解,形成的 $NaCO_3$ 和 $NaOH$ 与原水中的硬度发生反应,生成难溶于水的 $CaCO_3$ 沉淀,同时消除了部分碱度,由排污排除。其反应式如下:

$$2NaR + Ca(HCO_3)_2 = CaR_2 + 2NaHCO_3$$

$$2NaHCO_3 \xrightarrow{\triangle} Na_2CO_3 + CO_2 \uparrow + H_2O$$

$$CaCl_2 + Na_2CO_3 = CaCO_3 \downarrow + 2NaCl$$

$$CaSO_4 + Na_2CO_3 = CaCO_3 \downarrow + Na_2SO_4$$

$$Na_2CO_3 + H_2O \xrightarrow{\triangle} 2NaOH + CO_2 \uparrow$$

$$Ca(HCO_3)_2 + 2NaOH = CaCO_3 \downarrow + Na_2CO_3 + 2H_2O$$

采用此法必须控制好需经软化的原水的比例,保证混合水的碱度略大于硬度,$H_{混}$ 应小于 $3.49mmol/L$。

部分钠离子交换软化法可软化、除碱而不需另加药剂;可减小设备容量,减少交换剂和再生剂用量,降低费用。但软化不彻底,尤其 H_{FT}/H 之比小于 0.5 时,软化效果更差。水箱或锅炉内有沉渣。故此法只适用于小型锅炉,水中 $H_{FT}/H>0.5$ 时,作为软化除碱用。

(四) 部分氢离子交换

氢-钠离子交换软化设备投资和运行费用都较高,限制了在小型锅炉房中的应用。对于小型锅炉,如原水碱度大于硬度,即"负硬"水,可采用部分氢离子交换法,即一部分原水经氢离子交换器除去碱度、硬度而产生游离酸,再与另一部分原水混合除去原水中多余的碱度,然后通过除气器除掉过程中生成的 CO_2 作为锅炉给水。给水的硬度不得大于锅内加药处理的标准,即 $H \leqslant 4mmol/L$,因此它只适用于 $\leqslant 2t/h$ 的锅炉。又称锅内与锅外相结合的方法。

(五) 铵-钠离子交换原理

铵-钠离子交换与氢-钠离子交换工作原理相同,只是用氯化铵为还原液,使之成为铵离子交换剂 NH_4R:

$$CaR_2 + 2NH_4Cl = 2NH_4R + CaCl_2$$

$$MgR_2 + 2NH_4Cl = 2NH_4R + MgCl_2$$

铵离子交换剂能消除水中的暂时硬度而软化:

$$Ca(HCO_3)_2 + 2NH_4R = CaR_2 + 2NH_4HCO_3$$

$$Mg(HCO_3)_2 + 2NH_4R = MgR_2 + 2NH_4HCO_3$$

重碳酸铵(NH_4HCO_3)在锅内受热以后分解:

$$NH_4HCO_3 \xrightarrow{\triangle} NH_3 \uparrow + CO_2 \uparrow + H_2O$$

与氢离子交换一样,既除去了暂时硬度,同时也去除了碱度,也有除盐的作用。

水中永久硬度软化:

$$CaSO_4 + 2NH_4R = CaR_2 + (NH_4)_2SO_4$$
$$CaCl_2 + 2NH_4R = CaR_2 + 2NH_4Cl$$
$$MgSO_4 + 2NH_4R = MgR_2 + (NH_4)_2SO_4$$
$$MgCl_2 + 2NH_4R = MgR_2 + 2NH_4Cl$$

硫酸铵及氯化铵在锅内受热分解形成酸:

$$(NH_4)_2SO_4 \xrightarrow{\triangle} 2NH_3 \uparrow + H_2SO_4$$

$$NH_4Cl \xrightarrow{\triangle} NH_3 \uparrow + HCl$$

铵离子交换一般与钠离子交换并联使用,使铵盐受热分解所生成的酸与钠离子交换后的 $NaHCO_3$ 加热分解所生成的碱中和,既去除了酸又降低了锅水的碱度。

铵—钠离子交换与氢—钠离子交换在原理及产生的效果方面都相同,所不同的是:

(1)铵离子交换的除碱除盐效果,必须在软水受热后才能呈现。

(2)铵离子交换受热后才呈酸性,同时不用酸还原,故不需防酸措施。

(3)经铵离子交换处理的水受热后产生氨气等气体,在有氧的情况下会对铜制设备及附件产生腐蚀,如直接用汽要考虑氨气对生产有无影响。

第五节 离子交换设备及其运行

离子交换设备种类很多,有固定床、浮动床、流动床等。浮动床与流动床适用于原水水质稳定,软化水出力变化不大、连续不间断运行的情况。固定床则无需上述要求,是工业锅炉房常用的软化设备。

一、固定床钠离子交换器及其运行

固定床离子交换器,是指运行时交换器中的交换剂层是固定而不流动的,一般原水由上而下经过交换剂层,使水得到软化,简称固定床。

固定床离子交换按其再生运行方式不同,可分为顺流再生和逆流再生两种。

(一)顺流再生固定床离子交换器及其运行

顺流再生是指再生液的流动方向和原水流向相同,均由上向下流动。顺流再生固定床离子交换器结构如图 10-4 所示。它由壳体、进水装置,再生液分配装置,底部排水装置和顶部排气管等组成。

交换器常用的规格有 $\phi500$、$\phi700$、$\phi750$、$\phi1000$、$\phi1200$、$\phi1500$ 及 $\phi2000$ 等几种。用树脂作交换剂时壳体内壁必须涂内衬,以防树脂"中毒"和罐体腐蚀,交换剂层高有 1.5m,2m,2.5m 等。

新树脂在投入使用之前,要先用其二倍体积的 10% 浓度的 NaCl 溶液浸泡 18～20h,以便使树脂从出厂的型式转换成生产中所需的 Na 型。同时,也可防止树脂由于贮运过程中脱水,而遇水急剧膨胀、碎裂。此外,树脂贮存时间不宜过长,最好不超过一年。树脂贮存温度为 5～40℃。贮存时一定要避免与铁容器、氧化剂和油类物质直接接触,以防树脂被污染或氧化降解而造成树脂劣化。壳体内壁可做橡胶衬里涂环氧树脂涂料,或涂聚氨酯涂料。

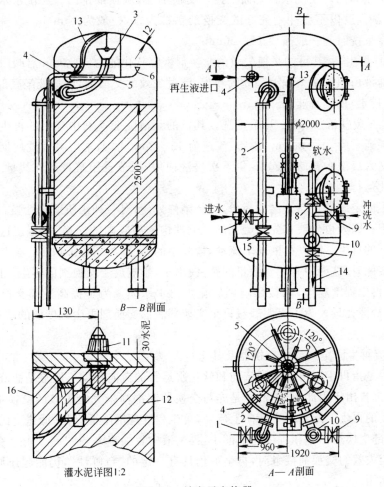

图 10-4　钠离子交换器

1—进水阀；2—进水管；3—分配漏斗；4—法兰；5—环形管；6—喷嘴；7—排水阀；
8—软水出水阀；9—冲洗水进水阀；10—三通；11—泄水帽；12—集水管；13—排气管；
14—排水管；15—排水阀；16—泄水管

离子交换器运行时按软化、反洗、再生（还原）、正洗四个步骤进行。

（1）软化　见图 10-5，开启阀门 1 和 2，关闭其余阀门，原水由阀 1 进入交换器内分配漏斗淋下，自上而下均匀地流过交换剂层，使原水软化。软水由底部集水装置汇集，经过阀门 2 送往软化水箱。软化时，必须对水质进行化验：出水的氯根及碱度可每班分析一次；原水的氯根、硬度和碱度最好也每班分析一次；出水的硬度每隔 2 个小时化验 1 次；当交换器接近失效时，应每半个小时，甚至更短的时间化验 1 次。当出水硬度到达规定的允许值时，应立即停止软化，进入反洗阶段。

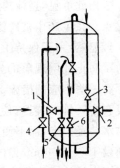

图 10-5　顺流再生离子交换操作示意

（2）反洗　反洗的目的是松动软化时被压实了的交换剂层，为还原液与交换剂充分接触创造条件，同时带走交换剂表层的污物和杂质。当交换剂失效后，应立即停止软化，进行反洗。此时开启阀门

171

3和5,关闭其余阀门。反洗水自下而上经过交换剂层,从顶部排出。反洗水水质要求不污染交换剂,反洗强度以不会冲走完好的交换剂颗粒为宜,一般为15m/h。反洗应进行到出水澄清为止。反洗时间一般需要10~20min。

（3）还原（再生） 其目的是使失效的交换剂恢复软化能力。此时开启阀门4和6,关闭其余阀门。盐液由顶部多个辐射型喷嘴喷出,流过失效的交换剂,废盐液经底部集水装置汇集,由阀门6排走,再生流速4~6m/h。

（4）正洗 废盐液放尽后,开始正洗。其目的是清除交换剂中残余的再生剂和再生产物。正洗水耗通常为3~6m³/m³树脂,流速为15~20m/h,通常可将正洗后期阶段的含盐分的正洗水送入反洗水箱储存起来,供下次反洗使用,以节省用水量和耗盐量。正洗结束,即可投入软化运行。

顺流再生固定床的优点是结构简单,运行维修方便,对各种水质适应性强。但缺点是再生效果不理想。因为再生液首先接触到的是上部饱和度较高的交换剂层,使这一部分交换剂能得到较好的再生。随着盐液向下流动,盐液中的钙、镁离子逐渐增多。当盐液与交换器中部或底部接触时,盐液中有相当数量的钙、镁离子,影响离子交换剂的再生。因此,越在下面的交换剂,再生程度越差,直接影响到软化水出水水质。为了提高下部交换剂的再生程度,需要增加盐液耗量。为了克服顺流再生交换器底部交换剂再生程度低的缺点,通常采用逆流再生方式。

（二）逆流再生固定床离子交换器及其运行

逆流再生是指再生时再生液的流向和软化水运行的流向相反。通常是盐液自交换器下部进入,从上部排出。因此,再生液总是先与交换器底部尚未完全失效的交换剂接触,使其得到较高程度的再生。随着再生液向上流动,再生程度逐渐降低,但降低速度比顺流再生工艺慢得多（下部交换剂的饱和程度比上部小,再生液中置换出来的Ca^{2+}、Mg^{2+}少）。当再生液与上部完全失效的交换剂接触时,再生液仍具有一定的"新鲜性",仍能起还原作用,再生液能被充分利用。

当进行软化时,原水先接触上部再生程度较低的交换剂。水中的Ca^{2+}、Mg^{2+}浓度较高,还能进行离子交换。水中的Ca^{2+}、Mg^{2+}含量随水流向下越来越少,而越向下交换剂的再生程度就越高,所以交换器出水水质较好。

由此可见,逆流再生离子交换器具有出水质量高,盐耗低等优点。在生产中被广泛采用。

显然,为了保持上述优点,就必须保持交换剂平整不乱层。为了防止乱层现象的发生,逆流再生交换器在结构上和运行上都有一些相应的措施。如图10-6所示,结构上,在交换剂表面层设有中间排水装置,使向上流动的再生液或冲洗水能均匀地从排水装置排走,而不使交换剂层发生扰动。另外,在交换剂表面铺设150~200mm厚的压实层,可用25~30目的聚苯乙烯白球或用失效的树脂作为压实层。压实层还有过滤的作用,把水中带进的悬浮物挡住,保护交换剂。

运行中,小型交换器常采用低流速再生法来防止乱层。即

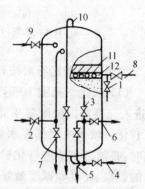

图10-6 逆流再生离子交换器
1—废再生液出口;2—进水阀;
3—反洗水阀;4—再生液进管;
5—排水;6—软化出水;7—排水;
8—小反洗进水;9—进气管;
10—排气管;11—压实层;
12—中间排水装置

172

再生和反洗时流速控制在 $1.6\sim2\mathrm{m/h}$(对磺化煤为 $3\sim5\mathrm{m/h}$)。保持如此低的流速,增加了再生时间。要提高流速又不致乱层,常用干压实层、压缩空气顶压及水顶压等方法。

干压实层法是将压实层高度加大,$h\geqslant200\mathrm{mm}$。再生时先将中间排水装置上部的水放净,使压实层保持干态,同时保证再生时中排装置排液通畅。如果废液排出不及时,就会使液面上升,造成乱层。此法可使逆流再生的流速提高到 $4\mathrm{m/h}$(树脂)。

压缩空气顶压法是从上部送入压缩空气来防止乱层,气压维持在 $0.03\sim0.05\mathrm{MPa}$。逆流再生流速可以提高到 $4\sim7\mathrm{m/h}$ 而不乱层。但该系统需要增加空压机。

水顶压法的压实层高度,与空气顶压法一样,一般为 $120\sim150\mathrm{mm}$,不过是用水代替压缩空气顶压。关键是控制好上部顶压水流量和再生液流量的比例,水压为 $0.05\mathrm{MPa}$。如此,再生液流速可达 $4\mathrm{m/h}$(树脂)。

压缩空气顶压法逆流再生操作步骤如下:

(1)小反洗 交换器运行失效停止运行,反洗水从中间排水装置引进,经进水装置排走,冲去积聚在表面层及中间排水装置以上的污物。一般在几个循环后做一次。小反洗流速控制在 $5\sim10\mathrm{m/h}$,时间 $3\sim5\mathrm{min}$。如图 10-7(a)所示。

(2)排水 小反洗结束后,待压实层的颗粒下降后,开启空气阀和再生液出口阀,放掉中排管上部的水,使压实层呈干态。见图 10-7(b)。

(3)顶压 关闭空气阀和排再生液阀,开启压缩空气阀,从顶部通入压缩空气,并维持 $0.03\sim0.05\mathrm{MPa}$ 的顶压,以防乱层。见图 10-7(c)。

(4)再生 在顶压的情况下,开启底部进再生液阀门,使再生液以 $3\sim5\mathrm{m/h}$ 的流速从下部送入,随适量空气从中排装置排出。见图 10-7(d),再生时间一般为 $40\sim50\mathrm{min}$。

(5)逆流冲洗 当再生液进完后,关闭再生液阀门,开启底部进水阀,在有顶压的状态下,进水逆流冲洗,从中排装置排水。如图 10-7(e)所示。冲洗到出水指标合格为止,时间一般为 $30\sim40\mathrm{min}$。要用质量好的水,以免影响底部交换剂的再生程度。

(6)小正洗 停止逆流冲洗和顶压,放尽交换器内的剩余空气。从顶部进水,由中间排水装置放水,以清洗渗入压实层及其上部的再生液。见图 10-7(f),流速为 $10\sim15\mathrm{m/h}$,时间约为 $10\mathrm{min}$,如果一开始的出水水质就符合控制指标,可以省去小正洗。

(7)正洗 水由上部进入,向下进行正洗。见图 10-7(g),正洗流速 $15\sim20\mathrm{m/h}$,到出水符合给水标准,即可投入运行。

一般在交换器运行 20 个周期之后,要进行一次大反洗,以便除去交换剂层中的污物和破碎的交换剂颗粒。此时从交换器底部进水,从顶部排水装置排水。由于大反洗松动了整个交换剂层,所以大反洗后第一次再生时,再生剂用量应加大一倍。

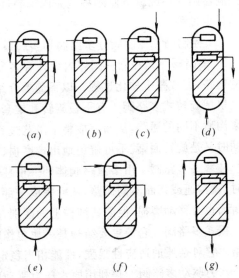

(a) (b) (c) (d)

(e) (f) (g)

图 10-7 气顶压法逆流再生操作示意图
(a)小反洗;(b)排水;(c)顶压;(d)再生;
(e)逆流冲洗;(f)小正洗;(g)正洗

水顶压法的操作过程为：小反洗、水顶压、再生、逆流冲洗、正洗、运行、定期大反洗等步骤。水压维持在0.05～0.1MPa，顶压水流量为再生液流量的1～1.5倍。

低流速法除去掉步骤2、3外其余相同，逆流流速控制在1.6～2m/h。

干压实层法则只是去掉了顶压步骤。将逆流速度适当降低。再生液流速为2～3m/h。

（三）钠离子交换软化系统

常用的钠离子交换系统有单级钠离子交换系统和双级钠离子交换系统。当原水总硬度小于等于6.5mmol/L时，经单级钠离子交换器软化后，可作为锅炉给水。当原水硬度大于6.5mmol/L时，单级钠离子交换系统的出水硬度往往不能满足锅炉给水水质要求，则应采用双级串联的钠离子交换系统，见图10-8。只要保证第二级交换器出水水质达到锅炉给水要求，就可以适当地降低第一级交换器出水标准。双级钠离子交换系统的主要优点是能降低耗盐量，缺点是设备费用比较高。

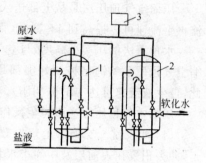

图10-8　双级钠离子交换系统
1——级钠离子交换器；2—二级钠离子交换器；3—反洗水箱

（四）全自动软水器

近年来，随着微机和自控技术的发展，市场上全自动钠离子交换器日益增多。由于其全自动操作，减轻了水质化验人员的劳动强度。该系统运行稳定可靠，占地面积小。提高了软化水设备的经济性，因而受到用户的好评。

全自动软水器一般由控制器、控制阀（多路阀或多阀）、树脂罐、盐液箱组成。

（1）控制器　控制器是指挥软水器自动完成全部运行、再生过程的控制机构，分时间型和流量型两种。时间型控制器配时钟定时器，到达指定的时间时，自动启动再生过程；流量型控制器则通用配流量监测系统完成控制过程，当软水器处理到指定的周期产水量时，自动启动再生过程。

（2）控制阀　控制阀分多路阀和多阀系统。

1）多路阀　是在同一阀体内设计有多个通路的阀门。根据控制器的指令自动开、断不同的通路，完成整个软化过程。以下简要介绍四种多路阀的特点。

机械旋转式多路阀　有平板旋转和锥套旋转两种。即利用两块对接平板或内外锥套旋转来沟通不同的通路，从而完成整个工艺过程。它结构简单，制造容易，但是因为它的密封面同时又是旋转面，就不可避免地出现磨损、划沟、卡位等现象。

柱塞式多路阀　由多通路阀体和一根柱塞组成。当电动机带动柱塞移动到不同的位置上时，就沟通或切断不同通路，从而完成全部运行过程。同机械旋转式多路阀一样，该阀的密封面也有移动磨损，但因其结构上的区别，磨损、划沟、卡位等现象有了相当程度的改善。

板式多路阀　它的主要结构是一块包橡胶阀板，靠弹簧和水力的作用，直接开断不同的通路。它对杂质的适应性很强，性能相当稳定可靠，故障率低。

水力驱动多路阀　是利用原水压力驱动两组涡轮分别带动两组齿轮，推动水表盘和控制盘的旋转。在计量流量的同时，分别驱动不同阀门的启闭，沟通不同通路，自动完成软水器的循环过程。由于阀门靠水压动作，而且水软化后才接触控制阀的传动机构，就确保了水力多路阀几乎没有磨损；又由于该阀不用电源，就杜绝了一切电气系统可能带来的故障。因此,这种多路阀具有很高的稳定性和耐用性。

2)多阀系统 由多个自动阀(液动、气动或电动的)组成,根据控制器的指令,完成各个通路的启闭,自动完成运行与再生的全过程。这类软水器不受管径的限制,控制条件比较灵活。但该系统对控制器自动阀的质量性能要求较高,设备价格相应较高,一般适用于40t/h以上的软水处理场合。

(3)树脂罐 即钠离子交换器。其材质主要有玻璃钢、防腐碳钢和不锈钢三种。玻璃钢材质防腐性能好、质轻、价廉;碳钢必须严格做好内衬防腐处理;不锈钢外观好看,但价格较贵,不是理想的材质。

多路阀系统可以是一个控制阀配一个树脂罐和一个盐液箱系统,也可以用一个控制阀配两个树脂罐和一个盐液箱。一备一用,实现连续供水。应注意入口水压不能满足要求时,(一般>0.2MPa),需加设管道泵加压。

(4)盐液箱 盐液箱内设有盐液阀控制盐液量。盐液是靠控制阀内设置的文丘里喷射器负压吸入的,因而不必另设盐液泵,减少了占地面积。

图10-9是一种柱塞式多路阀系统示意图。

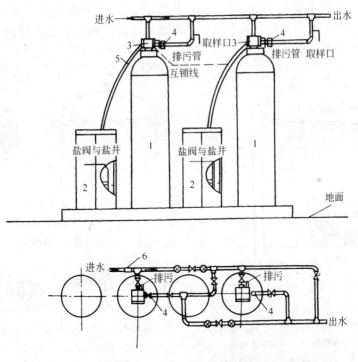

图 10-9 全自动软水器装配布置图

1—树脂罐;2—盐液箱;3—控制阀;4—流量计;5—吸盐管;6—过滤器

全自动软水器要有专人管理。管理人员应会设置调节装置,并对水质定期化验,及时发现问题并加以解决。全自动软水器每运行1~2年,要将树脂彻底清洗一次,即用盐酸、氢氧化钠交替浸泡,并用水洗至中性(体外清洗),以免因反洗不彻底导致树脂结块和偏流。

二、浮动床离子交换器及运行

(一)浮动床的原理及特点

浮动床与固定床运行方式不同,交换剂几乎装满整个交换器。运行时原水以一定的速度由下而上通过交换器。交换剂层被水流托起呈悬浮状态,故称之为浮动床离子交换器,简称浮动床。由于运行时原水与再生液的流向相反,因而浮动床具有逆流再生的优点,即出水质量好,再生剂耗量低。此外,它还具有运行流速高(可达 40~50m/h),产水量大,自耗水量少,设备比较简单等优点。

由于交换器内没有反洗空间,浮动床一般运行 15~20 个周期后需进行体外反洗,即将一半左右的交换剂送至体外清洗设备,用空气和水擦洗(需增加一套专门装置),其余的交换剂在体内反洗。浮动床应连续运行,不宜频繁地间断运行,否则易乱层。它适用于进水总硬度小于 4mmol/L,原水水质稳定,软化水出力变化不大,连续不间断运行的场合。

(二)浮动床的结构及运行

浮动床设备的结构见图 10-10。包括上部出水装置、下部配水装置、体内取样管及其他一些连接管。

上部出水装置兼作再生液分配与正洗布水装置。上部出水装置的形式常用的有多孔板式与弧形孔管式两种。

多孔板式上部出水装置(图 10-11)多用于直径≤1.5m 的带有法兰的离子交换器。在法兰中间夹有钢制的上多孔板。其下附有耐腐蚀涤纶滤网和硬聚氯乙烯塑料的下多孔板,并用螺栓将它们夹紧。

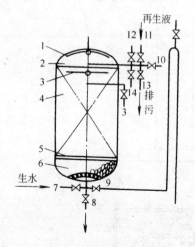

图 10-10 浮动床结构示意图

1—上部出水装置;2—惰性树脂层;3—体内取样口;
4—树脂层;5—水垫层;6—下部配水装置;
7—原水入口;8—下部排污口;9—下部排液口;
10—软水出口;11—再生液入口;12—正洗水入口;
13—上部排污口;14—上部取样口

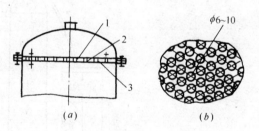

图 10-11 多孔板式上部装置

(a)组装图;(b)多孔板

1—上多孔板;2—滤网;3—下多孔板

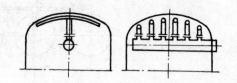

图 10-12 弧形孔管式上部装置

弧形孔管式(图 10-12)上部出水装置,由母管和弧形支管组成。在支管上钻孔,外包涤纶滤网,多用于直径大于 2m 的交换器。

为了防止破碎的树脂堵塞上部出水装置或从上部漏出,在上部出水装置之下设置 200~300mm 厚的惰性树脂层。一般为密度小于 1 的聚丙烯或聚苯乙烯泡沫塑料球。

浮动床树脂层的装填高度比固定床要高。树脂要尽量装满整个交换器。并在再生后起床运行时,树脂层下部维持不超过 100mm 厚的水垫层,这样才可以有效地防止乱层。如果再生后起床运行时下部无水垫层,说明树脂填装量过多,易造成树脂被挤碎,使出力降低。

下部配水装置采用弧形孔板上布石英砂垫层结构。在弧形孔板下部装一圆形塑料挡板,用以防止进水局部流速过高,冲乱石英砂垫层。

浮动床最高点装有排气管。在本体上、中、下部各设一个窥视孔,以便观察交换器内部树脂量及工作情况。

下部排再生液出口管上应接有倒 U 形管,以防再生或正洗时树脂层内侵入空气。倒 U 形管的最高点应高出交换器或其他管道最高点 200mm 以上,并与大气相通。无倒 U 形管时,在再生与正洗阶段要调整下部排污阀的开启度,保持交换器内压力在 0.05MPa(0.5 表压)以上,以防漏入空气。

浮动床操作简单。树脂失效后,停止软化,放掉床中的水即可进行还原。然后从上向下进行正洗,最后从下向上进行逆洗即可。

三、流动床离子交换设备及运行

固定床离子交换器虽然运行可靠,但它是间歇运行的,为了保证连续供水,就要设置备用交换器。流动床则是完全连续工作的系统,能满足连续供水的要求。

流动床离子交换系统主要由交换塔和再生清洗塔组成,如图 10-13 所示。

流动床的工艺流程分为软化、再生和清洗三部分,并配有再生液制备和注入设备及流量计等。

(一)软化过程

软化过程是在交换塔中进行的。交换塔通常由三块塔板分隔为四层,每块塔板中心设有浮球装置。围绕浮球装置设置若干个过水单元。运行时,原水从交换塔底部送入向上流动,通过每层塔板上的过水单元(图 10-14),在均匀上升的同时,与从塔顶送入并通过浮球装置逐层下落的树脂接触,进行逆向流动交换。软水从塔顶部溢出,进入软水箱。饱和(失效)的树脂最后落入塔底部。

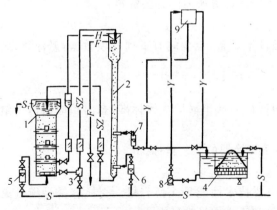

图 10-13 流动床离子交换系统流程

1—交换塔;2—再生清洗塔;3—树脂喷射器;4—再生液制备槽;

5、6、7—转子流量计;8—再生液泵;9—高位再生液箱;

S—原水管;Y—再生液管;H—树脂回流管;

S_r—软水出口;SZ—树脂流动管;F—再生废液管

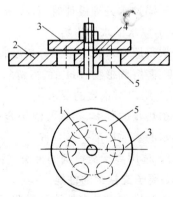

图 10-14 阻留式过水单元

1—螺栓孔;2—扇形或圆形挡板;

3—阻留盖板;4—硬塑料垫板;5—过水孔

运行时,塔板中心浮球装置内的浮球被上升水流托起,使树脂从浮球与塔板间的空隙逐层下落;停止运行时,浮球立即下落,将浮球孔关闭。过水孔上部的阻留盖板截住树脂,树脂沉降在各层塔板上,而不会落入下层,可以防止树脂漏落而乱层。

（二）再生过程

饱和树脂的再生是在再生清洗塔的上部进行的。失效树脂在交换塔底由水力喷射器送到再生清洗塔顶部,依次经过回流斗、贮存斗、再生段,与自下而上流动的再生液逆流而得到再生。再生液从再生段底部送入,向上流动,与失效树脂交换后变成废液,从贮存斗上部的废液管排出。废液通过贮存斗时,充分地利用了其残余的再生能力,从而降低了再生液耗量。

（三）清洗过程

树脂在再生段再生后下落到再生塔下部的清洗段,与自下而上的清洗水逆向接触,洗去再生产物和残存的再生液后,进入清洗段底部,被水压送到交换塔顶部。清洗水从清洗段进入后,分成两股水流,一股向上流动,清洗树脂,流入再生段后就作为再生液的稀释液;另一股向下流动,输送清洗好的树脂。以上各个过程是同时并连续进行的。用转子流量计计量原水、再生液及清洗水的流量,靠位差、重力及水力喷射器控制,需对不同的出水量和原水量耐心调整,取得经验后,才能确保其连续稳定地运行。

流动床离子交换装置是敞开式的,不承受压力。可用塑料制作,设备简单,可连续出水、出水质量好、再生剂用量省、操作简单,便于自动化管理。但是由于再生清洗塔的安装高度一般高于 7m,另外它对原水质量和流量变化的适应性差,树脂输送平衡不易掌握,运行调整较为麻烦。因此,它适用于进水硬度小于 4mmol/L,原水质量稳定,流量变化小和操作水平高、维修能力较强的中小型锅炉房。

第六节　离子交换设备的选择计算

一、资料的搜集

进行锅炉水处理设计时,首先应搜集以下设计计算所需的有关资料:

（一）原水的水质资料

应取得原水水质的全部分析资料。如条件不具备,至少应有下列几项数据:悬浮物、硬度、碱度、溶解固形物、pH 值、溶解氧含量。

（二）用户对水质的要求

根据热媒的种类、参数及锅炉容量,采用现行的低压锅炉水质标准,查出相应的锅炉给水及锅水的水质标准。

（三）选用离子交换剂的种类、特性及离子交换器的工艺指标。

二、离子交换剂的性能

离子交换剂的基本性能详见附录 8,其主要技术性能是交换容量。交换容量是衡量离子交换剂交换能力大小的指标,有全交换容量和工作交换容量之分。

全交换容量是指单位质量的离子交换剂,完全失效时所能吸收硬度物质的量,单位为 mol/g。

实际工作时,对软化水出水硬度有一定的要求。达到此硬度时,虽然尚有部分交换剂具有一定的交换能力,也要停止交换进行再生,按此时计算的离子交换剂的交换能力称为工作交换容量,单位为 mol/m^3(湿树脂)。显然工作容量比全交换容量要低。即使同一类型的交换剂,工作交换容量也是个变值。它与许多因素有关:原水水质和软水控制标准;交换剂粒度和交换剂层高度;再生方式;交换器的构造及运行条件等等。为了在选型时把上述有关因素及相互制约的关系、对工作容量的影响都考虑进去,设计部门通过总结运行数据,制定了交换器的工艺计算指标,指导设计选型。

固定床离子交换器设计参考数据见附录9。

三、软化水量的确定

锅炉正常运行时,每小时需要的补给水量即是需要软化的水量,也称为水处理设备的出力。软化水量可按下列各项损失消耗量计算确定:蒸汽用户的凝结水损失;蒸汽锅炉排污水损失,一般不大于锅炉额定蒸发量的 10%;锅炉房自用蒸汽的凝结水损失;室外蒸汽管道和凝结水管道的漏损;热水供暖系统的补给水量;其他用途的软化水量;水处理设备的自耗软水量;水处理装置的富裕量。

四、离子交换器工艺计算举例

【例 10-1】 某厂新建锅炉房,设置二台 SHL6-1.25-A Ⅱ锅炉,凝结水回收率 K 为 55%,锅炉排污率 $P=6.64\%$,原水总硬度 $H_0=5.36mmol/L$。

选用固定床逆流再生钠离子交换器,采用 001×7 型树脂。从表 10-1 蒸汽锅炉水质标准查得,锅炉给水允许硬度 $H\leqslant0.03mmol/L$,试计算交换器的运行数据。

【解】 见下表:

序号	名　　　称	符号	单　位	计　算　公　式	数　值	备　注
1	总软化水量	D_{zr}	t/h	$D+D_p-KD$ $=12+0.066\times12-0.55\times12$	6.19	K—凝结水回收率
2	软化速度	v	m/h	查附录9	20	
3	总软化面积	F	m^2	$D_{zr}/v=6.19/20$	0.31	
4	交换器同时工作台数	n	台	选 2 台 $\phi750$ 交换器,1台再生备用	1	
5	交换器截面积	F_1	m^2	$0.785\phi^2=0.785\times0.75^2$	0.442	
6	实际软化速度	v_1	m/h	$D_{zr}/F_1=6.19/0.442$	14	
7	树脂工作交换容量	E	mol/m^3	001×7	1000	查附录9
8	交换剂层高度	h_1	m	交换器产品规格	1.50	查附录10
9	压实层高度	h_2	m	交换器产品规格	0.20	
10	交换层体积	V	m^3	$V=F_1h_1=0.442\times1.50$	0.663	
11	树脂总装填量	G	kg/台	$\rho(h_1+h_2)F_1=800\times1.7\times0.442$	601	ρ—树脂视密度
12	交换器工作容量	E_0	mol/台	$E_0=EV=1000\times0.663$	663	
13	软化水产量	V_c	m^3/台	$\dfrac{E_0}{\Delta H}=\dfrac{663}{5.36-0.03}$	124.39	ΔH—交换器进出水硬度差
14	再生置换软化水自耗量	V_1	m^3/(台·次)	查资料	0.7	
15	软化供水量	V_g	m^3/台	$V_c-V_1=124.39-0.7$	123.69	

序号	名 称	符号	单位	计 算 公 式	数 值	备 注
16	交换器运行延续时间	T	h	$\dfrac{nV_g}{D_{zr}}=\dfrac{1\times123.69}{6.19}$	19.98	
17	再生剂单耗量	b	g/mol	附录9	100	
18	再生一次耗盐量	B_y	kg/台	$bE_0/\varphi=100\times663/0.96\times1000$	69.06	φ—工业用盐纯度 0.96~0.98
19	还原液浓度	C_y	%	附录9	7	
20	再生一次稀盐液体积	V_y	m³	$B_y/10C_y\rho'_y=69.06/10\times7\times1.04$	0.95	ρ'_y—盐液密度 1.04t/m³
21	配制再生液用水量	V_z	m³	$V_y-B_y/1000\rho_y=0.95-69.06/1000$ $\times0.8$	0.86	ρ_y—盐的密度 0.8t/m³
22	再生时间	t_z	min	$60\times V_y/F_1v_2=60\times0.95/0.442\times3$	42.99	v_2—再生流速
23	再生用清水总耗量	V_h	m³/(台·次)	查资料	4.17	
24	每台交换器周期总耗水量	ΣV	m³/台	$V_g+V_h+V_z=123.69+4.17+0.7$	128.56	
25	交换器进水小时平均流量	V_p	m³/h	$\dfrac{n\Sigma V}{T}=\dfrac{1\times128.56}{19.98}$	6.43	
26	交换器正洗流速	v_3	m/h	附录9	20	
27	交换器进水小时最大流量	V_{max}	m³/h	$(nv_1+v_3)F_1=(1\times14+20)\times0.442$	15.03	

每台离子交换器运行时间一般为12~24h。时间选得太短,虽然可以节省投资,但是再生频繁,劳动强度大,运行难以稳定。如计算得出的运行时间太短,则应对运行速度、树脂装填量等方面进行调整。

固定床离子交换器的设置不宜少于两台,其中一台为再生时备用。当软化水的消耗量较小时,可设置一台。其设计出力,应满足交换器运行和再生时的软化水需要量,且软化水箱容量应大于$2\sim2.5D_{zr}$。利用交换器的富裕能力和水箱的贮水量来应付特殊情况。

第七节 食盐溶液制备系统

工业锅炉房常用的盐液制备系统有以压力溶盐器为主要设备的和盐液池配盐液泵的两种系统。

一、盐溶解器

压力式盐溶解器为密闭钢制容器,内涂防腐层。装有滤粒(石英砂,大理石或无烟煤),起溶解食盐和对盐水进行过滤的双重作用。其构造如图10-15所示。

盐溶解器的容量常以可溶盐量表示。选用时则按需溶盐量进行选择。

盐溶解器设备简单,但盐液浓度变化大,不易控制。开始时盐液浓度高,而后浓度逐渐降低。适用于小型离子交换器。为了控制盐液浓度,有采用盐溶解器配盐溶液池的,以便在池中配制标定的浓度。

图 10-16 中的盐液泵既可将再生液送入盐液过滤器,又可对稀盐液池进行搅动,使盐液浓度均匀。

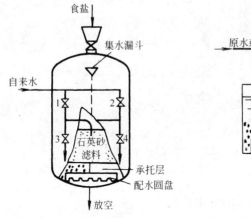

图 10-15 食盐溶解器

1—反洗水;2—进水;

3—食盐水出口;4—反洗排水

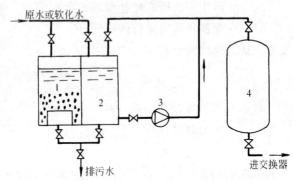

图 10-16 泵输送的盐液再生系统

1—食盐溶解槽;2—稀盐液计量箱;

3—盐液泵;4—盐液过滤器

二、盐溶液池系统

盐溶液池盐液制备系统是当前工业锅炉房用得最多的系统。盐溶液池包括浓盐液池和稀盐液池各 1 个。

浓盐液池用于湿法贮存并配制饱和浓度的盐溶液(室温时浓度为 $23\% \sim 26\%$)。其有效容积按运输条件考虑,一般为 5~15 天的食盐消耗量(当浓盐池底部设有慢滤层时,应扣除这部分容积)。稀盐液池用来配制所需浓度的盐液。其有效容积至少应满足最大一台钠离子交换器再生一次所用的盐液量。盐液池一般用混凝土制成。两池用多孔隔板或底部连通管连通。为了防腐在池内壁贴瓷砖或用玻璃钢、塑料板做内衬。也有水处理设备厂家配套供应塑料盐溶液箱的。

配制盐液时,先将食盐放入浓盐液池加水(最好是软化水)溶解。盐液经浓盐液池底部的砂石过滤层过滤,经连通管流到稀盐液池。用比重计指示的加水量向稀溶液池加水,使盐液达到所需要的浓度。

由于浓盐液基本是饱和溶液,在一定温度下有固定的百分比含量,故可以用体积比的关系,使每次浓盐液渗到稀盐液池的量恒定。同时,每次加入稀盐液池的水量也就恒定了,使配制工作简化。如果对盐液品质要求更高些,还可以让稀盐液经过滤器过滤后,再输往离子交换器,如图 10-16 所示。

盐液泵为耐腐蚀塑料泵,一般不设备用泵。

盐溶液池容积及盐液泵流量的确定:

(1)稀盐液池的有效容积 V_1:

$$V_1 = 1.2 V_y \quad m^3 \tag{10-1}$$

式中 V_y——再生一次所需稀盐液体积,m^3;

（2）浓盐液池的有效容积 V_2：

$$V_2 = \frac{24B_y K}{T\rho_y} \quad \text{m}^3 \tag{10-2}$$

式中　K——存盐天数，一般为 $5\sim15$ 天；

$\quad\quad\rho_y$——食盐的视密度，按 800kg/m^3 计算；

$\quad\quad B_y$——再生一次所需耗盐量，kg/台；

$\quad\quad T$——交换器延续运行的时间，h。

（3）盐液泵的流量 Q_y：

$$Q_y = \frac{1.2B_y \times 60 \times 100}{1000t_2 C_y \rho'_y} = \frac{7.2B_y}{t_2 C_y \rho'_y} \quad \text{m}^3/\text{h} \tag{10-3}$$

式中　C_y——盐液浓度百分数，%；

$\quad\quad t_2$——还原时间，min；

$\quad\quad\rho'_y$——盐液的密度，t/m^3。

盐液泵的扬程一般为 $0.10\sim0.2\text{MPa}（10\sim20\text{m}$ 水柱）。

【例 10-2】　计算例 10-1 中锅炉房水处理系统中的浓、稀盐液池的容积，并选择盐液泵。

【解】　该再生系统设浓、稀盐液池各一个。

稀盐液池的有效容积 V_1：

$$V_1 = 1.2V_y = 1.2 \times 0.95$$
$$= 1.14\text{m}^3$$

浓盐液池的有效容积 V_2：

$$V_2 = \frac{24B_y K}{T\rho_y}$$

$$= \frac{24 \times 69.06 \times 5}{19.98 \times 800} = 0.52\text{m}^3$$

盐液泵的流量 Q_y：

$$Q_y = \frac{7.2B_y}{t_2 C_y \rho'_y}$$

$$= \frac{7.2 \times 69.06}{42.99 \times 7 \times 1.04} = 1.59\text{m}^3/\text{h}$$

选用一台 103 型塑料泵，流量为 $4\sim10\text{m}^3/\text{h}$，扬程为 $0.11\sim0.04\text{MPa}$，功率 0.75kW。

第八节　锅炉给水的其他软化法

工业锅炉给水的软化处理，除了广泛应用的离子交换软化的方法外，还有许多别的方法。这些方法在锅炉软化过程中都各有其特点和适应性。本节主要介绍几种小型锅炉房适用的水处理方法。

一、简易沉淀软化法

在"水质指标"中曾介绍过，OH^- 和 HCO_3^- 在水中不能共同存在，所以增加 OH^- 碱度可去除暂时硬度。OH^- 可以通过外加石灰乳 Ca(OH)_2 获得。用石灰乳进行软化的方法称为"石灰法"。其反应过程为：

$$Ca(HCO_3)_2 + Ca(OH)_2 = 2CaCO_3 \downarrow + 2H_2O$$
$$Mg(HCO_3)_2 + 2Ca(OH)_2 = 2CaCO_3 \downarrow + Mg(OH)_2 \downarrow + 2H_2O$$
$$MgCl_2 + Ca(OH)_2 = Mg(OH)_2 \downarrow + CaCl_2$$
$$MgSO_4 + Ca(OH)_2 = Mg(OH)_2 \downarrow + CaSO_4$$
$$CO_2 + Ca(OH)_2 = CaCO_3 \downarrow + H_2O$$

通过石灰法软化给水只能消除暂时硬度,所以常用石灰与纯碱(碳酸钠)联合处理,去除永久硬度。其反应如下:

$$CaSO_4 + Na_2CO_3 = CaCO_3 \downarrow + Na_2SO_4$$
$$MgCl_2 + Na_2CO_3 = MgCO_3 + 2NaCl$$
$$MgCO_3 + Ca(OH)_2 = CaCO_3 \downarrow + Mg(OH)_2 \downarrow$$

对于小型工业锅炉房,可采用如图 10-17 所示的简易沉淀软化系统。

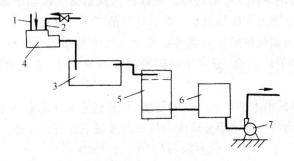

图 10-17　简易沉淀软化法
1—加药管;2—生水管;3—沉淀池;
4—混合器;5—过滤池;6—水箱;7—水泵

石灰、纯碱和水在混合器中作用后生成沉淀,再流入沉淀池使泥渣沉降,然后水流过自然压力式过滤池进行过滤,软化水送入水箱。沉淀池和过滤池可以用砖砌成,表面抹一层防水水泥砂浆。

通常对硬度高、碱度高的水采用石灰软化法;对碱度低、硬度高的水采用石灰-纯碱软化法。经石灰-纯碱软化后的水,其硬度可以降至 $0.15\sim0.2\text{mmol/L}$。

石灰-纯碱加入量可按下式估算:

(一) 石灰用量 G_1

$$G_1 = \frac{28}{\varepsilon_1}[(CO_2) + A_{总} + H_{Mg} + K_1] \quad \text{mg/L} \tag{10-4}$$

式中　G_1——需投加的工业石灰量,mg/L;

28——1/2 CaO 的摩尔质量,g/mol;

$[CO_2]$——原水中 CO_2 的浓度($1/2CO_2$ 计),mmol/L;

ε_1——工业石灰纯度,%,一般为 $50\%\sim80\%$;

$A_{总}$——原水总碱度,mmol/L;

H_{Mg}——原水镁硬度($1/2Mg^{2+}$ 计),mmol/L;

K_1——石灰过剩量,mmol/L(一般为 $0.2\sim0.4$)。

(二) 纯碱用量估算

$$G_2 = \frac{53}{\varepsilon_2}(H_{FT} + K_2) \quad \text{mg/L} \tag{10-5}$$

式中　G_2——纯碱投加量，mg/L；

$\quad\quad$ 53——$1/2Na_2CO_3$ 的摩尔质量，g/mol；

$\quad\quad\varepsilon_2$——工业纯碱的纯度，%，一般为 95%；

$\quad H_{FT}$——原水永久硬度，mmol/L；

$\quad\quad K_2$——纯碱过剩量（$1/2Na_2CO_3$ 计），mmol/L，（一般取 $1.0\sim1.4$mmol/L）。

二、锅内加药水处理

锅内加药处理就是向锅炉（或给水箱）内投加药剂，使水中结垢物质生成松散的水渣，通过排污排除，以达到防止或减轻锅炉结垢和腐蚀的目的。

（一）纯碱法

纯碱是工业碳酸钠 Na_2CO_3 的俗称。纯碱进入汽锅后在高温下水解，可使锅水的 pH 值保持在 $10\sim12$ 的范围内并保持锅水中含有过剩的 CO_3^{2-}。原水中的暂时硬度在锅内受热分解，在碱性环境中生成松散的沉渣随排污排出。水中的永久硬度与 Na_2CO_3 解离生成的 CO_3^{2-} 和水解生成的 OH^- 结合，分别生成碳酸钙和氢氧化镁，形成水渣排出，达到防垢的目的。

纯碱法主要是降低锅水中非碳酸盐的硬度，补充锅水碱度的损失和不足。碳酸盐硬度在锅内自行分解，加药后不计这部分硬度。故加药量按下列公式计算：

$$G_0 = 53(H - A + A_0) \times W \tag{10-6}$$

$$G_1 = 53(H - A + A_0P) \tag{10-7}$$

$$G_2 = 53(A_0 - A_{测}) \times W \tag{10-8}$$

式中　G_0——锅炉开始运行时的加碱量，g；

$\quad\quad G_1$——锅炉正常运行时的加碱量，g/m³；

$\quad\quad G_2$——锅水碱度低于正常值时的加碱量，g；

$\quad\quad W$——锅炉的标准水容积，m³；

$\quad\quad H$——给水硬度，mmol/L；

$\quad\quad A$——给水碱度，mmol/L；

$\quad\quad A_0$——水质标准规定的锅水碱度，mmol/L；

$\quad A_{测}$——实际测定的锅水碱度，mmol/L；

$\quad\quad P$——锅炉排污率，%。

锅炉每日用碱量：

$$G_3 = nQ \cdot G_1 + G_2 \tag{10-9}$$

式中　G_3——锅炉运行时，每天加药量，g；

$\quad\quad n$——锅炉每天给水时间，一般为 24 小时，h；

$\quad\quad Q$——锅炉给水量，t/h。

纯碱法适用于 $P > 0.2$MPa 且 $P < 1.3$MPa 的锅炉。当锅水碱度在 $8\sim20$mmol/L，pH 值在 $10\sim12$ 时，用纯碱处理效果较好，可以防止新垢生成使老垢脱落。处理费用低，加药设备简单，操作方便，运行可靠。

（二）有机胶法

国内常用的橡椀栲胶、柞木、烟秸都属于有机胶体,其中含有单宁(苯鞣酸)。有机胶体加入锅水中后有以下几种作用:

(1)在金属表面形成电中性的绝缘保护膜,从而破坏金属和钙、镁盐类之间的静电吸引作用,钙、镁盐类只能以水渣的形式沉淀下来。

(2)含有单宁的有机胶体物质在碱性溶液中能与氧结合,减少氧对金属的腐蚀。

(3)有机胶体包围在钙盐质点的外层,形成隔离薄膜,抑制质点的生长增大,使其易生成沉淀。

锅内加入胶体物质的剂量,不需要按水质精确计算,可以根据锅炉运行经验而定。

（三）综合防垢剂法

将氢氧化钠、碳酸钠、磷酸三钠和栲胶几种药剂配合使用组成综合防垢剂。视锅炉给水水质情况,按不同配比混合后投入锅炉进行锅内处理。综合防垢剂利用了几种药剂的综合效应,所以防垢效果比较明显。

表 10-4 列出了防垢剂用量经验数值,供参考。

综合防垢剂用量　　　　　　　　　　　　　　　表 10-4

每吨水用药量 (g/t)	原水硬度(以 CaCO₃ 表示)(mmol/L)								
	0.5	0.75	1.0	1.25	1.5	1.75	2.0	2.25	2.50
磷酸三钠	8.4	9.4	10.4	11.4	12.4	13.4	14.4	15.4	16.4
纯　碱	12.8	14.8	16.8	18.8	20.8	22.8	24.8	26.8	28.8
栲　胶	2	2	2	2	2	2	2	2	2

锅内加药有两种方法:一是间断加药,二是连续加药。小锅炉采用间断加药的较多,即每隔一定时间,向锅水或给水加药。可采用低压侧注入的方式加药,见图 10-18、图 10-19。这种方式操作简单,但较难保持锅水的碱度,且在给水管路有结渣现象。所以,一般在无省煤器或省煤器前给水温度不大于 70～80℃时采用。

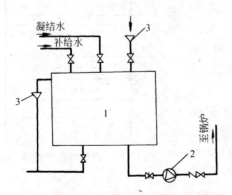

图 10-18　直接在给水箱注入药剂系统
1—给水箱;2—给水泵;3—漏斗

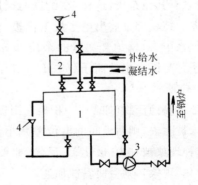

图 10-19　利用加药器注入药剂系统
1—给水箱;2—加药器;3—给水泵;4—漏斗

锅内加药水处理设备简单、投资少、操作方便,适用于额定蒸发量小于 2t/h 的锅炉,或额定热功率不大于 4.2MW 的热水锅炉。锅炉运行中要加强排污管理,以免锅炉底部出现泥渣堵塞现象。必须先排污后加药,不可加药后立即排污。

三、电渗析水处理

电渗析是一种电化学除盐方法。其工作原理如图 10-20 所示。它是利用阴、阳离子膜对水中杂质的阴、阳离子有选择地渗透，使水中的阴、阳离子和水分离，汇集一起被排掉，从而达到使水除盐的目的。

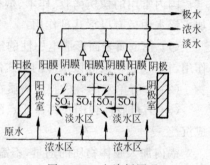

图 10-20　电渗析原理

电渗析设备是由阳膜、阴膜交替组成的许多水槽，以及设在两边的通有直流电的阳、阴两极板组成。当水流通过时，由于电场的作用，水中盐类的阴、阳离子分别向阳、阴两极迁移；阳膜带负电只允许阳离子透过，阴膜只允许水中的阴离子透过。结果使各槽中水的含盐量发生变化，水槽相间隔地形成淡水槽和浓水槽。把淡水汇集引出即得到除盐水，而浓盐水汇集引出后则排掉。把两极室的水引出后相互混合，使其中的酸、碱得以中和。

一对电极之间所有膜对称为一"级"；一定数量的膜对全部并联起来称为一"段"。增加级数可以降低电压；增加段数可以使原水流程增加，提高出水质量。单段脱盐率一般为 $60\%\sim75\%$；两段以上可达 $75\%\sim95\%$。

电渗析不仅可以除盐，同时也能软化和除碱。但单纯用电渗析出水达不到锅炉给水标准，通常作为预处理和钠离子交换联合使用。对于某些沿海城市，使用电渗析技术预处理除盐，在海水倒灌江河期间，虽然原水含盐量增加了，但仍能够保证锅炉给水符合要求。浓水部分经循环浓缩后可作钠离子交换剂的再生剂，节省耗盐量。

第九节　锅炉给水的除氧

锅炉金属的腐蚀主要是电化学腐蚀。锅炉的给水和锅水都是电解质。由于锅炉的金属壁不可能都是纯铁，总含有其他杂质，这样，在纯铁与杂质之间就会产生电位差。纯铁部分放出电子成为阳极，铁离子会不断溶解到锅水中去；锅炉金属壁的杂质部分就成为阴极，得到电子并与锅水中的离子（如 H^+）结合被不断除去，如图 10-21 所示。

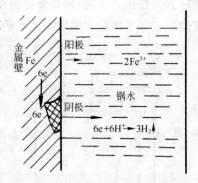

图 10-21　锅炉电化学腐蚀

如果腐蚀产物（如 Fe^{3+}）积聚在阳极，或电子积聚在阴极未被除去，则两极间的电位差减小使腐蚀滞缓或停止，这种现象被称为"极化"。反之，如果消除极化（称为"去极化"现象），则会使腐蚀加速。

$pH<7$ 时，水中有较多的 H^+，H^+ 是阴极的去极化剂，会加速腐蚀：

$$2e+2H^+ \longrightarrow H_2 \uparrow$$

同时，酸性水会使金属氧化保护层溶解，也会加速腐蚀。

水中溶解氧也是阴极去极化剂，会加速腐蚀：

$$O_2+4e^-+2H_2O \longrightarrow 4OH^-$$

可见为了避免或减轻锅炉金属的电化学腐蚀，必须控制锅水的 pH 值，保持锅水有一定的碱度,还要对给水进行除气(O_2、CO_2)。

从气体溶解定律可知,气体在水中的溶解度与该气体在气水界面上的分压力成正比,与水温成反比。在敞开的设备中将水加热,随着水温升高,气水界面上的水蒸气分压力也增大,其他气体的分压力降低,其他气体在水中的溶解度减小。当水达到沸点时,气水界面上的水蒸气分压力与外界压力相等,其他气体的分压力都趋于零,水中溶解气体的含量也趋于零。这是热力除氧的工作原理。

也可采用抽真空的方法(真空除氧)使水温达到沸点,除去氧气。还可使界面上的空间充满不含氧的气体来使气水界面上的氧气分压力降低,除去氧气(即解吸除氧)。此外,还可以采用加药法消除水中溶解氧(化学除氧)。

一、热力除氧

用加热的方法来除氧的设备称为热力除氧器。

如图 10-22 所示的喷雾填料式热力除氧器是比较常用的除氧器。它由除氧头和除氧水箱两部分组成。给水由除氧头上部的进水管进入,进水管又与互相平行的几排带有喷嘴的喷水管连接。水通过喷嘴被喷成雾状,要求喷嘴进水压力为 0.15～0.2MPa。除氧头下部有两层孔板,孔板之间装有不锈钢填料(也称 Ω 元件)。雾状水滴经填料层后落到水箱里。

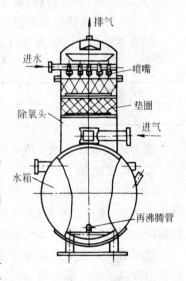

图 10-22 喷雾填料式除氧器

蒸汽由除氧头下部的进汽管送入向上流动。析出的气体及部分蒸汽经顶部的圆锥形挡板折流,由排气管排出。排气阀开度大小要合适,过大会造成蒸汽浪费,过小会影响除氧效果。因此,需通过反复调整,维持其最佳开度。

给水在除氧器内先是被喷成雾状与蒸汽相遇被加热,具有很大的表面积,有利于氧气从水中逸出。后又在填料层中呈水膜状态被加热,与蒸汽有较充分的接触,且填料还有蓄热作用,所以除氧效果较好,对负荷波动的适应性强。

除氧器进水管设有水位调节阀自动调节给水量,保持连续均匀地进水,使水位维持在正常范围内。为了保持除氧头内压力稳定,进口蒸汽管上装设蒸汽压力自动调节阀,自动调节进入的蒸汽量,以保证水的加热沸腾。除氧器上还设有安全阀,以防止除氧器内压力超过规定值。除氧水箱底部设有出水管和放水管。

与除氧头相连的水箱内设有辅助蒸汽加热管,将残余气体进一步分离出来。辅助加热管用汽量一般为除氧头加热用汽量的 10%～20%或更多些。水箱内留有一定散气空间,为此水箱水位不宜过高。对进水温度的要求见表 10-5。

各类热力除氧器对进水水压、水温的要求 表 10-5

热力除氧器类型	水压(MPa)	水温(℃)
溅盘式		70
喷雾式(部分补给水)	0.15～0.2	40
喷雾式(全部补给水)	0.15～0.2	20

工业锅炉房蒸汽锅炉常采用的是大气式热力除氧器。除氧器内的压力略高于大气压（一般为 0.02MPa），以便于逸出的气体能够顺利排出，工作温度为 104℃。

大气式热力除氧器应设置在锅炉给水泵的上方。除氧水箱最低水位与给水泵中心线间的高差不应小于 6～7m，以免水泵入口处发生汽化现象。

大气式热力除氧的耗汽量可按式（10-10）计算：

$$D_q = \frac{G(h_2 - h_1)}{(h_q - h_2) \times 0.98} + D_x \quad \text{kg/h} \tag{10-10}$$

式中　G——除氧器最大进水量，kg/h；

h_1、h_2——除氧器进、出口水的焓，kJ/kg；

h_q——进入除氧器蒸汽的焓，kJ/kg；

0.98——除氧器效率；

D_x——排汽中蒸汽损失量，kg/h（具有排汽冷却器时为总耗汽量的 5％～10％，当无排汽冷却器时不超过 1％）。

除氧器加热耗汽量可查表 10-6 取得。

除氧器加热耗汽量　　　　　　　　　　　　　表 10-6

进除氧器的水温（℃）	40	50	60	70	80	90
耗汽量［kg 汽/（t·h）水］	150	125	100	75	55	35

热力除氧器规格及性能见附录 11。

二、真空除氧

真空除氧是利用抽真空的办法使水面上的压力低于大气压（如真空度 80～93kPa），降低水的沸点，使水在常温（60～35℃）下沸腾，水中的溶解气体析出，来达到除氧的目的。显然，真空度越高，水中残余气体越少。

除氧器内的真空度可通过蒸汽喷射器或水喷射器来实现。如图 10-23 所示为低位水喷射真空除氧系统。需要除氧的软化水由水泵加压，经过换热器，加热到除氧头内相应压力下的饱和温度以上 0.5～10℃，然后进入除氧器。由于被除氧的水有过热度，故一部分汽化，其余的水处于沸腾状态，水中的溶解气体便解析出来。气体随蒸汽一起被喷射器引出除氧器外，送入敞开的循环水箱中。喷射用水可循环使用。除氧水通过引水泵引出，由锅炉给水

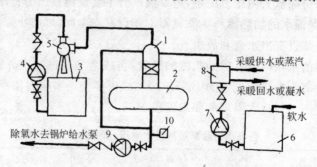

图 10-23　低位水喷射真空除氧系统

1—真空除氧器；2—除氧水箱；3—循环水箱；4—循环水泵；

5—水喷射器；6—软化水箱；7—软化水泵；8—换热器；

9—引水泵机组；10—溶解氧测定仪

泵送入锅炉。

图 10-24 是整体式低位水喷射真空除氧器。它将除氧器、进水加热器、水喷射器、循环水箱等部分组成一个整体,占地面积小,安装费用少。并采用真空泵引水,可实现低位安装,节省投资,安装维修方便。设备配置了无触点液位自控报警器、温度调节器、负压变送显示仪,可在控制柜上直接观察设备的运行状况及运行效果。设备运行稳定可靠,不需专人操作,使用方便。

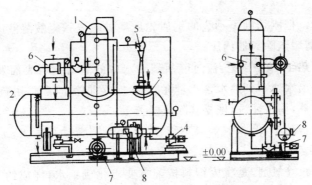

图 10-24 整体式低位水喷射真空除氧器

1—真空除氧器;2—除氧水箱;3—循环水箱;4—循环水泵;
5—水喷射器;6—换热器;7—引水泵组;8—溶氧测定仪

与大气式热力除氧相比,真空除氧的优点是:蒸汽用量少或不用蒸汽,蒸汽锅炉出力可全部利用,解决了无蒸汽场合的除氧问题;给水温度较低,便于充分利用省煤器,降低锅炉的排烟温度;可实现低位安装,节省投资。只要负荷稳定或自控仪表可靠、系统严密,一般都能取得较好的效果。真空除氧器主要技术参数见附录12。

三、解吸除氧

解吸除氧是将不含氧的气体与待除氧的软水强烈混合,使水中的溶解氧析出扩散到无氧气体中去,来达到除氧的目的。

图 10-25 为解吸除氧系统图。软水经水泵加压到 0.4~0.5MPa,送至喷射器高速喷出,将由反应器来的无氧气体吸入,并与之强烈混合,软水中的氧气向无氧气体中扩散。然后流入解吸器中,水与气体分离。挡板用来改善分离条件,减少水分的携带。无氧水从解吸器流入无氧水箱;含氧气体从解吸器上部经冷却器、汽水分离器后,进入反应器中。反应器中装有催化脱氧剂,采用自动控制温度电加热至 300℃ 左右。在反应器中氧气与催化脱氧剂反应,将氧气消耗,形成 CO_2。不含氧气体被喷嘴吸走,往复循环工作。无氧水箱可用胶囊密封,保证无氧水不与空气接触。

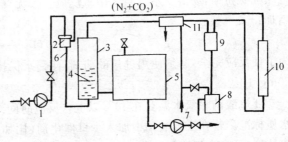

图 10-25 解吸除氧系统图

1—除氧水泵;2—喷射器;3—解吸器;4—挡板;5—水箱;
6—混合管;7—锅炉给水泵;8—水封;9—汽水分离器;
10—反应器;11—冷却器

解吸除氧可在常温下除氧,初投资和运行费用较低。要求喷射器前水压在 0.3MPa 以上,水温 40~60℃,解吸器内水位不超过其高度的 1/3。

但解吸除氧存在以下问题：只能除氧，不能除其他气体；除氧后水中的 CO_2 含量有所增加，pH 值降低 $0.2\sim0.3$；产品质量及催化脱氧剂差异很大，造成使用效果不一致；锅炉要间歇补水，但除氧器要连续运行，故浪费电力。

四、化学除氧

向水中加入化学药剂，或让水流经装有吸氧物质的过滤器，除去水中氧气的方法称为化学除氧。

（1）钢屑除氧 把刚切削下不久的钢屑先后经过碱液和硫酸溶液进行处理，并用热水冲去酸液后，将钢屑装入除氧器内压紧。

要除氧的水加热至 70℃ 以上，流过除氧器。水中的氧与钢屑表面发生氧化反应，使出水含氧量降低。当出水达不到给水含氧量标准时，应立即停止除氧，用硫酸或盐酸溶液浸泡约 30 分钟，放掉酸液，用水冲洗，恢复其除氧能力。

钢屑除氧器设备简单，但除氧效果不稳定，更换钢屑劳动强度大，而且给水要求加温。近年来已很少采用。

有一种活化钢粒除氧剂，是将废钢料按配方要求化成钢水，浇成约 $3\sim5mm$ 不规则的球状钢粒，经碱洗再经活化处理而成。将钢粒装入内涂搪瓷防酸的除氧器。水温在 40℃ 以上，水流过除氧剂时，水中的氧与钢粒反应而消失。这种除氧方式水温要求较低，避免了更换钢屑的繁重劳动。酸洗效果及床层的流动性都得到改善。但过滤器要涂搪瓷，初投资增大，活化钢粒要购买，使运行成本提高了，而且酸洗也较麻烦。所以没有得到广泛的推广。

（2）海绵铁除氧 最近几年人们将冶金行业用的海绵铁粒用于锅炉给水除氧取得了较好的效果。将多孔疏松的海绵铁粒装入过滤器，水经过过滤器后水中的氧与铁粒反应除去氧。出水带有的少量二价铁（Fe^{2+}），再经钠离子交换层除去。由于出水中 Fe^{2+} 含量很少，所以钠离子交换层的运行周期比较长。其定型产品有过滤器与交换器组合为一体，用管道串联。下室为过滤器，上室为离子交换器。铁粒不需再生，仅适时补充。还有过滤器与交换器并列放置，用管道串联，采用微机自控的组合装置。

海绵铁可对常温水除氧，装置简单，初投资低；操作简单，运行费用较低；出水无毒，除氧剂无毒；不需除油、活化、再生。但在运行中要注意防止海绵铁粒板结，避免出水含 Fe^{2+}。

（3）亚硫酸钠除氧 是中、小型锅炉常用的一种除氧方法。亚硫酸钠（Na_2SO_3）是种白色结晶状粉末，易溶于水。与水中氧反应生成无腐蚀性的硫酸钠，使水中氧消失，但含盐量增加：

$$2Na_2SO_3 + O_2 \longrightarrow 2Na_2SO_4$$

为了使反应完全，必须使用过量的药剂，使锅水保持一定浓度的亚硫酸根离子（一般为 $10\sim20mg/L$）。

亚硫酸钠除氧水温要在 40℃ 以上，（反应时间约为 3min）否则，反应缓慢，使出水达不到水质标准。若在亚硫酸钠中加入少量催化剂（比如硫酸铜、硫酸锰、氯化钴），就可以加快反应速度，可在常温下使除氧水的含氧量达到标准。催化剂的加入量很少，如工业用硫酸铜（$CuSO_4 \cdot 5H_2O$）只需加入 $0.07\times10^{-6}g$ 即可。

通常将亚硫酸钠配制成浓度为 $2\%\sim10\%$ 的溶液。用加药器将药液加入给水泵前或直接打入锅筒中，投加的药剂量用下式计算：

$$A=16[O_2]a+K \quad \text{mg/L（或 g/t）}$$

式中　A——工业亚硫酸钠投药量,mg/L;

　　　O_2——给水含氧量,mg/L;

　　　a——工业亚硫酸钠纯度,一般为 88% 以上;

　　　K——工业亚硫酸钠过剩量,mg/L。

　　亚硫酸钠长期和空气接触,会发生氧化反应丧失除氧能力。因此,采购时要注意药剂是否因贮存过久及保管不善使药剂变质。购进的亚硫酸钠要妥善保管,以防变质。

　　亚硫酸钠除氧设备简单、投资少、操作方便、除氧效果稳定,但除氧水的含盐量增加。它适用于中、小型锅炉除氧或大型锅炉的辅助除氧。

　　(4) 氧化还原树脂除氧　80 年代中期,原电子工业部第十二研究所研制了 Y-12-06 型氧化还原树脂,并设计了树脂除氧器。这种树脂以强酸阳离子交换树脂为载体,用硫酸铜处理后,再络合上肼,使其具有氧化还原能力。需除氧的水流过树脂时,树脂与氧反应除去氧。树脂失效后,还可用还原剂水合肼再生,恢复其氧化能力,故树脂可循环使用。

　　氧化还原树脂除氧的特点是低温除氧(在 0℃ 以上即可除氧)、运行成本低、除氧完全(残余氧量为 $5\sim15\mu g/L$)、操作方便,但出水含微量肼。虽含量已低于排放标准,但尚未达到饮用标准,故不能用于供食堂用汽的锅炉给水除氧。它适用于热水锅炉、低压蒸汽锅炉及小氮肥厂的冷却水除氧。

第十节　锅炉给水的除铁

　　工业锅炉遇到的除铁问题多数是含铁地下水的除铁。

一、含铁地下水的水质

　　由于地层对地下水的自然过滤作用,一般含铁地下水中只含有溶解性的铁的化合物,主要是二价铁的重碳酸盐。由于重碳酸亚铁是强电解质,能在水中充分离解,所以二价铁在地下水中主要是以二价铁离子(Fe^{2+})的形式存在。含铁地下水的 pH 值多数在 $6.0\sim7.5$ 之间,随着 pH 值的增加,水中二价铁浓度降低。水中二价铁的浓度多数在 $14\sim0.45mg/L$ 之间。三价铁在 pH>5 的水中溶解度很小,故在地下水中含量很少。

　　在工业锅炉水处理中,水中铁离子比钙、镁离子更易被树脂吸附,且不易被低浓度的再生液取代。因此能长期积累在树脂颗粒内部,降低了树脂交换容量、恶化出水水质,俗称"树脂中毒"。铁质还会沉淀在供水管道内形成垢,减小水流流通面积,严重时会堵塞管道。所以,对于含铁离子浓度大于 0.3mg/L 的原水应进行除铁处理。

二、锰砂除铁系统

　　天然锰砂除铁是一种接触催化除铁工艺,主要由曝气和天然锰砂过滤两个过程组成。

　　当水与空气接触(曝气)时,水中二价铁被氧化成三价铁:

$$4Fe^{2+}+O_2+2H_2O \longrightarrow 4Fe^{3+}+4OH^-$$

氧化生成的三价铁因在水中的溶解度极小,故以 $Fe(OH)_3$ 形式在水中沉淀析出。天然锰砂中含有高价锰氧化物 MnO_2,能对水中二价铁的氧化反应起催化作用,大大加速了其反应速度。天然锰砂不仅对水中二价铁的氧化反应有接触催化作用,而且又能起到对水中铁质截留分离的作用。所以,曝气后的含铁地下水只经天然锰砂过滤一次,就能完成全部除铁过程。

工业锅炉常用的射流泵曝气压力式锰砂除铁系统见图 10-26。曝气装置采用水-气射流泵,过滤装置采用压力式锰砂除铁罐。

含铁地下水经深井泵送来,流过射流泵时与由进气阀吸入的空气混合后,送入锰砂除铁罐中,与锰砂料层接触加速氧化反应,使二价铁生成沉淀,并被截留。除铁水由底部排水装置收集经出水阀流出。

滤料采用天然锰砂,粒径一般为 0.6～2.0mm。垫料层可用天然锰矿石,也可用河卵石代替。锰砂除铁罐一般用除铁水进行反冲洗。反冲洗的强度应能使滤层全部悬浮起来,其数值应通过实验确定。反冲洗时间一般为 5～10min。

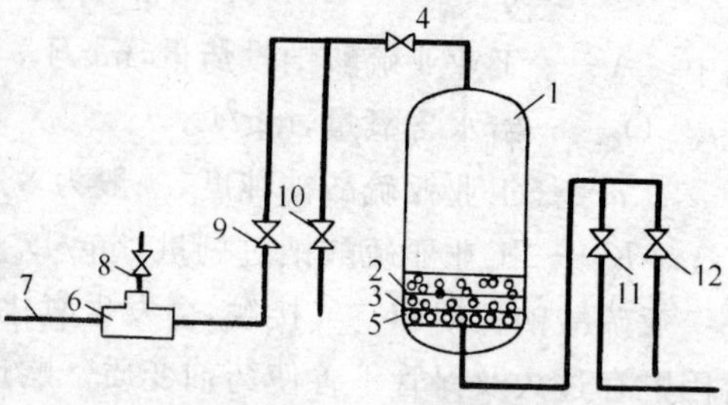

图 10-26　射流泵曝气压力式锰砂除铁系统
1—压力式锰砂除铁罐;2—锰砂滤料层;3—垫料层;
4—排气管;5—配水装置;6—射流泵;7—生水管;
8—进水阀;9—进水阀;10—反冲洗排水阀;
11—出水阀;12—反冲洗进水阀

反冲洗时,先打开冲洗阀。冲洗用水经底部配水装置,分配到整个断面上。利用水的反冲流速,使滤料相互摩擦,滤料中的铁泥被清洗出来,随水流从上部排出。滤料冲洗干净后再进行除铁过滤过程。

第十一节　锅炉排污量计算

锅炉给水虽然经过水处理后已经符合锅炉给水标准,但在蒸汽锅炉中,随着水的不断蒸发、浓缩,锅水中杂质的浓度不断增加,残留在水中的少量硬度物质又具有了结成水渣和水垢的能力。另外,锅水含盐浓度过高会使锅水表面张力减小,容易发生起沫和汽水共腾现象。

通常采用经常放掉一部分锅水(同时补入等量的给水),即锅炉排污的方法来降低锅水的含盐量,控制锅水的水质符合规定的标准。锅炉运行时,锅水会产生不少水渣。水渣在锅内沉积过多会形成水垢,甚至堵塞管子。锅炉排污除了保持水质外,还有排除水渣的目的。锅炉排污有定期排污和连续排污两种方式。

一、定期排污

定期排污主要是排除沉积在底部的水渣和沉积物,同时排放出一部分锅水,当然也有降低锅水含盐量的作用。每台锅炉都必须设定期排污装置。中、大型蒸汽锅炉兼有定期排污和连续排污,其降低锅水含盐量的任务,主要由连续排污来承担。4t/h 以下的锅炉一般无连续排污装置,仅有定期排污。此时定期排污承担排除水渣和沉积物,及降低锅水含盐量的双重任务。

定期排污管开口设在锅筒(锅壳)、水冷壁各下集箱的最低处,也称为底部排污。

定期排污也可用来迅速降低锅水含盐量,或迅速降低水位。新安装的锅炉投入运行的初期,或停炉保养后初次启动,都要加强排污,以排除锅水中的铁锈和积存的水渣等杂物。

定期排污量 V_d 的计算见下式:

$$V_d = ndhl \quad m^3 \tag{10-11}$$

式中　n——上锅筒个数;

d——上锅筒直径,m；

l——上锅筒的长度,m；

h——水位计中水位下降的高度,一般 0.1m。

二、连续排污

连续排污是连续不断地排除锅水中的盐分杂质。由于上锅筒蒸发面附近的盐分浓度较高,所以连续排污管设在上锅筒低水位下面,也称表面排污。在锅外的排污管上串联两个阀门,用来控制排污量的大小。连续排污在调节锅水浓度的同时,使锅水的含盐量平稳地保持在水质标准规定的限值内。连续排污排污量少、比较经济,并有利于排污水的利用。

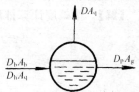

图 10-27　锅内碱量平衡图

工业锅炉连续排污量的大小以保持锅水标准为原则,故可以用碱度或含盐量来计算。如图 10-27 所示,按含碱量平衡关系式：

$$D_b A_b + D_h A_q = D_P A_g + D A_q$$

式中　D——锅炉的蒸发量,t/h；

D_P——锅炉的排污水量,t/h；

D_h——锅炉凝结水回收量,t/h；

D_b——锅炉的补给水量,t/h；

A_b——锅炉的补给水碱度,mmol/L；

A_q——蒸汽带走的碱度,mmol/L；

A_g——锅水允许的碱度,mmol/L。

因蒸汽及凝结水中的含碱量很小,与补给水中的含碱量相比可以忽略不计。锅炉补给水量为凝结水损失量与排污损失量之和。如果利用排污扩容器回收二次汽,可以减少部分排污水损失,其排污水损失则为 $(1-\beta)D_p$,不考虑定期排污损失,则上式可写成：

$$[\alpha D + (1-\beta) D_P] A_b = D_P A_g$$

用排污率 P_1 表示：

$$P_1 = \frac{D_p}{D} \times 100\% = \frac{\alpha A_b}{A_g - A_b(1-\beta)} \times 100\% \qquad (10\text{-}12a)$$

式中　α——凝结水损失率,即凝结水损失量与蒸发量之比；

P_1——以碱度计算的排污率,即排污量对蒸发量的百分比,%；

β——排污扩容器分离系数,即分离出的二次汽量占排污量的比例。

在不设排污扩容器的情况下(即 $\beta=0$),上式的形式即为：

$$P_1 = \frac{\alpha A_b}{A_g - A_b} \times 100\% \qquad (10\text{-}12b)$$

同样,排污率也可按含盐量平衡关系来计算：

$$P_2 = \frac{\alpha S_b}{S_g - S_b} \times 100\% \qquad (10\text{-}13)$$

式中　P_2——按含盐量计算的排污率,%；

S_b——补给水含盐量,mg/L；

S_g——锅水允许的含盐量,mg/L。

计算排污率时,应分别按碱度和含盐量求出 P_1 和 P_2,取其中较大的数值。对于工业锅炉,排污率应控制在 10% 以内。若排污率过大,则热量损失加大,不经济,此时选择水处理方式时要考虑除盐或除碱的措施。采用何种措施,要先进行技术经济比较。

【例 10-3】 按例 10-1 给出的条件,求锅炉的排污率及排污量。补给水碱度为 2mmol/L,溶解固形物 450mg/L,凝结水损失率 45%。

【解】 按碱度计算排污率:

$$P_1 = \frac{\alpha A_b}{A_g - A_b} \times 100\%$$

$$= \frac{0.45 \times 2}{24 - 2} \times 100\% = 4.1\%$$

按含盐量计算排污率:

$$P_2 = \frac{\alpha S_b}{S_g - S_b} \times 100\%$$

$$= \frac{0.45 \times 450}{3500 - 450} \times 100\% = 6.64\%$$

排污量 D_p:

$$D_p = P_2 D = 0.066 \times 6 = 0.396 \quad t/h$$

【例 10-4】 根据例 10-1 的条件,选择除氧设备。

【解】 1. 除氧器的选择

按锅炉给水水质标准规定,6t/h 的锅炉应该设除氧装置。锅炉的给水应该全部除氧,则锅炉房待除氧的水量为:

$$G' = D + D_p$$

$$= 12 + 12 \times 0.066 = 12.792 \quad t/h$$

因热力除氧器除氧效果较好,本锅炉进水温度为 105℃,所以选用喷雾式热力除氧器一台,额定出力 20t/h,工作压力 0.02MPa,工作温度 104℃,进水温度 40℃,进水压力 0.15～0.2MPa。选配 10m³ 的除氧水箱一个,作为锅炉的给水箱。

根据软化水箱进、出水量和热平衡关系,可以计算出凝结水和软化水共用一个水箱的混合水温为:

$$t_h = \frac{D_r t_{15} + D_h t_{95}}{D_r + D_n}$$

$$= \frac{6.19 \times 15 + 12 \times 0.55 \times 95}{6.19 + 12 \times 0.55} = 56.28℃$$

其中 t_{15}、t_{95}、t_h 分别为软化水,凝结水和水箱中混合水的温度。

可见,能够满足喷雾式除氧器对进水温度的要求。

2. 除氧器耗汽量的确定:

除氧器进水温度为 56.28℃,查表 10-6 可得加热 1 吨水的每小时耗汽量为 109.3kg/h,加热 12.792t/h 的待除氧水的耗汽量约为 109.3 × 12.792 = 1398kg/h。

第十二节 锅炉水处理方法的选择

以上各节介绍了几种水处理方法及设备。在进行锅炉房设计或小型锅炉房扩建后需设水处理时,究竟选用哪种水处理方法较为合适,常成为亟待解决的问题。不同类型的锅炉由于它的结构、容量和运行方式不同,对给水处理的要求也有所不同。对额定蒸发量≤2t/h,额定出口蒸汽压力≤1.0MPa的各类锅炉,以及额定热功率≤4.2MW的热水锅炉可以采用锅内加药处理。

蒸发量在2t/h以上时,一般采用水管锅炉。这种锅炉的热效率较高,对水质的要求也较高,要采用锅外水处理。

当锅炉额定蒸发量≥6t/h时应除氧。额定蒸发量<6t/h的锅炉如发现局部腐蚀时应采取除氧措施。锅炉额定热功率≥4.2MW时应除氧,额定热功率<4.2MW的热水锅炉应尽量除氧。

快装锅炉在出厂前就已整体组装好。这种锅炉受热面蒸发率较高,体积小,热效率较高,锅炉结垢后,内部清除较困难,必须用化学清洗。因此,对水质要求较严格。

燃油锅炉和燃气锅炉运行过程采用自动控制,水处理和除氧也可采用全自动设备。

不同的水源、水质,要求不同的水处理方法。一般而言,未受污染的地表水,硬度、碱度都较低,往往只需软化;地下水的差异较大,其共同特点是碱度较高。因此,除软化外常需考虑除碱。工业锅炉一般都不除盐,只有含盐量很高的水,一般软化、除碱都不能解决时,才考虑除盐;含铁浓度高的地下水则需除铁。

要根据炉型、水质、工程实际情况选用适当的水处理方法和系统。在保证经处理后的水质能达到要求的前提下,既要考虑该项技术的先进性和用户对该项技术可能掌握的程度,又要考虑初投资和运行费用,通过技术经济比较选定最适合的水处理方法和系统。工业锅炉水处理方法推荐使用范围详见表10-7,仅供参考。

工业锅炉水处理方法推荐使用范围 表10-7

水 处 理 方 法	推 荐 使 用 范 围			
	锅炉压力 (MPa)	单台锅炉容量 (t/h)	单台设备容量 (t/h)	适 用 炉 型
加有机胶法 加碱法　加防垢剂	≤1.0	≤2	—	锅壳锅炉
固定床、浮动床全自动软水器	≤1.6	≤4	—	锅壳锅炉 水管锅炉
固定床(浮动床)离子交换流动床 全自动软水器	不　限	≥4	≤30	沸腾炉 锅壳锅炉 水管锅炉 形状复杂的大容量弯水管锅炉
固定床(流动床) 氢-钠离子交换 石灰预处理 全自动软水器	不　限	≥6	≥20	水管锅炉 形状复杂的大容量弯水管 锅炉、沸腾炉
加碱法 全自动软水器 固定床(浮动床)离子交换	—			热水锅炉

复习思考题

1. 工业锅炉水处理的任务是什么？
2. 常用的水质指标有哪些？它们的含义和单位是什么？
3. 简述氢离子交换的特点。
4. 简述钠离子交换的原理及特点。
5. 按图说明固定床钠离子交换软化设备的运行操作步骤。
6. 按图说明流动床钠离子交换设备的运行工艺流程。
7. 常用的水处理方法有几种？各适用于哪种情况？
8. 常用的钠离子交换软化设备有哪几种？简述其特点。
9. 工业锅炉常用的除氧方法有哪几种？简述其工作原理。
10. 锅炉连续排污量如何计算？
11. 为第六章习题 1 中的锅炉选配水处理设备,确定盐液池容积,选择盐液泵。

第十一章 锅炉房的汽水系统

对于蒸汽锅炉,锅炉房的汽水系统包括蒸汽、给水、排污三部分。将给水送入锅炉所用的设备、管道和附件等,称为给水系统;将蒸汽从锅炉送出经分汽器(分汽缸)引出锅炉房的管道及附件,称为蒸汽系统;将锅炉排污水引出锅炉房的管道、设备及附件组成了排污系统。

对于热水锅炉,则有热水系统及补给水系统。

第一节 锅炉房的给水系统

一、给水系统的组成

蒸汽锅炉房的给水系统由给水箱、锅炉给水泵、水处理设备、凝结水回收设备、给水管道及阀门、附件等组成。

工业锅炉房一般采用多台锅炉集中给水系统。

蒸汽锅炉的给水方式应根据热网回水方式和水处理方式来确定。当凝结水采用压力回水时,可将回水和软化补给水汇入一个水箱,然后由软水加压泵送至除氧器,除氧水再经给水泵送入锅炉,如图11-1所示。

当凝结水采用自流回水时,凝结水箱一般设在地下室内。回水进入凝结水箱后由凝结水泵送至给水箱,再经软水加压泵送入除氧器,除氧水经给水泵送入锅炉,如图11-2所示。

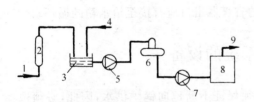

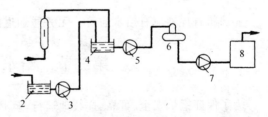

图 11-1 压力回水的给水系统示意图

1—上水管道;2—软水器;3—给水箱;4—回水管;5—软化水泵;6—除氧器;7—给水泵;8—锅炉;9—主蒸汽管

图 11-2 自流回水的给水系统示意图

1—软水器;2—凝结水箱;3—凝结水泵;4—给水箱;5—软化水泵;6—除氧器;7—给水泵;8—锅炉

当锅炉房有不同压力的回水时,可在高压回水管道上设扩容器,使回水压力降低产生二次蒸汽,然后再进入凝结水箱。

二、给水管道

由除氧水箱或给水箱接至锅炉给水泵入口的管道称为吸水管道;由给水泵出口到锅炉给水阀之间的管道,称为压水管道,二者总称为锅炉的给水管道。

蒸汽锅炉房一般采用单母管给水系统。这种系统管路简单,运行可靠,维修方便。但对于常年不间断供汽以及给水泵不能并联运行的锅炉房,锅炉给水母管宜采用双母管给水或采用单元制锅炉给水系统(即一泵对一台锅炉另加一台公共备用泵)。双母管给水见图

11-3,两根管道同时使用,每根管道的管径均按不小于锅炉最大给水量来确定。给水泵吸水管由于水压较低,一般采用单母管。

为了便于给水管道的泄水和排气,安装时给水管道应设有不小于 0.003 的坡度,坡度方向与水流方向相反。在管道最高点应设放气阀,在管道最低点应设泄水阀。

每台锅炉给水泵出口应装设截止阀,在截止阀和水泵之间设止回阀,以防止水倒流,避免停泵时水泵因受到过大压力而损坏。给水泵入口应装设切断阀,一般采用闸阀。

如果出水阀门安装位置过高而操作不便时,汽动泵可不设止回阀。

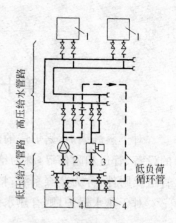

图 11-3 双母管给水系统图
1—锅炉;2—电动给水泵;3—汽动给水泵;4—给水箱

锅炉的每个进水口处都应装设截止阀和止回阀,两阀应紧密相连,截止阀紧靠锅炉。此处截止阀只作启闭用。

每台锅炉给水管上应装供调节用的阀门。手动调节阀应设在司炉操作处,以便控制。对于蒸发量大于 4t/h 的锅炉,应采用自动调节装置,同时也应能进行人工调节。

离心式给水泵如必须短期内在低负荷下运行时,可在给水泵的出口管至止回阀之间接出一根循环管,经调节阀后返回给水箱中。使之有足够的水量通过水泵,以免水泵因送水量过少,叶轮与水摩擦生热引起水温升高,在泵内汽化而断水。循环管上应设减压孔板或调压阀。循环管管径可按循环水量计算,一般不小于表 11-1 规定。

低负荷循环管最小管径   表 11-1

给水泵负荷(m³/h)	<15	15~30	30~40	40~80	80~120	120~200	>200
DN(mm)	15	20	25	32	40	50	65~80

非沸腾省煤器应有给水通管。无旁通烟道的省煤器出口应有接至给水箱的循环水管。

第二节　给水系统的设备

为了保证锅炉安全、可靠、连续地运行,就必须保证不断地向锅炉供水,因此,必须选择合适的给水设备。给水设备包括给水、凝结水回收设备和水处理设备。有关水处理设备的内容见第十章。

一、给水泵的选择

工业锅炉房常用的给水设备有电动离心式水泵、汽动活塞式水泵,小型锅炉也有用蒸汽注水器的。

电动离心式水泵广泛应用于工业锅炉房给水系统。常用的有 IS 型单级单吸离心泵、XA 型单级单吸离心泵、D 型和 DG 型多级分段式离心泵和 GC 型多级分段式离心泵。对于流量小,扬程高的系统,常选用 W 型旋涡泵。

汽动泵虽然工作可靠、操作简单、便于调节给水量,但其结构笨重,出水量不均匀,耗汽量大,因此一般用作备用泵。

根据离心泵特性曲线可知,在增加水泵流量时,扬程会减小,而给水管道的阻力会增加。

因此,在选用电动离心泵时,应以最大流量和对应的扬程为准,在水泵正常负荷下工作时,多余的压头可由阀门通过节流来消除。水泵的进水温度应符合水泵技术条件所规定的给水温度。

给水泵台数的选择,应能适应锅炉房全年负荷变化的要求,且不少于两台,并能使水泵在高效率下运行。要选效率较高、尺寸较小、质量较轻的水泵,要以节能为重点。

给水泵应设置备用泵,以便检修时能保证锅炉房正常工作。当最大的一台给水泵发生故障停止运行时,其余并联运行的给水泵的总流量,应能满足所有运行锅炉在额定蒸发量时所需给水量的110%。

以电动给水泵为主的蒸汽锅炉,宜采用汽动给水泵作为事故备用泵。其流量应满足运行锅炉在额定蒸发量时所需给水量的20%～40%。采用汽动给水泵为电动给水泵的工作备用泵时,汽动泵的流量不应小于最大一台电动给水泵的流量;当其流量为所有运行锅炉在额定蒸发量所需给水量的20%～40%时,不再设置事故备用泵。

具有一级电力负荷,或停电后锅炉停止运行,且不会造成锅炉缺水事故的锅炉房,可不设置事故备用给水泵。

二、电动离心式给水泵的选择计算

(一)扬程计算

给水泵提供的压力,应能够满足克服锅筒内蒸汽压力、省煤器和给水管路的阻力,以及锅筒中水位与给水箱水位差产生的静压力的要求。此外,为了供水的安全可靠,还应有一定的备用压力。

锅炉给水泵的设计扬程应按下式计算:

$$H = H_1 + H_2 + H_3 + H_4 \quad \text{MPa} \tag{11-1}$$

式中　H_1——锅筒在设计的使用压力下安全阀的开启压力,MPa;

　　　H_2——省煤器及给水管路的水流阻力,MPa;

　　　H_3——锅炉水位和给水箱最低水位的高差产生的静压力,MPa;

　　　H_4——附加扬程,通常取 0.05～0.1MPa。

一般在设计中按经验公式计算:

$$H = P + (0.1 \sim 0.2) \quad \text{MPa} \tag{11-2}$$

式中　P——锅炉工作压力,MPa。

对有省煤器的锅炉,上式取较高值。

(二)离心式水泵电动机功率

离心式水泵电动机功率可按下式计算:

$$N = K \frac{QH}{3.6 \eta_1 \eta_2} \quad \text{kW} \tag{11-3}$$

式中　Q——水泵流量,m³/h;

　　　H——水泵扬程,MPa;

　　　η_1——水泵效率,按水泵样本采用;

　　　η_2——水泵传动机构的机械效率,直接传动时 $\eta_2 = 1.0$;三角皮带传动时 $\eta_2 = 0.95$;联轴器传动时 $\eta_2 = 0.98$;

　　　K——电动机容量安全系数,见表 11-2。

电动机容量安全系数 K　　　　　　　　　　　　　　　表 11-2

电机功率 （kW）	K	电机功率 （kW）	K	电机功率 （kW）	K
<1.0	1.7	5～10	1.3～1.25	60～100	1.1～1.08
1～2	1.7～1.5	10～25	1.25～1.15	>100	1.08
2～5	1.5～1.3	25～60	1.15～1.1		

（三）离心式给水泵进水口所需的灌注头和允许吸上高度

给水箱最低水位高出给水泵中心线的高度,称为水泵进水口所需灌注头(也称正水头) H_g。为了防止水在给水泵进水口处发生汽化,必须保证水泵进水口处叶轮所受的水压大于该处温度下水的饱和压力,不同的水温下水泵进水口处所需的灌注头高度见表 11-3。

不同水温下所需的灌注头高度　　　　　　　　　　　　　　表 11-3

水温(℃)	80	90	100	105	110	120
最小的灌注头高度(m)	2	3	6	8	11	17.5

当锅炉房设有地下水箱时,水泵的吸水高度(水泵中心线至水箱最低水面的垂直距离)应满足表 11-4 所列的要求。但对于除氧水箱,即使吸水是可能的,水箱也应装在水泵中心线以上 1～2m 左右,以免空气由水泵轴封处漏入。

不同水温下允许吸水高度　　　　　　　　　　　　　　　表 11-4

水温(℃)	0	10	20	30	40	50	60	75
许可吸水高度(m)	6.4	6.2	5.9	5.4	4.7	3.7	2.3	0

三、凝结水泵的选择计算

回收厂区未被污染的凝结水不仅可以回收热能、节约燃料,还可以减少锅炉给水系统的水处理量,降低水处理设备的初投资和运行费用。因此,应尽可能的回收凝结水。

通常把从软水箱吸出软化水,送入除氧器中或锅炉中的水泵,称为软化水泵(除氧水泵)或给水泵;把从凝结水箱吸水加压送入软化水箱或除氧器的水泵,称为凝结水泵。

凝结水泵至少应选两台,其中一台备用。凝结水泵的容量应按进入凝结水箱的最大小时水量和水泵的运行工况来确定。当一台凝结水泵停止运行时,其余凝结水泵的总流量不应小于凝结水回收量的 110%。当凝结水和软化水分别输送时,凝结水泵应按间断工作考虑,允许合用一台备用泵;如为混合输送时,仍须设一台备用泵。

凝结水泵的耐温限度须能适应凝结水温的要求。

凝结水泵的扬程按下式计算确定:

$$H = P + (H_1 + 10H_2 + H_3) \times 10^{-3} \text{ MPa} \tag{11-4}$$

式中　P——水泵出口侧接收设备所需的压力,MPa;喷雾式热力除氧器 $P = 0.15$
　　　　~ 0.2MPa;

　　　　解吸除氧器 $P \not< 0.3$MPa;

　　　　真空除氧器 $P \not< 0.2$MPa;

　　　　开式水箱 $P = 0$。

H_1——凝结水管路系统阻力,kPa;

H_2——凝结水箱最低水位至凝结水接收设备进口之间的标高差,m;

H_3——附加压头,一般取 50kPa。

软化水泵应有一台备用,当任何一台水泵停止运行时,其余水泵总流量应满足锅炉房所需软水量的要求。软化水泵的扬程可参照上式确定。

四、汽动活塞式水泵及锅炉注水器

汽动活塞式水泵又称蒸汽泵,是以蒸汽为动力的锅炉给水泵,一般只作为停电时使用的备用泵。一般由蒸汽机、水泵和传动机构三部分组成。

图 11-4 所示为卧式双缸汽动活塞式水泵的构造示意图。当蒸汽从进汽口进入汽缸时,推动汽缸的活塞作往复运动。汽缸的活塞和水缸的活塞通过活塞杆相连,两个活塞的行程相同。当汽缸活塞的运动带动水缸中活塞作前后运动时,水缸内空气被排除,形成真空。在大气压力作用下,水沿着吸水管流入水缸内,再冲开出水门,沿着管路输入锅炉。进汽门和排汽门的启闭是由曲柄传动机构带动工作的。

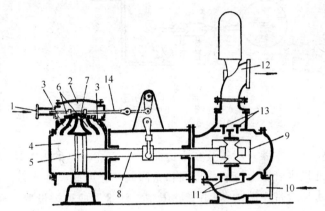

图 11-4 双动双缸汽动活塞式水泵
1—进汽管;2—配汽室;3—进汽口;4—汽缸;5—汽缸活塞;
6—排汽口;7—滑阀;8—活塞杆;9—泵室活塞;10—吸水管;
11—进水门;12—压水管;13—出水门;14—连杆

一般汽动泵的汽缸活塞面积为水缸活塞面积的 2~2.5 倍。当锅炉蒸汽以一定的压力推动汽缸活塞时,如不计阻力损失,则在水缸活塞上会产生 2~2.5 倍锅炉蒸汽压力的推力。如工作压力为 1MPa(1000kN/m²)的蒸汽作用在面积为 100cm² 汽缸活塞上,会产生 10kN 的推力。该力作用在面积为 50cm² 的水活塞上,会产生 2MPa (2000kN/m²)的压力,足以把水压入工作压力为 1MPa 的蒸汽锅炉。

汽动活塞式水泵能适应较大的负荷变化。其出水压力高,但其体型大、笨重、传动机构复杂、操作麻烦、耗用蒸汽多。

与离心式水泵一样,活塞式水泵在水缸进水口处的水压应大于该处温度下水的饱和压力。

附录 13 列出了汽动活塞式水泵的主要性能参数。工业锅炉给水泵配套表见附录 14。

锅炉注水器是利用锅炉本身蒸汽的能量,将水注入锅炉的简易给水装置。如图 11-5 所示为锅炉常用的注水器的示意图。

注水器结构简单、体积小、价格低廉、操作方便。但给水温度不得高于 40℃,耗用蒸汽量大,给水调节困难。它常用作额定蒸发量≤1t/h、工作压力≤0.7MPa、给水温度<40℃ 的小型锅炉给水设备或备用给水设备。

注水器由外壳、蒸汽嘴、吸水嘴、混合嘴和射水嘴等部分组成。注水时先将蒸汽阀稍开,使少量蒸汽进入注水器内,由蒸汽喷嘴喷出。蒸汽嘴附近的空气随蒸汽由溢水阀排出,使注水器形成真空。水箱内的水因受大气压的作用,由吸水管进入注水器内。然后,再开大蒸汽阀,使较多的蒸汽进入混合嘴内与水混合。混合水得到蒸汽的动能,以很高的速度进入射水喷嘴。随着射水嘴直径逐渐扩大,混合水的速度逐渐减小,水的动压转换为静压,水的压力逐渐增大。当其压力高于锅内汽压时,即推开止回阀进入锅炉内。

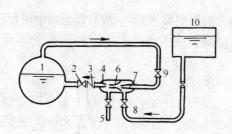 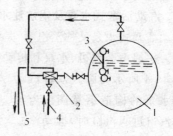

图 11-5 注水器工作原理示意图

1—锅筒;2—给水截止阀;3—止回阀;4—射水喷嘴;
5—溢水管;6—混合喷嘴;7—蒸汽喷嘴;8—吸水管;
9—蒸汽阀;10—水箱

图 11-6 注水器安装示意图

1—蒸汽锅炉;2—注水器;3—水位计;
4—给水管;5—排水、汽管

注水器一般安装在距地面 0.8～1.0m 高的地方,并使其牢固固定。连接注水器与锅炉的进水管道上应装截止阀和止回阀。止回阀离注水器的距离一般为 150～300mm。如果注水器自带止回阀,则不受此限制。注水器应单炉设置。注水器安装示意图见图 11-6。

五、给水箱和凝结水箱

(一)给水箱

给水箱是贮存锅炉给水的设备。锅炉给水包括凝结水和经过处理后的补给水。如果给水要求除氧,则作为给水箱的除氧水箱应有良好的密封性;如给水不需除氧,给水箱可以采用开式水箱。

锅炉房宜设置一个给水箱或除氧水箱。常年不间断供热的锅炉房或大容量锅炉房应设置两个。如果需要在给水箱内加药软化给水时,宜设置两个给水箱,或一个可分别清洗的分隔式水箱,以便轮换清洗。两个水箱间应有连通管,以备相互切换使用。

给水箱的总有效容量,一般为所有运行锅炉在额定蒸发量下所需 20～60min 的给水量;对于小容量的锅炉,给水箱容积可适当加大。当锅炉房只设一台固定床离子交换器时,水箱容积应为交换剂再生时间内锅炉所需的给水量。

给水箱有圆形和矩形两种。容量在 20m³ 以上的大型水箱宜采用圆形水箱,以节省钢材。当水箱布置不方便时,才可采用矩形水箱。

一般给水箱(凝结水箱)应设置下列附件:

(1)开式水箱上应设置水位计、温度计、水封、溢流管、泄水管、进出水管、排气管以及人孔等附件。当水箱高度超过 1.5m 时,还应设置内外扶梯。水箱可按国家标准图集 R101。及 R102 选用。水箱附件可根据设计情况和接管数量布置在水箱配管上。

(2)除氧水箱上应设有水位计、远距离水位计、水位调节器、温度计、溢流水封、排污管、进出水管等附件。两台并联运行的除氧水箱之间应设置汽连通管和水连通管,使各除氧器运行工况一致。

水箱制作完毕后,应对其内外表面进行防腐处理。外表面一般刷红丹漆两遍。内表面,

202

当水温在30℃以下时,可刷红丹防锈漆两遍;当水温在30~70℃之间时,可刷过氧乙烯漆4~5遍;水温在70~100℃时,可刷汽包漆4~5遍。

水温高于50℃的水箱需做保温,使保温层外表面温度小于40~50℃。

安装时,水箱底部应设置支座,支座间距一般小于0.5m。地面上设置的水箱,可用砖砌支座,并在支座上铺上油毡,防止潮气腐蚀水箱底部。放置在楼板上的水箱,采用木制或钢筋混凝土支座。

给水箱及除氧水箱布置的高度应满足在最大设计流量并且水箱处于最低水位的情况下,保证给水泵不发生汽蚀的需要。即保证必须的正水头和允许的吸水高度。

(二)凝结水箱

凝结水箱是贮存凝结水的设备。凝结水箱一般应设两个,也可将一个矩形水箱分隔为两个。两个水箱间应设有水连通管,以备检修切换使用。专供采暖用的凝结水箱也可只设一个。

若为闭式凝结水系统时,凝结水箱应为闭式水箱;若为开式凝结水系统时,凝结水箱应为开式水箱。

凝结水箱的总有效容积,应为系统在最大流量下20~40min的水量。小型锅炉房可将凝结水箱和给水箱合为一个。这样可以减少凝结水的二次蒸汽热损失,并能将补给水加温。此时,水箱容积按给水箱考虑。

开式水箱可采用圆形或矩形水箱。开式凝结水箱顶部应设放汽管,以便将凝结水中的二次蒸汽及窜逸蒸汽直接排至大气。闭式水箱宜采用带封头圆形卧式水箱。闭式水箱用安全水封控制箱内压力,一般控制压力为10~30kPa(约1~3mH$_2$O)。

凝结水箱应设置自动控制水位的装置,使水泵可以自动起泵或停泵,并有声光信号传送到水泵间。凝结水箱的支座、附件、防腐和保温要求与给水箱相同。

图11-7是常见的中小型锅炉房给水管路系统,凝结水和补给水共用一个水箱。来自厂区的凝结水管插入水箱水面之下,封闭管端,并做成多孔管。这种系统构造简单,设备投资少,但回水量大时响声较大,二次蒸汽利用不完全。

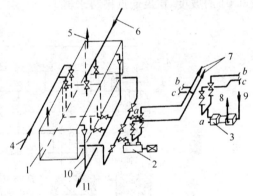

图11-7 中小型工业锅炉给水管路图
1—开式水箱;2—电动水泵;3—汽动水泵;4—来自厂区凝结水;5—排汽管;6—软化水;7—给水母管至锅炉;8—排汽;9—进汽;10—溢流管;11—排污管

第三节 蒸 汽 系 统

一、蒸汽系统的组成

锅炉房内的蒸汽管道可分为主蒸汽管和副蒸汽管。由锅炉至分汽器(分汽缸)之间的蒸汽管道称为主蒸汽管;从锅炉引出直接用于锅炉本身。如吹灰驱动汽动泵或注水器的蒸汽管道称为副蒸汽管。主蒸汽管、副蒸汽管及其上的设备、附件等,称为蒸汽系统。图11-8是蒸汽系统示意图。由锅炉引出蒸汽管接至分汽器。外供蒸汽管道与锅炉房自用蒸汽管道均由分汽器接出,这样可避免在主蒸汽管道上开孔过多,又便于集中管理。

每台锅炉与锅炉房蒸汽总管之间的管道上一般应安装两个阀门,以防止某台锅炉停炉检修时蒸汽从关闭失灵的阀门倒流而入。其中一个阀门应紧靠蒸汽锅炉蒸汽出口处,另一个阀门则安装在紧靠蒸汽总管便于操作的地方。两个阀门之间应有通向大气的疏水管和阀门,其内径不得小于 20mm。对于单台锅炉,可只装设一个阀门。

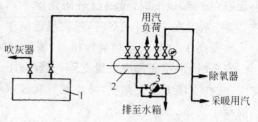

图 11-8 蒸汽系统示意图
1—蒸汽锅炉;2—分汽器;3—疏水器

对于工作压力不同的锅炉,不能合用一根蒸汽总管或一台分汽器,应分别设置蒸汽管路。锅炉房内连接相同参数锅炉的蒸汽管道宜采用单母管,对常年不间断供汽的锅炉房可采用双母管。

蒸汽管道应有 0.002 的坡度,其坡向与蒸汽流动方向相同。在蒸汽管道的最高点,设置放气阀,以便管道排除空气;在蒸汽管道的最低点必须装设疏水器或放水阀,以便排除凝结水。放水阀公称直径不应小于 20mm。蒸汽管道应考虑热膨胀补偿。

二、分汽器(分汽缸)

采用多管供汽的锅炉房,应设置分汽器(分汽缸),图 11-9 为分汽缸总图。蒸汽进入分汽缸后,由于流速突然降低,蒸汽中的水滴被分离出来。为了及时排除这些水滴,分汽缸应设 0.01 的坡度,在最低点接疏水器。

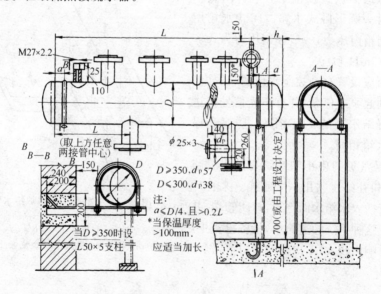

图 11-9 分汽缸总图

分汽缸上接出的蒸汽管道应分别设置阀门。分汽缸上不需设置安全阀,但应设置压力表。当工作介质为过热蒸汽时,应设置温度计。

分汽缸的直径一般按筒体内断面上的流速确定,蒸汽流速按 8～12m/s 计算。分汽缸直径要比蒸汽总管直径大 2# 以上。

筒体直径小于 300mm 时采用 20 无缝钢管;直径大于等于 300mm 时采用 20g 热轧钢板卷制。

筒体长度根据筒体接管数确定,但不得大于 3m。筒体长度的确定见图 11-10。筒体接管中心间距,根据接管直径和保温层厚度确定,一般可按图 11-10 中的表选用。如接管不保温,则接管中心距必须$\geqslant\dfrac{d_1+d_2}{2}+e$。$e$ 值查表 11-5。

L_1	d_1+120
L_2	d_1+d_2+120
L_3	d_2+d_3+120
……	…………
L_n	$d_{n-1}+120$

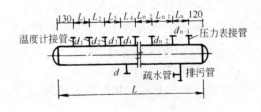

图 11-10　分汽缸长度计算

e 值推荐表　　　　　　　　　　　　　　　　　　　　　　　　　　表 11-5

筒体直径(mm)	159	219	273	300	350	400	450
e(mm)	53	71	84	86	92	114	122

注:d_1、d_2 为任意两相邻接管的外径。

分汽缸一般设于锅炉间的固定端,有时也设于锅炉的后部。安装在便于管理和操作的地方,一般靠墙布置,并离墙面有一定距离,便于检修。分汽缸保温层外表面到墙面距离一般不小于 150mm。分汽缸前面要有足够的阀门操作位置,一般从阀门手柄外端算起,要有1.0～1.5m 的操作空间。

分汽缸的安装方式有落地式支架和挂墙悬臂式支架两种,见图 11-9。

第四节　排　污　系　统

锅炉房排污系统包括连续排污、定期排污的管道及设备。

定期排污由于排污时间短,余热利用价值较小,一般将它引入排污降温池中与冷水混合后排入下水管道,以免排水管道受热胀裂,锅炉房有多台锅炉并联运行时,也可以设置定期排污膨胀器回收热量。

连续排污排水的热量,可按具体情况加以利用。一般设连续排污膨胀器,污水进入膨胀器后降压产生二次蒸汽。二次蒸汽可引入热力除氧器或给水箱中加热给水,也可用来加热生活用水。排污膨胀器中的高温水通过热交换器加热软水或排入排污降温池后排入室外排水管网。

一、连续排污膨胀器

连续排污膨胀器如图 11-11 所示。

（一）排污膨胀器产生的二次蒸汽量的计算

$$D_{2q}=\frac{D_{Lp}(h\eta_0-h_1)}{(h_2-h_1)x}\quad \text{kg/h}\qquad (11\text{-}5)$$

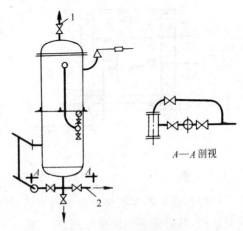

图 11-11　连续排污膨胀器
1—二次蒸发汽出口阀;2—排污水出水管

205

式中　D_{2q}——二次蒸汽量,kg/h;

　　　η_0——排污管热损失系数,一般取 0.98;

　　　h——锅炉饱和水的焓,kJ/kg;

　　　h_2——二次蒸汽的焓,kJ/kg;

　　　h_1——膨胀器出水的焓,kJ/kg;

　　　x——二次蒸汽的干度,一般取 $x=0.97$;

　　　D_{LP}——排污水量,kg/h。

（二）膨胀器容积的计算

膨胀器的型号根据其容积选择,所需要的容积可用下式计算:

$$V_P = \frac{kD_{2q}V}{W} \quad m^3 \tag{11-6}$$

式中　k——膨胀器富裕系数,取 1.3～1.5;

　　　V——二次蒸汽的比容,m^3/kg;

　　　W——蒸汽分离强度,取 400～1000$m^3(m^3 \cdot h)$。

二、排污系统

锅炉排污水具有较高的温度,在排入城市排水管网前应采取降温措施,使温度降至 40℃以下。一般于室外设排污降温池,用冷水混合冷却。图 11-12 所示为虹吸式降温池。当降温池设于室内时,降温池应密闭,并设有人孔和通向室外的排气管。

图 11-13 是连续排污系统示意图。从锅炉上锅筒连续排污管接至排污膨胀器的排污管道必须采用无缝钢管。膨胀器进口处应设一个截止阀,排污扩容器的水位可用液位调节阀控制。2～4 台锅炉宜合用一台连续排污膨胀器。每台锅炉的连续排污管道应单独接至连续排污膨胀器进口。连续排污膨胀器应设安全阀。从锅炉接出的连续排污管上,应设节流阀。

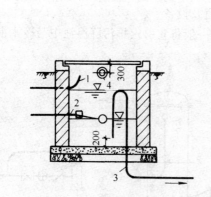

图 11-12　虹吸式降温池

1—锅炉排污水;2—冷却水;3—排水;4—透气管

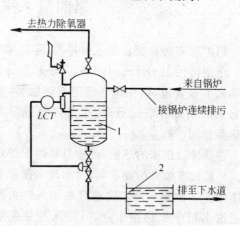

图 11-13　连续排污管道系统示意图

1—连续排污扩容器;2—排污降温池

一般在锅炉的定期排污管上设置快速排污阀和截止阀,串联使用。在靠近排污口处装设截止阀,其后安装快速排污阀。

一般每台锅炉必须单独设置定期排污管。污水经室外降温池冷却后排入下水道。当几台锅炉合用排污总管时,在每台锅炉接至排污总管的支管上必须装设切断阀。在该阀前宜装设止回阀。排污总管上不得装有任何阀门。各排污管不得同时进行排污。

为了保证工作安全,排污管不得采用铸铁管件。锅炉的排污阀及其管道不应采用螺纹连接,排污管道应减少弯头,保证排污通畅。

第五节　热水锅炉热力系统

对于热水锅炉,有由供热水管道、回水管道及其设备组成的热水系统,以及补给水系统。如图 11-14 所示。

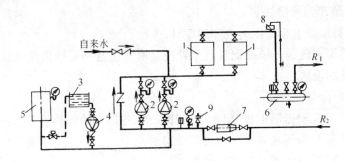

图 11-14　热水锅炉系统示意图
1—热水锅炉;2—循环水泵;3—补给水箱;4—补给水泵;
5—稳压罐;6—分水器;7—除污器;8—集气罐;9—安全阀

确定热水锅炉热力系统时应考虑以下因素:

一、热水锅炉运行时的出口水压,不应小于锅炉最高供水温度加 20℃ 相应的饱和压力。以防止锅炉发生汽化(用锅炉自生蒸汽定压的热水系统除外)。

二、采用多管供热的锅炉房应设置分水器,有多根回水管进入锅炉房时,应设置集水器。

三、应有防止或减轻因系统循环水泵突然停泵后造成锅水汽化和水击的措施。

当因停电水泵停止运行时,为了防止锅水汽化,可将自来水引入锅炉。同时在锅炉出水管的放汽管上缓慢排出汽和水,直到消除炉膛余热为止。

为了防止突然停泵造成的水击,应在循环水泵进、出口干管之间装设带有止回阀的旁通管作为泄压管;在进水干管上,应装设安全阀。当突然停泵回水管压力升高时,止回阀开启,网路循环水从旁路通过,从而减少了水的冲击力。

四、热水系统的附件设置

(一)每台锅炉的进水管上应装有截止阀和止回阀。当几台并联运行的锅炉共用进出水干管时,在每台锅炉的进水管上应装有水流调节阀。

(二)每台锅炉的热水出水管上应安装截止阀(或闸阀)。

(三)锅炉的下列部位应安装排气放水装置:

在热水出水管的最高部位装设集气装置、排气阀和排气管;在省煤器上联箱应安装排气管和排气阀;在强制流动锅炉的锅筒最高处或其出水管上应装设内径不小于 25mm 的放水管和排水阀(此时,锅筒或出水管上可不再装排气阀)。

(四)安全阀的设置:

（1）额定热功率≥1.4MW 的热水锅炉，至少应装两个安全阀；额定热功率＜1.4MW 的锅炉，至少应装一个安全阀。

（2）额定出口热水温度＜100℃的热水锅炉，当其额定热功率≤1.4MW 时，安全阀直径不应小于 20mm；当额定热功率＞1.4MW 时，安全阀直径不应小于 32mm。

（五）监控仪表的设置

（1）每台锅炉进水阀的出口和出水阀的入口处都应安装压力表和温度计。

（2）额定热功率≥14MW 的热水锅炉，在锅炉出水口处应装配记录式测温仪表。

（3）额定出水温度≥120℃的锅炉，以及额定出水温度＜120℃但额定热功率≥4.2MW 的热水锅炉，应安装超温报警装置。

（4）分水器、集水器上应设压力表和温度计。

（5）宜根据热用户的具体情况配置热量计测量瞬时流量和累计供热量。

五、循环水泵的设置

（一）循环水泵流量的确定

循环水泵的流量应根据锅炉进、出水的设计温差、各用户的耗热量和管网损失等因素确定。在锅炉出水干管与循环水泵进水管之间设有旁通管时，还应计入流经旁通管的循环水量。各运行循环水泵的总流量可按下式计算：

$$G = k_1 \frac{3.6Q}{C(t_1 - t_2)} \quad \text{t/h} \tag{11-7}$$

式中　k_1——管网热损失系数，$k_1 = 1.05 \sim 1.10$；

　　　Q——供热系统总热负荷，kW；

　　　C——热水的平均比热，kJ/(kg·℃)；

　　　t_1、t_2——供、回水温度，℃。

（二）循环水泵扬程的确定

在闭式热水供暖系统中，计算循环水泵的扬程时仅考虑满足克服整个系统阻力的要求。因此，循环水泵的扬程应不小于下列各项之和：

（1）锅炉房、热交换站中的设备及管道的压降。如估算时，可参考下列数值：

热交换站系统：50～130kPa；

锅筒式水管锅炉系统：70～150kPa；

直流热水锅炉系统：150～250kPa。

（2）室外热网供、回水干管的压力降。估算时取单位管长压力降（比摩阻）为 0.6～0.8kPa/m。

（3）最不利用户内部系统的压力降。估算时可参考下列数值：

一般直接连接时取 50～120kPa；无混水器的暖风机采暖系统取 20～50kPa；无混水器的散热器采暖系统取 10～20kPa；有混水器时取 80～120kPa；水平串联单管散热器采暖系统取 50～60kPa。间接连接时取 30～50kPa。

（三）循环水泵的台数

根据系统规模和运行调节方式来确定。对于纯质调节一般不应少于 2 台，当其中 1 台停止运行时，其余水泵的总流量应能满足最大循环水流量的需要。

对于采用分阶段改变流量进行调节的系统,循环泵不宜少于 3 台,可不设备用泵。

（四）水泵并联工作

当水泵并联工作时,要根据绘制的水泵特性曲线和管路特性曲线叠加图来确定水泵的扬程和流量。并联运行的循环水泵,宜选用 G-H 特性曲线平缓、相同或近似的泵型。

（五）循环水泵耗电输热比

为了控制循环水泵的动力消耗,有关节能标准规定了循环水泵的耗电输热比指标,即设计条件下输送单位热量的耗电量 EHR,它是衡量水泵电能利用率的指标。其值越小,电耗越少,电能利用率就越高。如果水泵的流量和扬程选得过大,超过实际需要,必然造成电能的浪费。所以选择水泵时,还要计算 EHR,看是否符合要求,如不符合,则要重新选择水泵。EHR 值应不大于按下式计算求得的值:

$$EHR = \frac{\varepsilon}{\Sigma Q} = \frac{\tau \cdot N}{24q \cdot A} \leqslant \frac{0.0056(14 + a\Sigma L)}{\Delta t} \tag{11-8}$$

式中　EHR——设计条件下输送单位热量的耗电量;

ε——全日理论水泵输送耗电量,kW·h;

ΣQ——全日系统供热量,kW·h;

τ——全日水泵运行时间,h;

N——水泵铭牌轴功率,kW;

q——采暖设计热负荷指标,kW/m^2;

A——系统的供热面积,m^2;

Δt——设计供回水温差,对于一次网,$\Delta t = 45 \sim 50℃$;对于二次网,$\Delta t = 25℃$;

ΣL——室外管网主干线(包括供回水管)总长度,m;

a——系数,当 $\Sigma L \leqslant 500m$,$a = 0.0115$;$500m < \Sigma L < 1000m$,$a = 0.0092$;$\Sigma L \geqslant 1000m$,$a = 0.0069$。

六、补给水设备

为了保证热水系统正常运行,对系统管网泄漏的水必须随时补充。因而锅炉房内应设置补给水泵及补给水箱。

（一）补给水泵的选择

补给水泵的流量,应该是热水系统正常补给水量和事故补给水量之和。一般按系统水容量的 4%～5% 计算。

补给水泵的扬程,应不小于补水点压力加 30～50kPa。

补给水泵不宜少于 2 台,其中 1 台备用。

（二）补给水箱的选择

补给水箱的有效容量,应根据系统的补水量和软化水设备的具体情况确定。当软化水设备可以不间断供应软化水时,补给水箱的有效容积为 1～1.5h 的正常补水量。

常年供热的锅炉房,补给水箱宜采用中间带隔板,可分开清洗的分隔式水箱。

七、恒压装置

为了使热水供暖系统正常运行,必须设置恒压装置,通常设在锅炉房内。恒压装置和定压方式应根据系统规模、水温和使用条件等具体情况确定。一般低温热水供暖系统可采用高位膨胀水箱或补给水泵定压;高温热水系统可采用氮气定压或补给水泵定压。

（一）氮气或蒸汽加压膨胀水箱定压

恒压点无论接在循环水泵出口还是入口处,循环水泵运行时,应保证系统内水不汽化;恒压点设在循环水泵进口端,循环水泵停止运行时,应保证系统内水不汽化。

（二）补给水泵定压

采用补给水泵作恒压装置时,当引入锅炉房的给水压力高于热水系统静压,在循环水泵停止运行时,宜用给水保持系统静压;间歇补水时,补给水泵停止运行期间,补水点的压力必须保证系统内水不汽化。系统中应设置泄压装置。

（三）高位膨胀水箱定压

高位膨胀水箱的膨胀管设置在循环水泵进口母管上。为了防止系统停运时发生倒空,系统吸入空气,高位膨胀水箱的最低水位,应高于热水系统最高点1m以上。并且应保证循环水泵停止运行时系统内水不汽化。设置在露天的高位膨胀水箱及其管道应有防冻措施。膨胀管上不装设阀门。

（四）运行时用补给水箱定压

补给水箱的安装高度,应以保证系统内水不汽化为原则。当补给水箱的安装高度低于热水系统静压线时,补给水箱与系统连接的管道上应装设止回阀。系统中应设置泄压装置。在系统停运时,可采用补给水泵或自来水的压力保持静压,使系统不倒空、不汽化。

（五）用锅炉自生蒸汽定压

当热水系统采用锅炉自生蒸汽定压时,在上锅筒引出饱和水的干管上,应设置混水器。进混水器的降温水,在运行时不应中断。

第六节　汽水管道的设计

汽水管道的设计应根据热力系统和锅炉房工艺布置进行。要做到计算正确,选材符合设计参数要求、布置合理、疏水通畅、支吊稳固、保温合适、造价低廉、扩建方便、整齐美观。

一、汽水管道的布置要求

管道宜沿墙和柱敷设;应便于安装、操作和检修。管道敷设在通道上方时,离地净距不小于2m。不影响采光和门窗开启。应满足安装仪表的要求。应考虑热膨胀补偿,尽量利用管道自然补偿。

二、锅炉房内管道管径的计算

给水管道、蒸汽管道、凝结水管道的管径,是通过管道介质的流量来确定的。管道中介质的流量为:

$$Q = 1000\frac{G}{\rho} = 3600\omega \times \frac{\pi}{4} \times \left(\frac{d_n}{1000}\right)^2 \quad \text{m}^3/\text{h} \tag{11-9}$$

则

$$d_n = 594.5\sqrt{\frac{G}{\rho\omega}} \quad \text{mm} \tag{11-10}$$

或

$$d_n = 18.8\sqrt{\frac{Q}{\omega}} \quad \text{mm} \tag{11-11}$$

式中 G——介质的质量流量，t/h；

ρ——介质的密度，kg/m³；

ω——介质的流速，m/s；

d_n——管道的内径，mm。

管道中介质的允许流速是根据正常运行、无水力冲击、不产生振动等可靠条件，以及运行的经济性来确定的。介质密度越小，则其允许流速越大。推荐流速见表11-6。

汽水管道推荐流速

表 11-6

工作介质	管道种类	流速(m/s)
过热蒸汽	$D_N > 200$ $D_N = 200 \sim 100$ $D_N < 100$	$40 \sim 60$ $30 \sim 50$ $20 \sim 40$
饱和蒸汽	$D_N > 200$ $D_N = 200 \sim 100$ $D_N < 100$	$30 \sim 40$ $25 \sim 35$ $15 \sim 30$
二次蒸汽	利用的二次蒸汽管 不利用的二次蒸汽管 排汽管(从受压容器中排出)	$15 \sim 30$ 60 80
乏汽	排汽管(从无压容器中排出) 排汽管(从安全阀排出)	$15 \sim 30$ $200 \sim 400$
锅炉给水	水泵吸水管 离心泵出口管 往复泵出口管 给水总管	$0.5 \sim 1.5$ $2 \sim 3$ $1 \sim 2$ $1.5 \sim 3$
凝结水	凝结水泵吸水管 凝结水泵出水管 自流凝结水管	$0.5 \sim 1.0$ $1 \sim 2$ <0.5
生水	上水管、冲洗水管(压力) 软化水管、反洗水管(压力) 反洗水管(自流)、溢流水管 盐水管	$1.5 \sim 3$ $1.5 \sim 3$ $0.5 \sim 1$ $1 \sim 2$
冷却水	冷水管 热水管(压力式)	$1.5 \sim 2.5$ $1 \sim 1.5$
热网循环水	室外管网 供回水管 锅炉房出口	$0.5 \sim 3$ 与热网干管一致
压缩空气	<1.0MPa 压缩空气管	$8 \sim 12$

为了简化计算管径工作，管径可由管径及压降线算图直接查得(参见相关手册)。

三、汽水管道的支吊架

设计管道支吊架时，应考虑管道阀门与附件的重量、管内水重、保温结构重量和管道膨胀的作用力。管道支吊架间距参见表11-7。

DN1	DN2	L_H(m) 保温	L_H(m) 不保温
15	15	1.5	3.0
	—		
20	20	2.0	3.0
	—		
25	25	2.0	3.0
	—		
32	32	2.0	3.0
	—		
40	40	3.0	3.0
	—		
50	50	3.0	6.0
	—		
65	65	3.0	6.0
	—		
80	80	3.0	6.0

DN1	DN2	L_H(m) 保温	L_H(m) 不保温
80	—	3.0	6.0
100	50		
	65	3.0	6.0
	80		
	100		
125	65	3.0	6.0
	80		
	100		
	125	6.0	6.0
150	80	3.0	6.0
	100		
	125	6.0	6.0
	150		
	—		

管道离墙柱的间距应符合表 11-8 及图 11-15 的要求。

DN1		25	32	40	50	65	80	100
DN2		25	32	40	50	65	80	50
A (mm)	保温	190	200	210	220	230	240	250
	不保温	120	120	130	130	140	150	160
B (mm)	保温	300	320	330	350	370	390	360
	不保温	150	160	170	180	190	210	200

DN1		100			125				150			200
DN2		65	80	100	65	80	100	125	80	100	125	150
A (mm)	保温	250			270				300			330
	不保温	160			170				180			210
B (mm)	保温	370	380	420	390	410	430	450	440	460	480	510
	不保温	210	220	230	220	230	240	250	250	260	270	280

DN1		200				250				300			
DN2		100	125	150	200	100	125	150	250	125	150	200	300
A (mm)	保温	330				370				400			
	不保温	210				240				270			
B (mm)	保温	480	510	540	580	520	540	570	640	580	610	640	720
	不保温	300	310	320	340	330	340	350	390	380	390	400	450

与水泵等设备连接的管道,应有独立牢固的支架,以防止设备振动沿管道系统传递,并防止设备承受管道的荷重。

四、管道及设备保温

当管道、附件和设备表面温度大于50℃时均需保温。疏水管、排污管、废汽管、安全阀排汽管和取样管等可不保温,但如果敷设在可能烫伤人的地方,就应采取隔热措施。

保温材料宜就地取材,采用成型制品,保温层外的保护层应具有阻燃性。

锅炉房内管道表面(或保温层表面)涂色标志见表11-9,管道间距见表11-10。

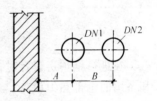

图11-15 管道距墙柱距离图

管道表面涂色标志　　　　　　表11-9

管 道 名 称	表 面 涂 色		管 道 名 称	表 面 涂 色	
	底 色	环 色		底 色	环 色
过热蒸汽管	红	黄	软化水管	绿	白
饱和蒸汽管	红		锅炉排污管	黑	
排汽、废汽管	红	黑	燃油管	深黄	
自来水管、锅炉给水管	绿		废油管	深黄	黑
热网回水管	绿	蓝	燃气管	浅黄	
凝结水管、热网供水管	绿	红	燃气放散管	浅黄	黑
盐液管、加药管	绿	黄	压缩空气管	蓝	
疏水管、排放水管	绿	黑			

管 道 间 距 表　　　　　　表11-10

管 道 种 类　　　　间　距	保温管道(mm)	不保温管道(mm)
管道与墙的净距	≮150	≮200
管道与梁、柱、设备间的局部距离	≮100	≮150
管道离地面(楼面、平台)的净距①	≮300	≮350
两根平行布置管道的净距②	≮150	≮200
管道跨越人行通道的净空距离	≮2000	≮2000
管道外表至地沟底的净距	≮200	≮200
地沟内相邻两管净距③：垂直方向	≮50	≮150
水平方向	≮50	≮100
管道排气口离屋面(或楼面,平台)的高度④	≮2500	≮2500

① 当管道靠地面侧没有焊接要求时,表中净距可适当减小。
② 当通道需要运送设备时,其净距必须满足设备运送的要求。
③ 地沟内管道多层布置时,上层管道应有一个不小于400mm的水平间距。
④ 排汽管道出口喷出的扩散汽流,不应危及工作人员及邻近设施。

第七节　锅炉房热力系统图

在进行锅炉房设计时,需要绘制热力系统图,又称汽水流程图。它标明了锅炉正常运行和备用的全部热力设备、与这些设备连接的管道系统、阀门配件、计量仪表等。同时,应标明设备编号、介质流向、管径及壁厚、图例等。

热力系统图是绘制锅炉房设备和管道平面布置图及剖面图的主要依据。拟制热力系统图时应考虑以下几个方面:

一、应保证系统运行的安全、可靠性,调节的灵活性,及部分设备在锅炉运行时检修的可能性。

例如:可能超压的设备与管道,应有安全保护措施;介质可能倒流并导致事故的设备进、出管路上应装设止回阀;主要设备之间应建立互为备用的关系;对于次要设备(如加热器、疏水器等)应设旁通阀及旁通管;设备的进、出口都应装设阀门,以便设备发生故障进行修理时,不会影响主要设备的正常运行;给水泵应装设再循环管。

二、要注意热力设备的初投资和运行维护的经济性。

例如:选择合适的设备,避免盲目增大设备容量而引起浪费;合理地确定管道连接方法,简化管路系统;根据需要合理地选择热工仪表及自控装置;尽量回收凝结水,利用二次蒸发汽;注意排污水的废热利用;加强保温以降低热能损失。

三、热力系统图的图面布置应尽可能与实际布置一致。

实际绘制时,有时为了图面表示得清楚,允许对各汽水设备的比例和相对位置作相应的调整。应分清主次,将主要设备放在图面合理的位置上,设备的大小要有大致相同的比例关系,以免失真。

【例 11-1】　按例 6-1 给出的条件及各例题的计算结果,选择锅炉房的给水箱,给水泵及排污扩容器,绘制出该锅炉房的汽水系统图,并将选择结果列入表 11-11。

【解】　该锅炉房凝结水为余压回水,采用逆流再生钠离子交换软化,热力除氧。凝结水和软化水都送入锅炉房软化水箱,然后由软化水泵将水送至除氧器除氧。除氧水由锅炉给水泵升压,经省煤器进入锅炉,见图 11-1。

为使锅炉各给水泵之间能互相切换使用,本锅炉房采用集中给水系统。

1. 给水泵的选择

因本锅炉房是三班制生产,全年运行,且以生产负荷为主,所以选用三台给水泵。两台电动离心泵作为常用给水泵,一台蒸汽往复泵作为备用泵。

电动离心泵所需要的流量为:

$$Q_d = 1.1G_{gs} = 1.1 \times (D + D_p)$$
$$= 1.1 \times (12 + 0.066 \times 12) = 14.07 \text{t/h}$$

给水泵扬程:

$$H = P + 0.15 = 1.25 + 0.15 = 1.4 \text{MPa}$$

根据计算,本设计选用 DG 8-35×4 电动给水泵两台,单台流量为 $8.0 \text{m}^3/\text{h}$,扬程为 1.40MPa,电动机功率为 11kW,ZQS-15/17 型汽动泵一台,流量为 $7 \sim 15 \text{m}^3/\text{h}$,扬程为 1.75MPa。

2. 给水箱及软化水箱的选择

本锅炉房选用容积为 $10m^3$ 的除氧水箱一个作为锅炉给水箱,水箱检修或清洗时,短时间内锅炉给水由锅炉给水泵从软水箱抽水供给,此时给水暂不除氧。

因为当除氧水箱检修时,软化水箱兼作锅炉给水箱使用,所以软化水箱的容积按给水箱考虑,选用 $24m^3$ 矩形水箱一个,中间隔开,以便检修时可相互切换使用。除氧水箱出口水温 $104℃$,为保证水泵可靠运行,除氧水箱设于 $8.5m$ 高的除氧间地面上。

3. 除氧水泵的选择

锅炉房待除氧的最大水量 G:

$$G = G' - G'_{hs} = 12.792 - 0.99 \times 1.398 = 11.41 t/h$$

其中 G'_{hs} 为除氧耗汽量的回水量,排气损失约为 1%。

除氧器喷嘴要求进水压力 $0.2MPa$,软化水箱最低水位与除氧器进水口的高差 $10m$ 左右,软化水输送管路较短,故选用 IS 50-32-160 型电动泵两台,每台流量为 $10.5m^3/h$,扬程为 $0.323MPa$,所配电机功率 $3kW$。冬季两台水泵同时运行。

4. 排污扩容器的选择

该锅炉设有连续排污装置。为了回收排污水的热量,选一台连续排污扩容器。扩容器产生的二次蒸汽用于给水除氧,排出的高温热水引至浴室水箱,通过盘管加热器加热洗澡水。

为了化验锅水和除氧水,设两台取样冷却器。

锅炉的定期排污量较少,不考虑热量回收。直接引入排污降温池,冷却至 $40℃$ 以下再排入下水管道。

排污扩容器的工作压力为 $0.02MPa$。

在排污扩容器中,由于压力降低而产生的二次蒸汽量为:

$$D_{2q} = \frac{D_{Lp}(h\eta - h_1)}{(h_2 - h_1)x}$$
$$= \frac{0.792(822 \times 0.98 - 438)}{(2683 - 438)0.97} = 0.134 t/h$$

除氧器耗新蒸汽量为:

$$D_{xq} = D_q - D_{2q}$$
$$= 1.398 - 0.134 = 1.264 t/h$$

排污扩容器所需容积:

$$V = \frac{kD_{2q}v}{\omega}$$
$$= \frac{1.4 \times 134 \times 1.43}{600} = 0.45 m^3$$

选用 $\phi 550$ 型连续排污扩容器一台,其容积为 $0.50m^3$。

5. 热力系统图

锅炉房热力系统图见图 11-16,主要设备表见表 11-11。

215

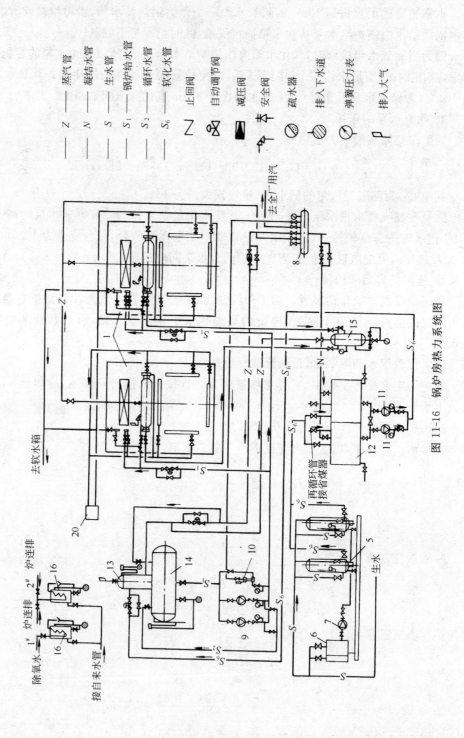

图 11-16 锅炉房热力系统图

序 号	设 备 名 称	型 号 及 规 格	数 量	备 注
1	蒸 汽 锅 炉	SHL6-1.25-AⅡ	2	
2	送 风 机	4-72-11No4.5A　$Q=8\,500\text{m}^3/\text{h}$　$H=2\,176\text{Pa}$	2	$N=7.5\text{kW}$
3	引 风 机	Y5-47No8C　$Q=20\,400\text{m}^3/\text{h}$　$H=2\,283\text{Pa}$	2	$N=22\text{kW}$
4	多管旋风除尘器	XLD-6	2	
5	钠离子交换器	$\phi750$	2	
6	盐 溶 液 池	$V_浓=0.63\text{m}^3,V_稀=1.21\text{m}^3$	2	
7	盐 溶 液 泵	103 塑料泵　$Q=4\sim10\text{m}^3/\text{h}$　$H=0.11\sim0.04\text{MPa}$	1	$N=0.75\text{kW}$
8	分 汽 缸	$\phi400$	1	
9	电 动 给 水 泵	DG8-35×4　$Q=8.0\text{m}^3/\text{h}$　$H=1.4\text{MPa}$	2	$N=11\text{kW}$
10	往复式蒸汽泵	2QS-15/17　$Q=7\sim15\text{m}^3/\text{h}$　$H=1.75\text{MPa}$	1	
11	除 氧 水 泵	IS-50-32-160　$Q=10.5\text{m}^3/\text{h}$　$H=0.32\text{MPa}$	2	$N=3\text{kW}$
12	软 化 水 箱	$V=24\text{m}^3$	1	
13	除 氧 器	大气式热力除氧器出力 20t/h	1	
14	除 氧 水 箱	$V=10\text{m}^3$	1	
15	连续排污扩容器	$\phi550$	1	
16	取 样 冷 却 器	$\phi254$	2	
17	电动葫芦吊煤罐	起重量 1t	1	$N=1.5\text{kW}$
18	除 渣 机	刮板除渣机	1	
19	埋刮板上煤机	MZ 20	1	
20	排污降温池	$V=1.43\text{m}^3$	1	

第八节　锅炉房工艺布置示例

一、锅炉房工艺布置要求

锅炉房的工艺布置应保证设备安装、运行、检修的安全和方便,使工艺流程短,锅炉房面积和体积紧凑。

(一)布置时应满足以下要求:

(1)应尽量按工艺流程来布置设备,使汽、水、烟、风、燃料、灰渣等系统流程简短流畅、阀门、附件少,以减少流动阻力和动力消耗,便于操作、维护和运输。

(2)锅炉房应尽量单层布置。采用多层布置时,应将锅炉间分为运转层和出灰层。

217

（3）如果辅助间为三层，则水处理设备、水泵、定期排污膨胀器、机修间、库房、厕所、更衣室、浴室等应设在锅炉房的底层。连续排污膨胀器、化验冷却器、化验室、办公室、休息室可设在二层。如果辅助间单层布置，则各设备应根据具体情况布置。

（二）锅炉本体布置的要求

锅炉与建筑物之间的净距，应满足操作、检修和布置辅助设施的需要，并应符合下列规定：

（1）炉前净距：

蒸汽锅炉 1～4t/h、热水锅炉 0.7～2.8MW 时，不宜小于 3.0m；

蒸汽锅炉 6～20t/h、热水锅炉 4.2～14MW 时，不宜小于 4.0m；

蒸汽锅炉 35～65t/h、热水锅炉 29～58MW 时，不宜小于 5.0m。

当需要在炉前进行拨火、清炉等操作时，炉前净距应满足操作要求。链条炉前要留有检修炉排的场地；快装锅炉要为清扫烟箱、火管留有足够空间。对 6t/h 以上的锅炉，当炉前设置仪表控制室时，锅炉前端到仪表控制室的净距可为 3m。

（2）锅炉侧面和后面的通道净距：

蒸汽锅炉 1～4t/h、热水锅炉 0.7～2.8MW 的，不宜小于 0.8m；

蒸汽锅炉 6～20t/h、热水锅炉 4.2～14MW 的，不宜小于 1.5m；

蒸汽锅炉 35～65t/h、热水锅炉 29～58MW 的，不宜小于 1.8m。

当需吹灰、拨火、除渣、安装或检修螺旋除渣机时，通道净距应满足操作要求。

锅炉操作地点和通道的净空高度不应小于 2m，并应满足起吊设备操作空间的要求；当锅筒、省煤器等发热部位上方不需要操作和通行时，其净空高度可为 0.7m。快装锅炉及本体较矮的锅炉，为满足通风要求，除应符合上述条件外，锅炉房屋架下弦标高，建议不小于 5m。如采取措施，可小于此数。

灰渣斗下部的净空：当人工除渣时，不应小于 1.9m；机械除渣时，要根据所采用的除渣机外形尺寸确定。灰渣斗的内壁倾角不宜小于 60°。除灰室每边比灰车宽 0.7m。

煤斗的下底标高除要保证内壁及溜煤管倾角不小于 60°外，还应考虑炉前采光和检修所需要的高度。一般高于运行层地面 3.5～4m。

锅炉之间的操作平台可根据需要加以连通。

（三）辅助设备布置的要求

送、引风机和水泵等设备间的通道尺寸应满足设备操作和检修的需要，并且不应小于 0.8m。如果上述设备布置在锅炉房的偏屋，从偏屋地面到屋面凸出部分之间的净空，应满足设备操作和检修的需要，并且不应小于 2.5m。水处理间主要操作通道的净距不应小于 1.5m。

机械过滤器、离子交换器、连续排污膨胀器、除氧水箱等设备的突出部位间的净距，一般不应小于 1.5m。离子交换器后面与墙间距离一般为 0.5～0.7m。

分汽器、分水器、集水器等设备前面应有供操作、检修的空间，其通道宽度不小于 1.2m。给水箱的安装高度应使锅炉给水泵有足够的灌注头。

除尘器设于后部的风机间内，其位置应利于灰尘的运输和设备的检修。

（四）锅炉房内质量较大的设备顶部，应有安装检修时架起吊设备的位置和起吊所需要的高度。

（五）连接设备的各种管道走向，主要取决于设备的位置。尽量使管道沿墙和柱子敷设，且大管在内，小管在外，保温管在内，非保温管在外。这样既便于安装、支撑和检修，又整齐美观。管道之间,管道与梁、柱、墙和设备之间要留有一定距离,以满足焊接、仪表安装、附件安装和保温等的施工安装、运行、检修的需要。管道的敷设不应妨碍门、窗的启闭,影响室内采光。

二、锅炉房设计布置示例

以下列举一些工业锅炉房设计布置简图,以及选用的主要设备,仅供初学者在制定工艺系统和布置方案时参考。

随着科学技术的不断发展,产品不断更新换代,产品种类繁多。设计者在选定较好方案的同时,还必须根据暖通设备的发展情况,选择最合适的工艺性能好、效率高的新产品、新设备,不要被示例所局限。

（一）两台 SHL6-1.25-AⅡ型锅炉房

本锅炉房装设两台 SHL-1.25-AⅡ型锅炉。每台锅炉均配有送、引风机,均设置于锅炉房后部的风机间。采用 XLD-6 型多管旋风除尘器两台。见图 11-17a、图 11-17b、图 11-17c。

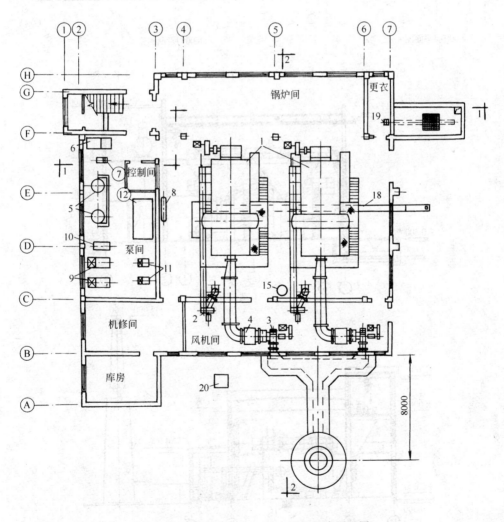

图 11-17a 两台 SHL6-1.25-A 型锅炉房平面图

219

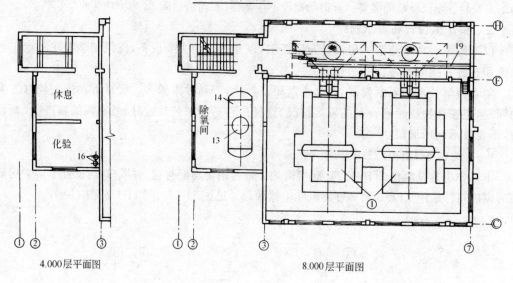

±0.000层平面图

休息

化验

除氧间

4.000层平面图

8.000层平面图

图 11-17b 两台 SHL6-1.25-A 型锅炉房 4.0 及 8.0m 层平面图

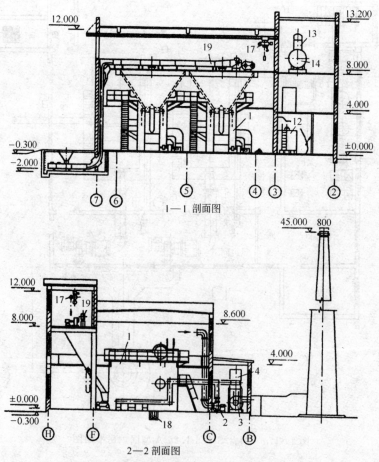

1—1 剖面图

2—2 剖面图

图 11-17c 两台 SHL6-1.25-A 型锅炉房剖面图

220

本锅炉房采用固定床逆流再生钠离交换器两台,软化水进入凝结水箱。待除氧的水经二台凝结水泵进入大气式热力除氧器。选用两台电动给水泵向锅炉给水,一台汽动给水泵作为备用泵。热力系统图见图11-16。

本锅炉房采用埋刮板输送机运煤,电动葫芦吊煤罐备用,刮板除渣机除渣。

为了回收排污水的热能,设有ϕ550的连续排污扩容器,二次蒸汽引入除氧器除氧。

本锅炉房选用的主要设备列于表11-11。

（二）三台 WNS4.2-1.25/115/70-Y/Q 型热水锅炉房

本锅炉房设三台 WNS4.2-1.25/115/70-Y/Q 型全自动燃油(燃气)热水锅炉。燃料为天然气,在天然气未开通前采用轻柴油为过渡燃料。锅炉房为地上独立建筑。

本锅炉房承担生活区的热水采暖及生活热水供应。该生活区又分为两个多层住宅区(低1区)(低2区)和一个高层住宅区(高区)。热力网路分为高区供热、高区采暖、低1区供热、低1区采暖、低2区供热和低2区采暖共6个供热系统。

各供热区域设计技术参数如下:

供 热 区	高 区	低 1 区	低 2 区
采暖供/回水温度	110/70℃	95/70℃	95/70℃
采暖热水流量	38t/h	80t/h	100t/h
生活热水供水温度	65℃	65℃	65℃
生活热水流量	30t/h	70t/h	30t/h
定压点压力	0.65～0.7MPa	0.25～0.3MPa	0.25～0.3MPa

锅炉房采用新型常温过滤除氧器。

锅炉房主要技术指标

总供热量:12600kW

建筑面积:547.8m^2

安装电动机功率:183.8kW

运行班次:3班

工作人员:24人

主要设备表见表11-12。

工程设计图

（1）3×4.2MW 热水锅炉房热力系统见图11-18a。

（2）燃油系统图见图11-18b。

（3）燃气系统图见图11-18c。

（4）设备布置见图11-18d。

（5）Ⅰ-Ⅰ剖面图见图11-18e。

（三）四台 SZL7-0.7/95/70 型热水锅炉房

（1）简介

本项目为某市集小区供暖、供水及消防为一体的热源及水源工程。锅炉房内布置四台 SZL7-0.7/95/70 热水锅炉,总额定热功率为 28MW。

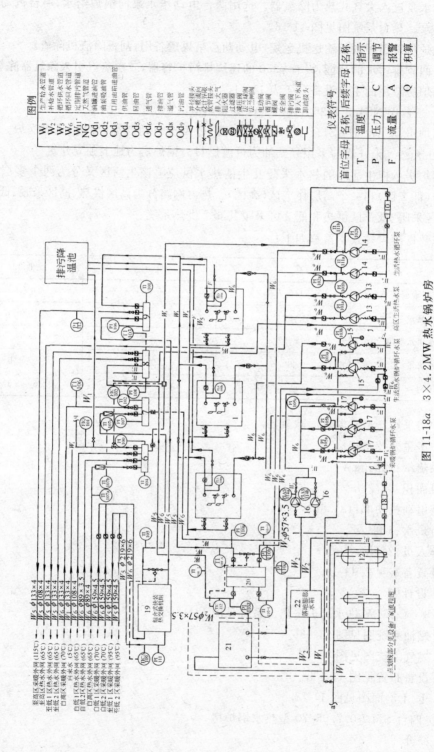

图 11-18a 3×4.2MW 热水锅炉房

仪表符号		名称			
首位字母	名称	后续字母	指示	调节	报警	积算
T	温度	I			
P	压力	C			
F	流量	A			
		Q			

图例

W_1	生产给水管道
W_2	补给水管道
W_3	循环炉水管道
W_5	循环回水管道
W_{11}	定期排污管道
NG	天然气管道
Od_1	油箱进油管
Od_2	油泵吸油管
Od_3	口用油标进油管
Od_4	供油管
Od_5	回油管
Od_6	透气管
Od_7	排油污管
Od_8	溢气管
Od_9	污油管

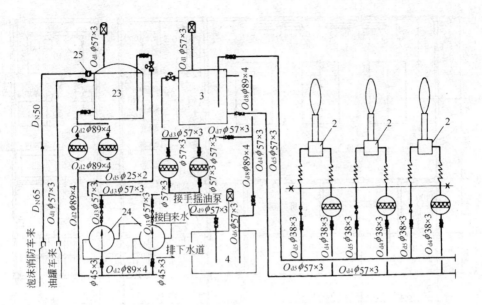

图 11-18b　3×4.2MW 热水锅炉房燃油系统图

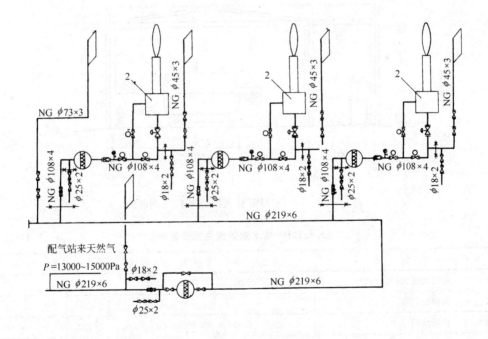

图 11-18c　3×4.2MW 热水锅炉房燃气系统图

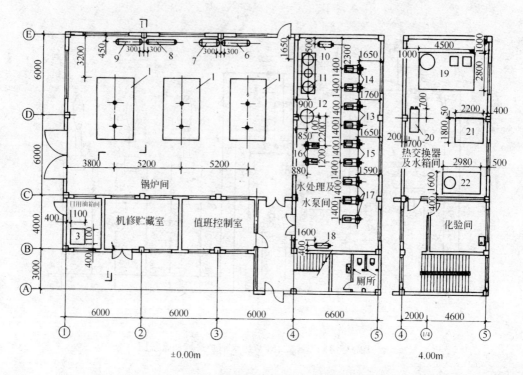

图 11-18d　3×4.2MW 热水锅炉房±0.00　4.00m 层设备布置图

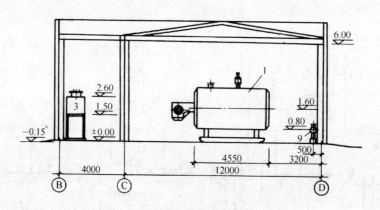

图 11-18e　3×4.2MW 热水锅炉房 I-I 剖面图

3×4.2MW 热水锅炉房主要设备表

表 11-12

序　号	名　　称	型号及规格	单　位	数　量	备　注
1	全自动燃油(气)锅炉	WNS4.2-1.25/115/70 Y/Q 型	台	3	
2	锅炉燃烧器	GRL11/1-D 型	台	3	
3	日用油箱	$V=1m^3$　1100mm×1100mm×1100mm	台	1	
4	事故油箱	$V=1.5m^3$	台	1	
5	烟囱	$\phi1000mm$　$H=40m$	台	1	图中未示
6	生活热水集水器	$L=1800mm$　$\phi400mm$	台	1	

序 号	名　　称	型号及规格	单 位	数 量	备 注
7	采暖集水器	$L=1150mm$　$\phi500mm$	台	1	
8	生活热水分水器	$L=2100mm$　$\phi300mm$	台	1	
9	采暖分水器	$L=1700mm$　$\phi400mm$	台	1	
10	除污器	D_N200mm	台	1	
11	软水器	180/480D2-750×2200 型	台	1	
12	除氧器	JMⅢ-10 型	台	1	
13	高区生活热水泵	IS80-50-200B 型	台	2	
14	生活热水循环泵	IS100-80-160A 型	台	2	
15	生活热水锅炉循环水泵	IS100-80-160A 型	台	2	
16	补水泵	IS50-32-160A 型	台	2	
17	采暖锅炉循环水泵	ISR100-65-200 型	台	3	
18	除污器	D_N250mm	台	1	
19	组合式快装热交换机组	ZLRS-520 型	台	1	
20	板式换热器		台	1	
21	除氧水箱	$V=6m^3$ 型	台	1	
22	落地膨胀水箱	GZS-1600 型	台	1	
23	贮油罐	$V=117m^3$　$\phi5012mm$　$H=6565mm$	台	1	
24	燃油泵	32AY40 型　$Q=3m^3/h$　$H(水柱)=40m$	台	2	
25	泡沫发生器	PC4 型	台	1	

　　锅炉间为单层布置。其左侧－3.7m 为小区消防给水系统，±0.00m 层为小区供暖循环水系统及小区供水系统，5.3m 层为供暖补水系统，9.0m 层为生活辅助间。而右侧为输煤廊、除渣间、柴油机房及炉控室。风机及除尘器封闭在锅炉间的后部。

　　小区供暖系统的补水采用市区自来水，经全自动软化装置和常温过滤式除氧器处理后，由变频补水装置定压送入系统。

　　锅炉上煤采用胶带输送机，锅炉排渣通过重链除渣机送往除渣间，各除尘器排灰由刮板除灰倒入手推车，同除渣间的灰渣一起运到贮渣场。

　　锅炉排烟经多管除尘器处理后，由引风机送入上口直径 1.4m，高 45m 的砖烟囱排入大气。

　　(2) 工程设计图

　　1）±0.00 设备布置平面图　见图 11-19*a*；

　　2）8.50m、5.30m 层设备布置平面图　见图 11-19*b*；

　　3）1-1 剖面图　见图 11-19*c*；

　　4）2-2 剖面图　见图 11-19*d*；

　　5）热力系统图　见图 11-19*e*。

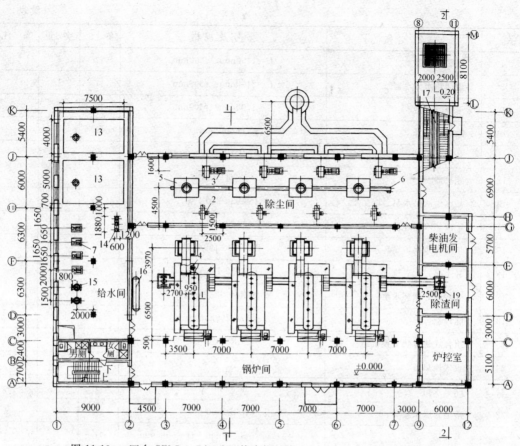

图 11-19a　四台 SZL7-0.7/95/70 热水锅炉房±0.00m　层设备布置平面图

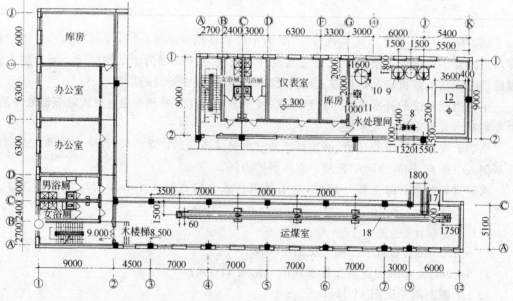

图 11-19b　四台 SZL7-0.7/95/70 热水锅炉房 $\frac{8.50}{5.30}$ m层设备布置平面图

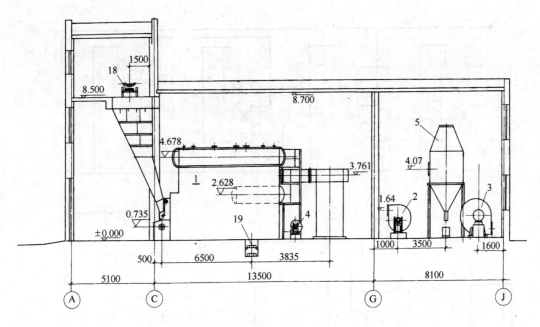

图 11-19c 四台 SZL7-0.7/95/70 热水锅炉房 1—1 剖面图

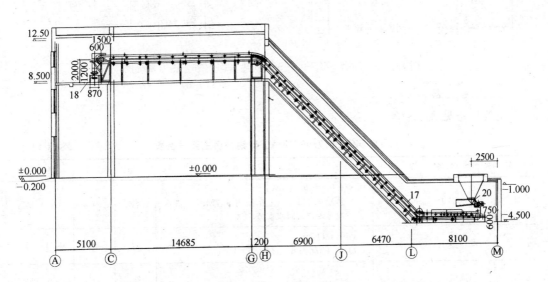

图 11-19d 四台 SZL7-0.7/95/70 热水锅炉房 2—2 剖面图

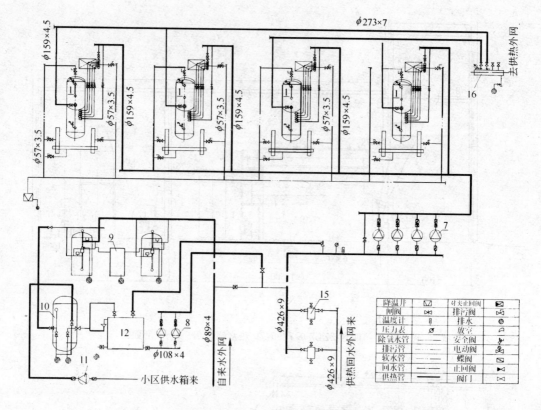

图 11-19e 四台 SZL7-0.7/95/70 热水锅炉房 热力系统图

（3）主要设备表

主要设备见表 11-13。

四台 SZL7-0.7/95/70-AⅡ型锅炉房主要设备表　　　　　　　　表 11-13

序 号	设 备 名 称	型 号 及 规 格	单 位	数 量	备 注
1	热水锅炉	SZL7-0.7/95/70-AⅡ 热功率 7MW　工作压力 0.7MPa　供水温度 95℃，回水温度 70℃	台	4	
2	鼓风机	G6-41-11№8.5 $Q=1\,837m^3/h$　$H=2\,535Pa$	台	4	$N=18.5kW$
3	引风机	Y6-41-№11.2D $Q=41773m^3/h$　$H=2\,764Pa$	台	4	$N=55kW$
4	二次风机	9-19-4.5A　$Q=2504m^3/h$　$H=4112Pa$	台	4	$N=5.5kW$
5	多管除尘器	GQx10	台	4	
6	刮板除灰机	GBC-400　$Q=3t/h$	台	1	$N=3kW$
7	循环水泵	KLW200-400（Ⅰ）A $Q=262\sim486m^3/h$　$H=47.6\sim54.1m$	台	4	$N=55kW$
8	补水装置	WBHG-1-24-45	套	1	$N=3kW$
9	全自动软水装置	172/480E2-750×2000　$Q=15\times25t/h$	套	1	
10	常温过滤式除氧器	TLⅢ-25　$Q=25t/h$	台	1	
11	反冲洗水泵	KL100-160　$Q=120m^3/h$　$H=30m$	台	1	$N=18.5kW$

序号	设 备 名 称	型 号 及 规 格	单位	数量	备 注
12	除氧水箱	容积40m³ 5200×3600×2400	个	1	
13	生活给水箱	4000×7500×3500 5000×7500×3500		2	
14	生活给水变频装置	WBHG-1-300-60 Q=300m³/h	套	1	N=30kW
15	除污器	LFC-300	台	2	
16	分水器	φ800×3800	个	1	
17	大倾角输煤机	B=500mm α=45°	台	1	N=7.5kW
18	槽型输煤皮带机	B=500mm α=0°	台	1	N=4kW
19	重链除渣机	B=800mm α=20°	台	1	N=7.5kW
20	往复振动给煤机	给煤能力45t/h	台	1	N=4kW

（四）两台DHL20-25-AⅡ蒸汽锅炉房

（1）简介

该工程为某大豆蛋白厂的蒸汽锅炉房，设有两台DHL20-25-AⅡ蒸汽锅炉，总容量为40t/h。

锅炉间为双层布置。±0.00m层为烟风道及出渣系统，4.5m层为锅炉运转层，屋架下弦为17.5m。辅助间设在锅炉间左侧，底层为水处理及变配电间，二层为生活辅助间。

外网自来水经钠离子交换器进入软水箱。再由软水泵送入热力除氧器同凝结水一起除氧后，然后由锅炉给水泵打入锅炉使用。

输煤系统布置在锅炉房外左侧，设有贮煤库、转运站及输煤廊。为节约占地面积，采用大倾角胶带输送机，倾角为45°。

锅炉间前部为四层，底层为锅炉给水泵间，4.5m层为炉控室，8.5m层为除氧间，16.0m层为给煤间。

锅炉房右侧为扩建端。

除尘装置采用水浴式除尘器。

（2）工程设计图

1）锅炉房平面位置总图 图11-20a

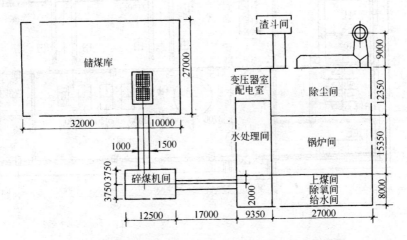

图11-20a 两台DHL20-25-AⅡ型锅炉房平面位置总图

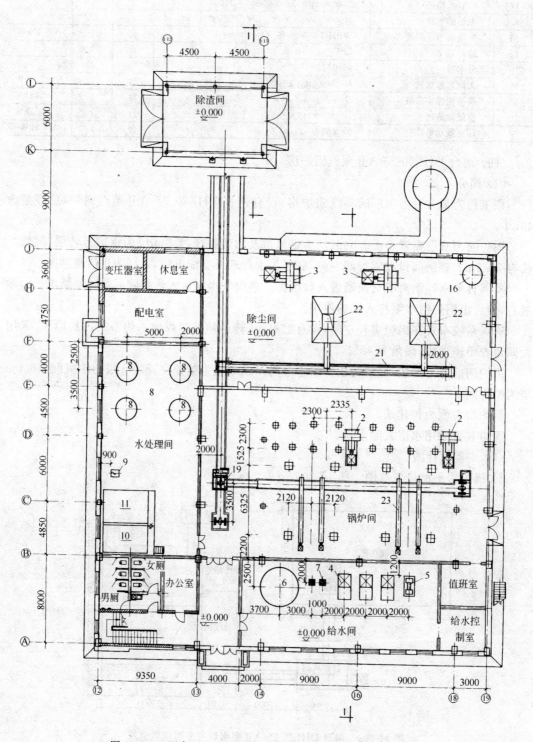

图 11-20b 两台 DHL20-25-AⅡ型±0.00m 层设备平面布置图

2）±0.00m 层设备平面布置图　图 11-20b

3）4.50m 层设备平面布置图　图 11-20c

4）8.50m,16.00m,19.00m 层设备平面布置图　图 11-20d

5）1—1 剖面图　图 11-20e

6）热力系统图　图 11-20f

（3）主要设备表

主要设备表见表 11-14。

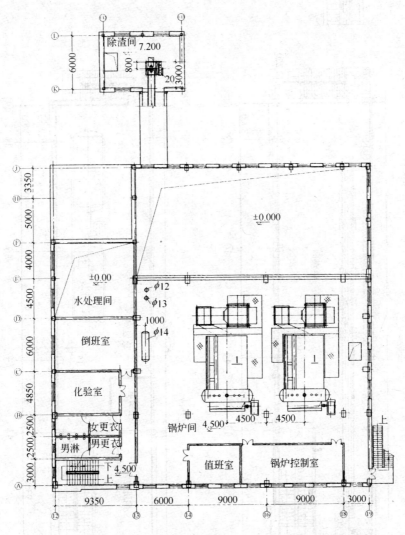

图 11-20c　两台 DHL20-25-AⅡ型锅炉房 4.50m 层设备平面布置图

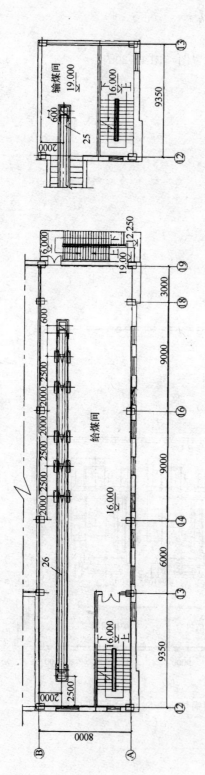

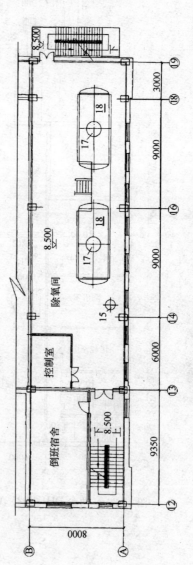

图 11-20d 两台 DHL20-25-AⅡ型锅炉房 8.50、16.00、19.00m 层设备平面布置图

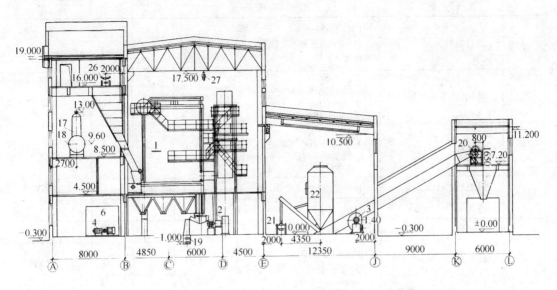

图 11-20e 两台 DHL20-25-AⅡ型锅炉房 1—1 剖面图

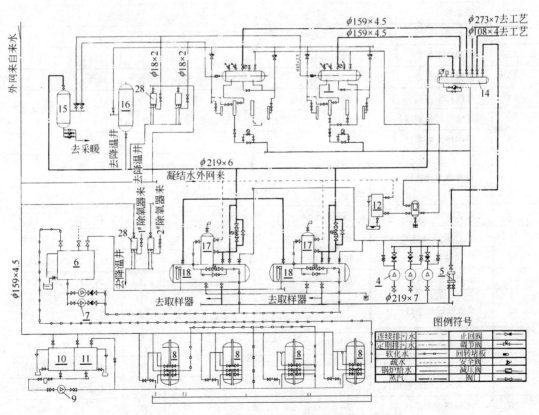

图 11-20f 两台 DHL20-25-AⅡ型锅炉房热力系统图

序号	设　备　名　称	型　号　及　规　格	单位	数量	备　注
1	蒸汽锅炉	DHL20-25-ⅡA $D=20t/h$　$P=2.5MPa$　$t=226℃$　给 水温度 105℃	台	2	
2	鼓风机	4-73-11№9D　Y200L-4 $Q=30000m^3/h$　$H=259mmH_2O$	台	2	$N=30kW$
3	引风机	Y5-47-12.4D　Y280M-4 $Q=55680m^3/h$　$H=3684Pa$	台	2	$N=90kW$
4	锅炉给水泵	4GC-8　$Q=30m^3/h$　$H=344m$	台	2	$N=90kW$
5	蒸汽泵	ZQ-G20/21　$Q=20m^3/h$　$H=210m$	台	1	
6	软水箱	容积 30m³　$\phi3600\times3200$	台	1	
7	软水泵	KL65-160(Ⅰ) $Q=35\sim65m^3/h$　$H=35\sim28m$	台	2	$N=7.5kW$
8	无顶压钠离子交换器	出水量 47m³/h　$\phi2000\times5480$	台	4	
9	盐液泵	50FB-25　$Q=14.4m^3/h$　$H=40m^3$	台	1	$N=5.5kW$
10	浓盐池	$3000\times2500\times1500$	个	1	
11	稀盐池	$3000\times3000\times1500$	个	1	
12	磷酸盐溶解器	容积 40L	台	1	
13	磷酸盐加药器	LJ-40/60	台	1	
14	分汽缸	$\phi800\times3050$	个	1	
15	连续排污膨胀器	LP1.5	台	1	
16	定期排污膨胀器	DP3.5	台	1	
17	旋膜热力除氧器	YDQ-35 出力 35t/h　出水温度 104℃,给水温 度 20℃	台	2	
18	除氧水箱	容积 25m³	台	2	
19	1#重链除渣机	排渣量 4~6t/h　$\alpha=15°$	台	1	$N=5.5kW$
20	2#重链除渣机	排渣量 4~6t/h　$\alpha=28°$	台	1	$N=7.5kW$
21	运灰胶带输送机	$B=500mm$　$\alpha=0°$	台	1	$N=4kW$
22	高效脱硫除尘器	GZT-20 处理烟气量 60000m³/h　$\eta=92\%\sim97\%$	台	2	$N=1.1kW$
23	螺旋除灰机	$\phi250\times6830$	台	4	$N=0.75kW$
24	1#大倾角胶带输送机	$B=500mm$　$\alpha=45°$	台	1	$N=5.5kW$
25	2#大倾角胶带输送机	$B=500mm$　$\alpha=45°$	台	1	$N=5.5kW$
26	3#槽型胶带输送机	$B=500mm$　$\alpha=0°$	台	1	$N=4kW$
27	电动葫芦	CD1-24　起重量 1t	台	1	
28	取样器	$\phi250$	个	4	

复习思考题

1. 给水系统有哪些设备？

2. 蒸汽锅炉房的汽水系统一般由哪几部分组成？热水锅炉房的热水系统由哪几部分组成？

3. 如何选择锅炉给水泵和凝结水泵？

4. 为什么离心式水泵有灌注头和吸上安装高度的限制？

5. 选择第六章习题 1 中锅炉房的软化水箱、补给水泵、循环水泵等设备，并绘制该锅炉房的热力系统图。

第十二章　锅炉房的运行管理

锅炉是一种受压设备,经常处于高温下运行,还受到烟气中有害杂质的侵蚀和飞灰的磨损。如果管理不严、操作不当,就会发生事故,造成不可弥补的损失。同时,锅炉又是消耗能源、产生大气污染的主要设备。据统计,我国工业锅炉每年的耗煤量、烟尘和 CO_2 及其他有害物质的排放量约占全国各项总量的 1/3 以上。因此,为了保证锅炉安全、经济地运行,就必须重视和加强锅炉的运行管理工作。本章主要介绍工业锅炉安全运行和科学管理方面的基本知识。

第一节　锅炉的启动与正常运行

一、锅炉的启动

锅炉的启动过程一般包括启动前的准备与检查、进水、点火、升压等几个步骤。

新装或大修后的锅炉,必须经过专业技术人员进行内外部检验,合格后方可启用。

（一）锅炉启动前的准备与检查

为了使运行人员了解并掌握设备的现有情况,使锅炉在启动和运行时安全可靠,就要求锅炉点火前对锅炉本体、辅助设备及各附件进行一次全面检查。检查具体内容如下:

（1）检查锅筒、集箱、管道等内部有无杂物、水垢及遗留的工具等。

（2）密闭所有的人孔和手孔。

（3）检查炉墙、烟道的伸缩缝是否与图纸相符;风、烟道阀门是否严密,操作是否灵活;出灰门是否严密不漏气。

（4）检查所有电动机的旋转方向是否正确,联轴器螺栓连接是否牢固,轴承油箱内润滑油是否充足。

（5）链条炉排的活动部分与固定部分有无必要的间隙;炉排所有转动部件的润滑情况;启动电机对炉排各档速度进行空转试验,检查炉排松紧是否适当;炉排、炉排片和其他零件是否完整。

（6）检查水位表、压力表、安全阀及其他测量、自动控制仪表是否完整、灵活、有效。

（7）试验指示灯、警报器、电气方面及电气联锁装置是否正常。将全部照明设备试行开亮一次。

（8）煤斗存煤是否充足;燃油、燃气或煤粉锅炉所配燃烧器是否正常;燃油、燃气供应系统是否安全、可靠。

（9）锅炉本体各阀门是否已调整好开关位置。

检查工作完毕,用软化水向锅炉进水,进水温度以 $45 \sim 50 ℃$ 为宜。给水应缓缓进入锅炉,以免进水速度太快,使锅筒壁引起不均匀膨胀而产生热应力。进水时间夏季控制在 1 小时左右,冬季不少于两小时,小容量的锅炉进水时间可适当缩短。进水时,要先打开锅筒上的空气阀或抬起一个安全阀，以排除空气。进水时，应随时检查锅炉的人孔盖、手孔盖、法兰接合面等处是否有渗漏，如有渗漏应及时修理。

当锅筒水位升至水位计最低水位指示线时，停止进水，观察半小时。锅筒水位应维持不变，如水位升高或降低，应迅速查明原因及时修理。保证各受压部分及水位表、压力表、排污阀等严密无漏水现象。

此时，低水位计、远传水位计、高低水位警报器均可开启，有关阀门也应准备投入运行。检查其是否漏水，是否起作用。

点火之前，应对炉膛和烟道彻底通风，排除炉膛及烟道可能积存的可燃性气体，以免点火时发生爆燃。自然通风时应不少于 15min，用风机通风时间不少于 5min。对于燃油锅炉的有关油管和喷油嘴，则用蒸汽吹扫，以保证管路畅通。

（二）点火和升压

完成准备和检查工作后，应由负责生产的领导签发点火命令后方可进行点火。锅炉点火要按不同的燃烧设备所规定的方式进行。

（1）燃煤锅炉可用木柴或其他易燃物引火。注意木柴中应去掉铁钉，以免铁钉卡住炉排引起故障。严禁用挥发性强烈的油类或易爆物引火，以免受热后产生可燃性气体引起爆炸。

（2）油炉和煤粉炉可用煤油或煤气引火。点火时，要注意防爆。一次没点着，不得接着点火，必须停止送燃料。进行充分通风后，再重新点火。

点火后，燃烧要缓慢加强，升温不能太快，以免锅炉各部位受热不均，产生过大的热应力，损坏锅炉部件或炉墙。当蒸汽从空气阀中冒出时，应将空气阀关闭或放好安全阀阀芯，并注意锅炉压力的上升。若装有两支压力表，应该检验二者所指示的压力是否相符。从点火、升压到达到工作压力所需的时间：烟管锅炉一般为 5～6h，水管锅炉一般为 2～3h，快装锅炉一般为 1～2h。

当气压上升至工作压力的 2/3 时，应微开锅炉主汽阀进行蒸汽管道的暖管工作。即用蒸汽将常温下的蒸汽管道、阀门均匀加热，并把冷凝水排出。以防止送汽时发生水击事故和过大的热应力损坏管道、阀门及附件。暖管时应注意疏水。暖管的时间应根据管道直径、长度、蒸汽温度和季节气温的不同而定。一般对于工作压力为 0.7MPa 以下的锅炉，暖管时间约为半小时左右。

在升压过程中，锅炉不需要进水。为了防止非沸腾式省煤器中的水可能汽化损坏省煤器，当无旁通烟道时，应打开再循环管，使省煤器内水流动，通过省煤器后返回水箱；若有旁通烟道，可让烟气通过旁通烟道，不加热省煤器，使省煤器得到保护。

锅炉房内多台锅炉同时运行，蒸汽母管内已由其他锅炉输入蒸汽，再将新升火的锅炉内的蒸汽合并到蒸汽母管的过程称为并汽，又称并炉。并汽前应减弱燃烧，开启蒸汽母管上的疏水阀，并再次冲洗水位计。并汽应在锅炉汽压力比蒸汽母管压力低 0.02～0.05MPa 时进行。先缓慢开启主汽阀（有旁通阀的先开旁通阀），等到蒸汽管中听不到汽流声时，再逐渐开大主汽阀。主汽阀全开后，再倒转半圈，以免长时间受热卡死、关不动。然后关闭旁通阀。并汽时要注意压力、水位的变化。若管道内有水击现象，应加强疏水后再并汽。

并汽后，关闭省煤器旁通烟道，开启省煤器烟道挡板，或关闭再循环管，使省煤器正常运行。各锅炉的给水应配合锅炉蒸发量，维持锅炉的正常水位。同时打开连续排污阀进行表面排污。

最后对所有仪表再检查一次。此外再试验一下高低水位警报器、自动给水装置和蒸汽流量计后,即可投入生产。

二、锅炉的正常运行

为了保证锅炉安全、经济地运行,需做好运行调节工作。锅炉正常运行时,工作人员主要是对锅炉的水位、蒸汽压力、汽水质量和燃烧情况的动态变化进行监视和控制。保持水位、蒸汽压力和燃烧工况的稳定,提高效率,减少环境污染。

(一)控制水位

蒸汽锅炉在正常运行中,锅水不断蒸发,水位逐渐下降。工作人员应不间断地通过水位表监视锅内水位,并及时给水。为了防止锅炉发生缺水和满水事故,应尽量做到均衡给水,以保持锅炉的正常水位。

运行中的正常水位一般是锅筒中心线下约30mm处,在运行中随负荷的变化进行调整。锅炉在低负荷运行时,水位应稍高于正常水位线,以免增负荷时造成低水位;锅炉在高负荷运行时,水位应稍低于正常水位线,以免减负荷时造成高水位。水位允许变动范围为不超过正常水位线±50mm。为了防止出现假水位,水位表应经常冲洗,每班一般2～3次。

在负荷变化较大时,可能会出现暂时的虚假水位。当负荷突然增加时,蒸发量不能很快跟上,造成蒸汽压力下降,水位会因锅筒内汽、水两相的压力不平衡而出现先上升再下降的现象;反之,当负荷突然降低时,压力会上升,水位先下降后上升。因此,在监视和调整水位时,要注意判断这种暂时的假水位,以免误操作。锅水中含盐量过高,也会产生由于汽水共腾而使水位偏高的假水位。因此,要保持连续排污的正常运行。

控制锅筒水位的高低是通过改变给水调节阀的开度来改变给水量而达到的。大型锅炉采用给水自动调节器来自动调节送入锅炉的给水量。调节器的电动执行机构除能实现自动调节外,还可以切换为远方(遥控)手动操作。对无给水自动调节装置或装置失灵的锅炉,应操作给水阀使给水量与蒸发量保持平衡。

(二)调整蒸汽压力

要注意使压力表经常指示在正常压力范围内,不得超过最高允许压力(红线)。超过红线时,安全阀开始排汽;若不能排汽,必须用人工开启安全阀。安全阀应每星期做一次手动排汽试验,每月做一次自动排汽试验。压力表每半年至少校验一次。

锅炉蒸汽压力的变化反映了蒸发量与蒸汽负荷之间平衡关系的变化。当蒸发量大于热用户需求时,蒸汽压力就上升,反之则下降。所以蒸汽压力调节,也就是蒸发量的调节。蒸发量的大小取决于燃烧的情况。强化燃烧时,蒸发量就增加;减弱燃烧时,蒸发量就减少。因此,当负荷减少时,应相应减弱燃烧,负荷增大时则应强化燃烧,这样才能保持锅炉蒸汽压力的稳定。

当负荷增加时锅炉蒸汽压力降低。此时如果水位高,则应先减少或暂停给水,再增加给煤量和送风量,加强燃烧,提高蒸发量,使蒸汽压力和水位保持正常;如果此时水位低,则应先增加给煤量和送风量,在强化燃烧的同时,逐渐增加给水量。

当负荷减少时锅炉蒸汽压力升高。如果此时锅炉内的实际水位高,则应先减弱燃烧,再适当地减少给水量;如果这时锅炉内的水位低,则应先加大给水量,等水位恢复正常后再根据负荷及蒸汽压力的变化,适当调整燃烧和给水量。

手烧炉负荷变化时,要通过调节加煤间隔时间和送、引风来调节燃烧,不要通过投煤量来调节,要保持煤层厚度不变。

链条炉一般用调整炉排速度的方法(煤层厚度不变)来满足负荷变化的需要。

锅炉负荷不变时,如果蒸汽压力降低或升高,应及时检查燃烧情况,调整供燃料量及风量以保持蒸汽压力的正常。

对于分段送风的锅炉,炉排小风门的开度应视燃烧情况及时调整。锅炉正常运行时,炉排前后两端的风门可以关闭。在火焰小处可稍开,在炉排中部燃烧旺盛区,风门要开大些。

（三）控制水质

锅炉正常运行中应认真执行《工业锅炉水质》标准及按其制定的水质管理制度。做好水质管理工作和日常记录。

锅水含盐量的调节控制是十分重要的一项日常工作。锅水中盐的浓度是通过调节连续排污量,即调节排污阀开度来控制的。阀门开度根据化验结果确定。没有连续排污的小型锅炉,则通过定期排污来减少锅水含盐量。

锅内沉积物通过定期排污排除。定期排污应在高水位低负荷时进行。一般每班至少要排污一次,排污时间不超过半分钟。排污时,先慢慢打开离锅炉较近的阀门称为慢开阀,再打开快速排污阀。排污结束时,先关闭快速排污阀,然后再关慢开阀。这样不但可以保护慢开阀,而且当快速排污阀受损需更换时不必停炉。为了排除两阀之间积水,应再将快速排污阀开启排尽积水后关闭。

（四）炉膛负压的调节

锅炉正常运行时,炉膛负压维持在 $20\sim30Pa$(2～3mm 水柱)。负压过大,会吸入过多的冷空气,降低炉膛温度,增加排烟热损失;负压过低,易使火焰、烟气向外喷出,损坏设备、烧伤人员、污染环境。

炉膛负压的大小,主要取决于风量的匹配。风量的大小取决于炉膛燃烧工况。当送风量大而引风量小时,炉膛负压小;当送风量小而引风量大时,炉膛负压大。在增加风量时,应先增加引风量,后增加送风量;在减少风量时,应先减少送风量,后减少引风量。当负荷增加时,应先增加引风量,再增加送风量和燃料量;反之,当负荷减小时,应先减少燃料量和送风量,再减少引风量。

三、热水锅炉的运行

（一）热水锅炉的启动

热水锅炉是满水运行的,因而无水位调节问题。其燃烧调节与蒸汽锅炉相同。因其与室外热网相连,锅炉启动及水温调节、水压控制与蒸汽锅炉不同,在此将不同之处予以介绍。

（1）启动前的准备

1）网路系统的清洗　对新投入运行或长期停运的锅炉及外网,应先进行冲洗,去除管路系统中的铁锈等杂物,防止在运行中堵塞管路和散热设备。

冲洗分为两个阶段:

一是粗洗:用 $0.3\sim0.4MPa$ 的水冲洗,冲洗水排入下水管道。排出的水不混浊时,粗洗结束。

二是精洗:为了清除颗粒较大的杂物,采用流速 $1\sim1.5m/s$ 的循环水,通过除污器使杂物沉淀并定期清除。循环水至完全透明时,精洗结束。

2）充水　冲洗结束后,重新向网路系统充入符合水质要求的软化水。充水使用补给水泵。

充水顺序为锅炉→外网→热用户。向锅炉充水一般由下锅筒、下联箱送入至顶部放气阀出水为止;向管路充水,从回水管开始至各排气阀出水为止;向用户充水从入口开始至各系统顶部排气阀出水时停止,并关闭顶部放气阀。充水完毕1～2小时后,再次打开顶部放气阀,排出残存的空气。充水完毕后,应对网路进行全面检查,确认有无泄漏;并对各辅助设备如膨胀水箱、除污器、循环泵、分水器等进行检查确认有无异常。检查过程中发现问题应及时修理。

3）调整、检查定压设备　其他有关锅炉及辅助设备的启动准备与蒸汽锅炉相同。

（2）点火启动程序

锅炉点火前,应先启动循环水泵,使系统中的水循环流动起来,以免锅水汽化。停炉时,不得立即停泵,只有当锅炉出口水温降到50℃以下时才能停泵。热水锅炉的点火操作及燃烧调节,与蒸汽锅炉基本相同。其具体操作时应注意:

1）启动循环泵前应先开启网路末端的一、二个热用户系统,或开启末端给、回水之间的循环阀。

2）对于容量较大的循环水泵,应在关闭其出口阀门的情况下启动,以防止启动电流过大。然后逐渐开启水泵出口阀门。

3）在启动循环泵的过程中,应注意网路系统压力的变化。随时调节分支给水阀,保持压力稳定。

4）以先远后近的顺序开启热用户系统。一般先开启回水阀,再开供水阀。注意供水和回水阀门的开度调节。

（二）热水锅炉的运行

（1）供水温度的控制　如果供水温度过高,就会引起锅水汽化。大量锅水汽化则会导致超压甚至爆炸事故。因此,运行时应严格控制出水温度,使其低于运行压力下相应的饱和温度20℃以下。

操作人员应牢记所操作锅炉的最高允许温度值。当水温接近最高允许温度值时,应采取减弱燃烧的措施。一旦出水温度超过允许值应立即紧急停炉。

（2）运行压力的控制　热水锅炉运行时应随时监视与控制锅水压力、回水压力,并应经常观察循环水泵出、进水口压力及补水泵出水口压力。锅炉本体上的压力指示值总是大于分水器上压力表的指示值,而且两块压力表指示的压差应当是恒定的。当二者压差不变但数值下降时,说明系统中的水量在减少,应增加补水。经补水压力仍然不能恢复正常,说明系统中有严重的泄漏,应立即采取措施。若锅炉压力不变而回水管压力上升,则说明系统有"短路"现象。

循环泵出水口与进水口压力表示值之差为循环泵的扬程。通过循环水泵出、进水口上的压力表指示值可以判断水泵的工作是否正常。

（3）炉膛负压的调整　锅炉正常运行时,一般维持20Pa的炉膛负压。与蒸汽锅炉一样,炉膛负压的大小、主要取决于引风量和送风量的匹配。风量是否适当可通过观察炉膛火焰和烟气颜色大致作出判断。风量适当时火焰呈亮黄色,烟气呈灰白色;风量过大时,火焰白亮刺眼,烟气呈白色;风量过小时,火焰呈暗黄或暗红色,烟气呈黑色。

（4）排污与除污　热水锅炉上接有定期排污管。排污最好在停泵时进行，此时锅水水流平缓，排污效果好。当锅水温度大于100℃时，严禁排污，以免大量锅水排出会造成压力急剧下降，引起锅水汽化。排污一般每周进行一次。采用锅内加药处理或水质较差时，可适当增加排污次数。一台锅炉上同时有几根排污管时，必须对所有排污管轮流排污。多台锅炉同时使用一根排污总管，而每台锅炉的排污管上又没有止回阀时，严禁同时排污，以防止污水倒流入相邻的锅炉。

热水供热系统在回水干管上都设有除污器，防止回水将管网与用户中的污物、杂质带入锅炉。一般除污器除污每月进行一次。除污时应先打开除污器的旁通阀门，切断除污器与系统的联系，让系统水绕过除污器，经旁通管进入循环泵。放掉除污器中的积水，打开除污器清除污物。然后用清水将除污器冲洗干净，重新投入运行。

除了要进行以上操作外，司炉人员须及时了解用户情况，根据室外气温变化情况，及时调整供热量。供热系统的运行调节见教材《供热工程》。

第二节　锅炉的停炉及保养

锅炉从运行状态转入停止燃烧，降压的过程称为停炉。停炉分为压火停炉、正常停炉和紧急停炉。

一、压火停炉

燃煤锅炉暂时不供汽时（一般不超过12h），可以进行压火停炉。压火前应先减少风量和给煤量，逐渐降低负荷、停止给煤。然后关闭送、引风机，根据不同燃烧设备的操作，使火处于不着不灭的状态。然后关闭主汽阀，开启过热器疏水阀和省煤器旁通烟道。无旁通烟道时，应打开省煤器的再循环管阀门，使省煤器内有水循环冷却。

压火期间应经常监视水位和蒸汽压力变化情况，防止炉火熄灭或复燃。

二、正常停炉

锅炉在定期检修、节假日期间或供暖季结束时需要停炉，称为正常停炉。正常停炉一般要按一定的步骤进行。

（一）燃煤锅炉的正常停炉

（1）逐渐降低负荷，给水自动调节改为手动调节；停止供应燃料、停止送风、减小引风；关闭主汽阀，开启过热器疏水阀和省煤器旁通烟道，关闭给水阀。

（2）当燃煤燃尽时，停止引风，关闭烟道挡板，清除灰渣，关闭炉门、灰门，并注意水位和排汽泄压。

（3）待锅内无蒸汽压力时，开启空气阀，以免锅内发生真空；停炉6h后，开启烟道挡板、灰门、炉门等进行通风，并少量换水；当锅水温度降到70℃以下时，放出全部锅水，并清洗和铲除锅内水垢。

（二）燃气（燃油）锅炉的正常停炉

随着锅炉负荷的降低，逐渐减少燃料量和进风量，关小送风机和引风机挡板，直到停止燃料供应。在锅炉燃气（燃油）流量调节阀关闭后，先关闭供气（供油和回油）干管上的切断阀，开启锅炉燃气管路系统的排空阀。然后关闭各运行燃烧器的供气（供油和回油）切断阀。并仔细检查各切断阀门是否已关闭严密，防止燃气漏入炉膛。

熄火后，为排除炉膛及烟道内残存的可燃物，引风机应继续抽吸 5～10min 进行吹扫，吹扫时炉膛负压应保持在 50～100Pa。吹扫结束后，解除风机联锁，关闭燃烧器风门并停止送风机运行，最后停止引风机运行。

锅炉熄火后，当蒸汽流量接近于零时，将锅炉主蒸汽阀慢慢关闭，然后将蒸汽母管前的切断阀关闭。为了冷却过热器，可将对空排气阀和过热器出口疏水阀打开，30～50min 后关闭。同时，将锅炉主汽管与蒸汽母管前的切断阀之间管道上的疏水阀全部打开。为了冷却省煤器，停止进水后，必须开启省煤器再循环管阀门或将烟气引至旁通烟道，同时关闭连续排污阀门。

锅炉冷却放水操作与燃煤锅炉操作(3)相同。

三、紧急停炉

锅炉运行中出现异常情况的停炉称为紧急停炉，又称为事故停炉。

锅炉运行中遇到下列异常情况之一时，应立即采取紧急停炉措施，以防事故扩大。

（一）遇到的异常情况

锅炉水位低于水位表最低可见边缘；

锅炉水位超过最高可见水位；

不断加大给水量及采取其他措施，但水位仍继续下降；

给水泵全部失效、给水系统发生故障、不能向锅炉进水；

水位表或安全阀全部失效；

锅炉元件损坏，危及运行人员安全；

燃烧设备损坏，炉墙倒塌或锅炉构架被烧红等严重威胁人身安全或设备的安全运行；

其他异常情况危及锅炉安全运行。

（二）紧急停炉的操作步骤是：

（1）发出事故信号，通知用汽单位；

（2）停止给煤和送风，迅速扒出炉火及燃煤，放入灰渣斗，用水浇熄；

（3）将锅炉与蒸汽母管完全隔断，开启空气阀、安全阀、过热器疏水阀，迅速排放蒸汽，降低压力；

（4）炉火熄灭后将烟、风挡板、炉门、灰门打开，以便自然通风加速冷却。

（5）因缺水事故而紧急停炉时，严禁向锅炉给水，不得使用开启空气阀或安全阀等有关排汽的处理办法，以防事故扩大。如无缺水现象，可采取排污和给水交替的降压措施；

（6）遇满水事故时，应立即停止给水、开启排污阀放水，使水位适当降低。同时开启主汽管、分汽器、蒸汽母管上的疏水阀，防止蒸汽大量带水使管道发生水击。

（7）对燃气（燃油）锅炉，应立即切断燃料供应，迅速打开排空阀，停止燃烧器的运行。熄火后打开烟道挡板，对炉膛及烟道进行通风冷却 15min 以上。

四、停炉保养

锅炉停用后放出锅水，锅内湿度很大，受热面内表面会形成一层水膜。水膜中的氧气和铁起化学反应生成铁锈，锅炉就受到了腐蚀。被腐蚀的锅炉重新投入运行后，在高温下会加剧腐蚀。锅炉表面金属被腐蚀后，机械强度降低、缩短锅炉的寿命。因此，必须做好锅炉的停炉保养工作。

工业锅炉常用的停炉保养主要有干法保养和湿法保养两种。

（一）干法保养

干法保养适用于停炉时间较长，特别是夏季停用的采暖热水锅炉。锅炉停用后，将锅水放尽。利用锅内余热，使金属表面烘干。清除水垢和烟灰，关闭蒸汽管（供热水管）、给水管和排污管道上的阀门，与其他运行着的锅炉完全隔绝。然后将干燥剂放入锅筒及炉排上，吸收潮气。最后，关闭所有人孔、手孔。放入干燥剂约一周后，检查干燥剂的情况，以后每隔一个月左右检查一次，并及时更换失效的干燥剂。

干燥剂的用量：氧化钙（又称生石灰）按每立方米锅炉容积加 2～3kg，或无水氯化钙按每立方米锅炉容积加 2kg。

（二）湿法保养

湿法保养是利用碱性溶液在一定浓度下具有防锈作用的原理来防止锅炉金属腐蚀的。一般适用于停炉期限不超过一个月的锅炉。

锅炉停炉后，放尽锅水，清除水垢、烟灰，关闭所有的人孔、手孔、阀门等。锅炉送入软化水至最低水位线，用专用泵把配制好的碱性保护液注入锅炉。再将软化水充满锅炉（包括省煤器和过热器），直至水从开启的空气阀冒出。然后关闭空气阀和给水阀。为了使溶液混合均匀，可用专用泵进行水循环。保养要定期取样化验，如果碱度降低应补加碱液。冬季要采取防冻措施。

碱液成分：每吨锅水加入氢氧化钠（火碱）5kg；或碳酸钠（纯碱）20kg；或磷酸三钠 10kg。

当锅炉恢复使用时，应将全部锅水放出，或放出一半再上水稀释，直至符合锅水标准为止。

第三节　锅　炉　事　故

一、锅炉事故的分类

锅炉设备在运行中发生异常情况而造成损坏的事件称为锅炉事故。锅炉事故按设备损坏的程度可以分为三类，爆炸事故、重大事故和一般事故。

（一）爆炸事故

锅炉的主要受压部件在运行中突然发生破裂，使锅炉压力瞬间降到等于外界大气压力的事故称为爆炸事故。

它是最严重、破坏性最大的事故。在锅炉爆炸的一瞬间，蒸汽和锅水由于压力的瞬间下降，体积急剧膨胀。大量汽水混合物几乎全部冲出炉外，形成巨大的冲击波，将锅炉抛出几十米、甚至几百米远。同时还能摧毁和震坏建筑物，造成严重的破坏和人员伤亡。因此，要特别防止这类事故的发生。

（二）重大事故

是指由于锅炉受压部件烧损变形、爆管或炉膛内可燃气体爆炸等引起炉墙倒塌或钢架严重变形造成被迫停止运行，进行修理的事故。

（三）一般事故

是指锅炉损坏程度不严重，不需停炉就可以进行修理的事故。

二、锅炉事故产生的原因

锅炉事故具体有锅炉爆炸、锅炉缺水、锅内满水、锅炉爆管、汽水共腾、炉膛内可燃气体爆炸及热水锅炉汽化等。之所以会发生各种事故,除了锅炉本身的先天性缺陷外(如结构不合理、焊接质量不良、安装不合理等),还有管理不严、操作人员纪律松弛、擅离岗位;司炉人员技术不熟练、误操作;安全附件不全或失灵;锅炉水处理管理不善,给水不良等等原因。

三、处理锅炉事故时应注意的事项

(一)锅炉一旦发生事故,运行人员一定要沉着冷静,全面剖析事故现象,判断事故原因,尽快采取相应措施,准确而迅速地进行处理,防止事故扩大。

(二)立即报告锅炉主管人员及有关领导。

(三)运行人员在事故发生和处理过程中,应坚守岗位。事故处理完毕之前,不得擅自离开工作岗位。

(四)事故之后,应做详细记录。

(五)若发生了爆炸事故、重大事故,除了为制止事故不再扩大和抢救伤员而采取必要措施之外,还应保护好现场,等有公安局、检察院、劳动部门参加的检查组调查完毕,经调查组同意后,方能清理现场。

四、工业锅炉几种常见事故

(一)锅内缺水

对于蒸汽锅炉,当锅内水位低于最低许可水位时称为锅内缺水,是造成锅炉爆炸的主要原因。因此,锅内缺水事故应引起足够的重视。

锅内缺水的原因很多,主要是由于司炉人员劳动纪律松弛与误操作所致。例如,长期忘记上水;排污后忘了关闭排污阀或关闭不严;水位表不按时冲洗,使汽水连通管堵塞形成假水位等。另外也可能由于设备缺陷或其他故障,如给水自动调节阀失灵,或水源突然中断,停止给水等。

当发现锅内缺水时,应立即停止供煤或降低负荷,冲洗水位表,并用"叫水法"检查缺水的程度。所谓叫水法是指采用先打开水位表(见图12-1)的放水阀,关闭通气旋塞,然后慢慢关闭放水阀,观察水位表内是否有水位出现,检查水位的方法。"叫水法"只用于水连通管高于最高火界的锅炉。对于水位表的水连通管低于最高火界的锅炉,如卧式快装锅炉等,一旦在玻璃水位表内看不到水位时不允许用"叫水法",而必须紧急停炉。因为即便叫出了水,水位也已低于安全水位。烟管、水管等受热面已露出水面而被干烧,再进水势必扩大事故。如经"叫水"后水位重新出现的,称轻微缺水;水位若不能出现的,说明水位已降到水连通管以下了,称为严重缺水。"叫水"后要将汽连通管上的旋塞开启。必须注意,这两种情况的处理方法是不同的。

(1)轻微缺水时,应减少给煤量和送风量,减弱燃烧,并缓慢地向锅炉进水。同时,迅速查明缺水的原因。检查给水管、炉管、省煤器管是否漏水或排污阀门是否关严或泄漏等,及时处理。待水位恢复到最低水位线上以后,再增加加煤和送风,加强燃烧。

(2)严重缺水时,严禁向锅炉进水。因为此时,有可能部分水冷壁管已经被干烧、过热。如果进水,水接触烧红的炉管便产生大量蒸汽,蒸汽压力猛增,有可能造成管子及焊口被损坏,甚至引起锅炉爆炉事故,这是非常危险的。所以锅内严重缺水时,严禁向锅炉进水,应采取紧急停炉措施。并将情况迅速报告有关负责人。等锅炉冷却后,对各部件进行详细

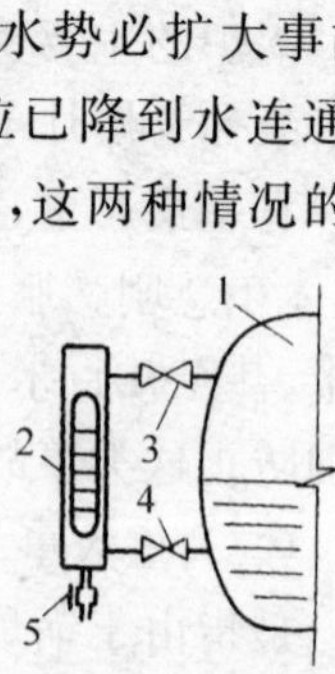

图 12-1 水位表示意图

1—锅炉;2—水位表;3—汽连通阀;4—水连通阀;5—放水阀

技术检查,做妥善处理,并经鉴定合格,方可继续使用。

(二) 锅内满水

锅内满水是指锅内的水位超过了最高许可水位。蒸汽空间的垂直距离缩小,造成蒸汽大量带水,使过热器中的过热蒸汽温度下降,过热器内结积盐垢。严重满水时,将使蒸汽管道发生水击。

锅内满水的原因有:司炉人员疏忽大意,对水位监视不够;给水自动调节器失灵;水位表的汽、水连管阻塞或放水旋塞漏水、造成水位指示不正确,引起司炉人员误操作。

当发现锅内满水时应立即冲洗水位表,检查是否有假水位,确定满水程度。如果看不到水位,则用"叫水法"判断是轻微满水还是严重满水。满水"叫水"方法是:冲洗水位表后,关闭水连通阀,再开放水阀,如看到水位从水位表的上边下降,可判定是轻微满水,否则是严重满水。

如是轻微满水,在减弱燃烧的同时,要停止给水,开启排污阀门放水,直至水位正常。然后关闭所有放水阀,再恢复正常运行。

如是严重满水,则应紧急停炉。并停止给水,加强排污阀门放水,加强疏水阀的疏水。待水位恢复正常后,关闭各排污阀及疏水阀,待事故原因查明并清除后,再恢复点火运行。

(三) 汽水共腾

汽水共腾是锅筒内水位波动的幅度超出正常情况。其表现为水位表内出现泡沫,水面剧烈波动,难以看清水位;过热蒸汽温度急剧下降,锅中含盐量过大;蒸汽管道内发生水冲击,法兰处向外冒汽。

发生汽水共腾会使蒸汽带水,降低蒸汽品质,造成过热器结垢及水击、振动。形成汽水共腾的主要原因是锅水含盐过高。一般是由于不注意对锅炉经常排污,造成锅水碱度增大,悬浮物增多,同时又不经常对锅水进行化验,锅水品质变差。

发生汽水共腾的处理方法是减弱燃烧,降低锅炉负荷,关小主汽阀;全开锅炉连续排污阀;开启过热器及蒸汽管道上的疏水阀排除存水;适当开启底部排污阀,同时加强给水,防止水位过低;取水样化验,待锅水品质合格,汽水共腾现象消失后,方可恢复正常运行。故障排除后要彻底冲洗水位表。

(四) 炉管爆破

炉管包括水冷壁管和对流管束。炉管爆破具体表现为炉膛或烟道内有明显的爆破声和喷汽声;水位、蒸汽压力、排烟温度迅速下降;炉膛内负压变为正压;炉烟和蒸汽从各种门孔喷出;锅炉水位降低,给水流量明显大于蒸汽流量;炉内火焰发暗,燃烧不稳定,甚至灭火。

发生炉管爆破的原因主要有:锅炉水质不符合标准要求,使管壁结垢或腐蚀,造成管壁过热,强度降低;水循环不良,管子得不到充分冷却,局部过热而爆破;管壁被烟灰长期磨损而减薄;升火或停炉速度过快,管子热胀冷缩不匀,造成焊口破裂;管子材质和安装质量不好,如管壁有分层、夹渣等缺陷,或焊接质量低劣,引起焊口破裂。

炉管爆破时,破口由小到大。汽水大量喷出,在很短的时间内造成锅炉缺水,使事故扩大,严重威胁锅炉运行的安全。发生炉管爆破的处理方法有:炉管轻微破裂,如尚能维持正常水位,故障不会迅速扩大时,短时间内减少负荷运行,等备用锅炉升火后再停炉;如果不能维持正常水位和蒸汽压力,则必须按程序紧急停炉;有数台锅炉并列运行时,应将故障锅炉与蒸汽母管隔断。

(五) 炉膛内可燃气体爆炸

事故多发生于燃油、燃气和煤粉锅炉。在点火、停炉或处理其他事故的过程中,当炉膛内可燃物质和空气混合浓度达到爆炸极限范围时,遇明火就会发生爆炸。炉膛爆炸时火焰经防爆门、看火孔等处向外喷出,炉膛压力迅速增大,轻则炉墙裂缝、炉管变形,严重时会造成炉墙倒塌、炉体损坏、甚至发生人员伤亡事故。

炉膛爆炸的主要原因有:锅炉运行过程中,灭火后没有及时切断燃料的供给;点火前没有先开引风机,以便通过通风来清除炉内残余的可燃物质,或点火时,先送燃料后点火;正常停炉没有遵守先停燃料后停鼓、引风机的原则。

发生炉膛爆炸的处理方法有:立即停止向炉内供给燃料,停止送风;如果炉墙倒塌或有其他损坏;应紧急停炉,组织抢修。

（六）燃气锅炉的回火及脱火

燃气锅炉发生回火及脱火具体表现为:炉膛负压不稳定,忽大忽小;烟气中 CO_2 和 O_2 的表计指示值有显著变化;火焰长度及颜色均有变化。

气体燃料燃烧时有一定的速度,当燃气在空气中的浓度处于燃烧极限范围内,而且燃气在燃烧器出口的流速低于燃烧速度时,火焰就会向燃料来源方向传播,产生回火。炉温越高,火焰传播速度越快,越容易产生回火。回火会烧损燃烧器,严重时还会在燃气管道内引发燃气爆炸。

反之,如果燃气在燃烧器出口的流速高于燃烧速度时,就会使着火点远离燃烧器而产生脱火。脱火导致燃烧不稳定,严重时会导致燃烧器或炉膛熄火。

如果燃气管道压力突然变化;调压阀、锅炉燃气调节阀性能不佳,使得燃气压力忽高忽低;以及风量调节不当,都可能造成燃烧器出口气流不稳定,引起回火或脱火。

要防止回火及脱火主要应控制燃气压力在规定的数值内。在燃气管道上应装有阻火器(回头器)。当压力过低未及时发现时,阻火器能使火焰自动熄灭。

当发生回火或脱火时,应检查燃气压力是否正常,迅速查明原因并及时处理。

（七）炉膛灭火

炉膛灭火具体表现为:炉内发暗,由看火孔看不到火焰;炉膛负压突然增大;灭火警报装置动作;蒸汽压力、汽温和蒸汽流量有所降低;锅筒水位先降低后升高。如果灭火发现较迟,送入炉内的燃料积贮至某一时刻,将会引发爆炸事故。

炉膛灭火的原因:锅炉负荷太低,致使燃烧室温度低,不利于燃料的加热、着火及燃烧的稳定性;燃料短时中断;炉膛负压过大,使火焰被拉断;炉管严重爆破,大量汽水喷入炉内;风量、风速过大;风机跳闸停电,燃料系统出现故障或停电;燃油带水等。

锅炉灭火后,要特别注意防止炉膛爆炸。要立即停止向炉内供燃料;将所有自动改为手动;减少给水,控制在较低水位,以免重新点火后水位过高;减小送、引风量,适当加大炉膛负压,通风 $5\sim10min$,排出可燃气体。对于燃油炉,要检查炉内是否有积油,根据实际情况再行启动。

为防止锅炉灭火,应尽量保证燃烧稳定。燃油锅炉防止锅炉灭火的主要措施有:尽量减少油罐和卸油沟进水的可能性。如果进水,应及时排出。可以采取油沟加盖板,呼吸阀加装防雨帽的方法。油罐应有脱水设施并定期脱水,加热设备要定期检修防漏;掌握油种变化,建立来油验收、化验、混油的试验制度;保证锅炉的安全供油等。

（八）热水锅炉超温汽化

热水锅炉正常运行时,向外送出的是热水,锅水汽化是不正常现象。锅水汽化具体表现为：压力突然升高；炉内有水击声，管道发生震动；超温警报器发出报警信号；从安全阀排出蒸汽。

锅水一旦发生汽化，会破坏锅炉的正常循环；产生水击，发出声响；若形成共振，还会引起炉体晃动，使连接管路遭到破坏。如果汽化未能及时制止，就会使锅水温度升高、压力增大、锅炉超压，甚至引起爆炸事故。

引起锅水汽化的原因有：先点火升温，后启动系统循环泵，造成锅水汽化；循环泵因停电或故障突然停止运转，系统水停止流动，锅水温度升高而汽化；间歇供暖系统，因炉膛压火不好引起锅水超温汽化；供热系统管路因冻结、气塞等原因造成管道堵塞，热水送不出去；锅炉缺水以及定压装置的压力不足等。

超温汽化的处理方法如下：

(1) 遇有下列情况时应立即紧急停炉：因停电或故障造成停泵引起锅炉超温汽化，安全阀排汽后，压力表指针仍继续上升时；供热系统因冻塞或气塞等原因热水送不出，锅水汽化并发出震耳冲击声时；经判断确属锅炉缺水引起超温汽化时。停炉后查明原因、妥善处理之后，方可重新启动。

(2) 遇有下列情况应采取减弱燃烧、降低锅水温度的措施：自然循环系统锅水汽化时；由汽化引起强烈炉振时；停泵引起汽化，安全阀排汽后，压力不继续上升时。此时应立即打开炉门、减弱燃烧，并开启锅炉上部的泄放阀和上水阀，关闭出水阀，边排汽边降低锅炉温度，直至消除炉内余热为止。

如果是由定压装置压力不足或失效，而引起经常性汽化时，应停炉修理定压装置。

(九) 热水锅炉爆管

直接连接的供热系统的热水锅炉有时会发生爆管事故。事故发生的原因有：新建锅炉房及热网投入运行前未按规定冲洗系统，投入运行后杂物积存在锅内，造成堵塞；运行着的锅炉及热网，由于停炉期间保养不善，形成大量腐蚀产物，或用户采暖系统中的污物；热网除污器使用不当或未定期清洗，使污物堵积在锅内造成堵塞。

因此，竣工时要认真清洗锅炉和热网；加强锅炉保养，减少腐蚀产物的沉积；每年供热前清洗锅炉和热网，改善循环水水质；运行时定期清理除污器，阻截热网中的杂质进入锅炉。

第四节　锅炉检验与设备管理

一、锅炉的定期检验

锅炉的定期检验包括外部检验、内部检验和水压试验。

锅炉外部检验一般每年进行一次；内部检验每两年进行一次；水压试验每六年进行一次。对于不能进行内部检验的锅炉，应每三年进行一次水压试验。此外，锅炉受压元件经重大修理或改造后，也需要进行水压试验。检验应由劳动部门的锅炉监检人员监督进行。

锅炉内部检验是在锅炉停炉后进行的。一般在锅炉检修、清洗前后进行。重点检验受压元件金属内外表面及焊缝是否存在缺陷，如：腐蚀、鼓泡、龟裂、明显裂纹等。通过检验要对锅炉设备现状做出全面评价。对存在的缺陷进行原因分析并提出处理意见。若要对受压元件进行修理，修理后应进行复验。

锅炉外部检验是锅炉运行中的检验，分为锅炉房管理、安全附件检查以及锅炉设备外观检查。主要内容有:检查安全附件是否齐全、动作是否灵敏;人孔、手孔、检查孔是否漏汽、漏水;锅炉周围的安全通道是否畅通;汽、水阀门与管道的状况;报警及联锁保护装置是否灵敏、可靠;辅助设备运行情况。此外,对锅炉操作规程、岗位责任制、交接班等规章制度的执行情况和司炉工、水处理工是否持证上岗;水处理设备运行情况及水质化验指标是否符合要求等方面进行检验。

水压试验是锅炉检验的一种重要手段。试验压力值应符合表12-1的规定。

水压试验压力值 表12-1

名　　称	工作压力 P	试　验　压　力
锅炉本体	$<0.8MPa$	$1.5P$ 但不小于 $0.2MPa$
	$0.18\sim1.6MPa$	$P+0.4MPa$
	$>1.6MPa$	$1.25Pa$
过　热　器	任　何　压　力	与锅炉本体试验压力相同
可分式省煤器	任　何　压　力	$1.25P+0.5MPa$

通过对锅炉的检验,既可以消除隐患、防止事故发生、保证安全、促进生产,又可以减少燃料浪费、节约能源、提高经济效益。因此,加强锅炉检验工作是十分必要的。

二、管理人员的职责

由于锅炉生产工艺复杂,操作程序严格,运行操作的岗位较多,对于从事锅炉运行的操作人员就必须有明确的分工。每位工作人员对自己分管的设备、应尽的职责应该非常清楚。这样,才能保证锅炉正常而有序的运行。对于从事组织和领导锅炉房生产的领导和管理人员来讲,也应对自己所承担的职责十分明确,才能组织好锅炉房的全面工作。在保证锅炉房安全、经济、连续地向用户供热的同时,完成设备的保养检修、技术改造、环保治理、人员培训等有关管理工作。管理人员的主要职责是:

(一)制定和不断完善锅炉房的各项规章制度,以及锅炉安全运行的操作规程,并定期对执行情况进行检查。

(二)定期对司炉工、水质化验人员组织技术培训和进行事故分析及安全教育。

(三)及时传达并贯彻执行主管部门和锅炉压力容器监察机构下达的锅炉安全指令,并及时反映执行情况以及存在的问题。

(四)督促锅炉检查及其辅助设备的维护保养和定期检验工作,并参与有关验收。

(五)经常向锅炉压力容器安全监察机构报告锅炉使用情况及重大事故隐患。

(六)当事故发生时,及时上报,组织和参与事故的调查,提出处理意见以及防止同类事故再次发生的措施。

(七)组织有关人员学习同行业先进的管理经验。及时总结本单位安全管理方面的经验教训,并制订改进安全状况的措施。

(八)锅炉房管理人员应熟悉与锅炉房有关的国家安全法规,以及与锅炉节能,环境保护有关的规定。

现行的安全法规和有关标准主要有:《蒸汽锅炉安全技术监察规程》、《热水锅炉安全技术监察规程》、《锅炉使用登记办法》、《锅炉司炉工人安全技术考核管理办法》、《锅炉房安全管理规则》、《在用锅炉定期检验规则》、《工业锅炉水质》、《火力发电厂水汽质量标准》、《锅压力容器事故报告办法》、《工业锅炉安装工程施工及验收规范》、《特种设备安全监察条例》、《锅炉运行状态检验规则》、《锅炉水处理管理规则》、《工业锅炉可靠性试验规范》、《工业锅炉热工试验规范》、《工业锅炉经济运行》、《评价企业合理用热技术导则》、《工业锅炉节能监测方法》、《工业锅炉通用技术条件》等等。

使用锅炉的单位必须建立健全各项规章制度,例如:

岗位责任制;锅炉及辅机操作规程;巡回检查制度;设备维护保养制度;交接班制度;汽水质量管理制度;安全保卫制度;清洁卫生制度;锅炉房安全管理。

三、经济运行指标

对锅炉房的生产管理,除了要确保安全运行及满足用户需要外,还应重视经济运行工作。

反映工业锅炉运行状态的技术指标有负荷率、热效率、排烟温度、排渣含碳量及过量空气系数等。其中热效率为锅炉运行状态的综合指标。

国家标准《工业锅炉经济运行》(GB/T 17954—2000)中规定了上述指标的合格标准。该标准是工业锅炉经济运行管理的技术依据,也可以作为对锅炉房管理等级晋级的参考依据。

据推算,当锅炉负荷低到 60% 时,锅炉的热效率比额定负荷时的热效率低 10%~20%。因此,锅炉的经济负荷率应不小于 70%。

该标准以考核锅炉的经济运行技术指标为主,按锅炉热效率的高低,将锅炉经济运行分为三个级别。一级为优秀,二级为良好,三级为基本合格。见表 12-2。

经济运行热效率　　　（%）　　　　表 12-2

锅炉容量 (MW)	等级标准	劣质煤	烟煤			贫煤	无烟煤			褐煤	油	气
			I	II	III		I	II	III			
0.7	I	61	68	70	72	68	60	58	64	67	83	83
	II	56	63	65	67	64	56	54	58	63	79	79
	III	52	59	61	63	60	51	50	53	60	75	75
1.4	I	63	70	72	74	70	63	62	67	70	85	85
	II	59	65	68	70	67	60	58	63	67	82	82
	III	55	63	65	67	65	56	54	59	65	78	78
2.8 ~ 5.6	I	67	72	75	77	73	66	64	72	74	87	87
	II	64	70	72	74	71	64	62	72	72	83	83
	III	62	68	70	72	70	63	60	66	70	80	80
7~14	I	69	74	76	78	77	70	62	75	77	88	88
	II	66	72	75	77	75	69	66	12	75	85	85
	III	64	71	72	74	74	67	64	70	74	82	82
>14	I	71	76	78	81	79	74	71	77	79	89	89
	II	68	74	76	79	77	71	68	75	77	86	86
	III	66	72	75	77	75	69	66	73	75	83	83

排渣含碳量见表 12-3。

排烟温度和过量空气系数见表 12-4。

排渣含碳量　　　　　　　　　表 12-3

锅炉容量（MW）	劣质煤	烟　煤			贫煤	无　烟　煤			褐　煤
		Ⅰ	Ⅱ	Ⅲ		Ⅰ	Ⅱ	Ⅲ	
0.7	28	23	20	18	20	25	28	23	20
1.4	25	20	18	16	18	20	23	18	18
2.8～5.6	23	18	16	14	16	18	20	15	16
>7	20	16	14	12	14	15	18	13	14

过量空气系数、排烟温度　　　　　　　　　表 12-4

过量空气系数 α				排　烟　温　度 t_p℃		
燃　料	燃烧方式	额定热功率（MW）	α	额定热功率（MW）	蒸汽锅炉	热水锅炉
煤	层 燃 炉	0.7	2.2	0.7	≤250	—
		≤2.8	2.0	1.4	≤220	≤240
		>2.8	1.8	2.8～5.6	≤200	≤220
	沸 腾 炉		2.0			
油	室 燃 炉		1.5	7～14	≤180	≤200
气			1.4	>14	≤160	≤180

四、锅炉房资料管理

（一）使用锅炉的单位应建立完整的锅炉技术档案，并由专人管理、保存。这些资料包括：

（1）锅炉总图、主要受压部件图和给水、排污等管路布置图。

（2）锅炉受压元件的强度计算书和安全阀排汽量计算书。

（3）锅炉质量证明材料，如金属的牌号，化学成分和机械性能，焊缝探伤等质量证明资料，水压试验等质量合格证明，以及锅炉安装质量的技术证明资料。

（4）水质标准和有关水处理设施、管理制度等资料。

（5）锅炉检验合格的"锅炉检验报告书"。

（6）移装、改装的锅炉应有锅炉的使用、修理或改装情况及其技术资料。

（二）锅炉房应有下列记录，并应保存一年以上。

（1）锅炉及辅助设备的运行记录；

（2）交接班记录；

（3）水处理设备运行及水质化验记录；

（4）设备检修保养记录；

（5）单位主管领导和锅炉房管理人员的检查记录；

（6）事故记录。

五、锅炉的节能

工业锅炉目前是我国能耗最多的设备之一，热效率低，平均约为 60%。其主要原因是锅炉容量太小。我国还有很多低效锅炉存在,使得能源利用率降低,并且辅机配套不理想,耗电量大,有很大的节能潜力。

锅炉热效率的提高与工业锅炉的设计、制造、运行管理等各个环节有关。在此着重从操作技术及管理、采用新技术、新设备等方面,探讨如何有效利用能源,提高能源的利用效率。

(一)提高操作技术、加强管理

(1)提高锅炉燃烧效率　调整运行,使燃料量与负荷变化相适应;调节风量使燃烧效率提高,降低各项热损失。

(2)当燃料与燃烧设备不适应时,对于出力不足、效率又低的锅炉,除改变燃料的品种外,还可以采用均匀分层燃烧技术,这项技术可提高锅炉煤种的适应性,解决链条炉不宜烧次煤的问题。

(3)保持受热面清洁、提高传热效率

1)加强锅炉给水水质管理,避免锅内结垢。若已结垢,应定期进行化学清洗,一般采用酸洗。根据垢的成分不同,常用盐酸、盐酸加少量氢氟酸或氟化钠等,酸液中必须加缓蚀剂。

2)管外结焦或结渣要及时清除。管外积灰影响传热效果。灰垢的导热系数仅为 $0.1163W/(m \cdot ℃)$,约为水垢导热系数的 $1/15$,钢板导热系数的 $1/450 \sim 1/750$。及时而有效地清除受热面上的积灰,可以提高传热效率。目前工业锅炉清灰有机械法(蒸汽吹灰或空气吹灰等)和化学法,化学法优于机械法。

锅炉化学清灰剂是 20 世纪 80 年代国内出现的节能新产品。清灰剂由硝酸盐等物质组成。它在燃烧时产生的融熔硝酸盐与受热面上的灰垢形成低熔物,使灰垢自行疏松,易于脱落和剥离。同时,还有防止灰垢沉积的作用。此外,还减少了烟气中二氧化硫和氮氧化物的生成,减轻腐蚀,有利于环境保护。

清灰剂可以直接投入燃烧高温区,也可以用压缩空气经诱导加药器喷入。清灰剂的使用量:间歇投入的投入量由锅炉灰垢和积垢程度而定。一般以每日耗煤(油)量的 $0.01\% \sim 0.015\%$ 投入。积灰严重的锅炉初次投药量要加倍,投入持续半个月左右,以后按正常量投入。

投入次数:小型锅炉(4t/h 以下)三天至一周投 1 次;中型锅炉(6~10t/h)1~2 天投 1 次;大型锅炉 24 小时投入 1~2 次。投药后 30min 应保持规定的炉温($\geqslant 1000℃$),炉膛保持微正压(约 20Pa)。

(4)加强保温、杜绝"跑、冒、滴、漏"的现象,减少热损失。中小型工业锅炉炉膛和尾部漏风是较普遍的现象。锅炉漏风会影响燃烧,增加热损失。因此,对尾部排渣沟,应保证水封的密封;对炉墙、引风机处空气的漏入,以及送风机、送风管道处空气的漏出都应加以杜绝。锅炉房热力管道及法兰阀门处蒸汽和热水的"跑、冒、滴、漏"现象普遍存在,要及时检查维修;对于热力管道和设备应加强保温,采用新型硅酸盐耐火材料,以减少热损失。

(5)连续供暖辅以间歇调节

由于历史的原因,目前一些分散锅炉房普遍实行间歇供暖制度,供暖质量较差,锅炉热效率也低。根据测试,实行连续供暖,使锅炉满负荷运行,可使锅炉热效率提高 15% 以上。在耗煤量基本相同的情况下,连续供暖较间歇供暖日平均温度高 1℃ 左右,而且室温平稳。在采暖初期与末期可辅以间歇调节。

(6)健全制度,加强计量管理

1）必须健全操作、安全、维修制度。只有严格执行操作规程，才能使设备高效、低能耗运行。只有设备经常维修，保持完好，才能杜绝"跑、冒、滴、漏"现象。

2）除了安全仪表外，锅炉运行指示仪表，尤其是能源计量仪表是必不可少的。能源的科学管理，节能工作的开展，离不开能源的计量，正确的计量，才能了解节能的效果。

（二）提高锅炉的负荷率采用新技术

（1）应使锅炉按额定负荷运行　锅炉超负荷运行时，由于燃煤量加大，必然使煤层加厚，炉排速度过快，而使 q_4 增大，由于炉温升高，q_2 也相应增大；锅炉低负荷运行时，燃煤量减少，炉内温度降低，使燃烧工况变差，不完全燃烧热损失增加。因此锅炉超负荷和低负荷运行都会使锅炉热效率降低。

为了获得最佳运行工况，应使锅炉按额定负荷运行，避免"大马拉小车"的现象发生。

（2）变频调速技术　在锅炉水泵与风机的选型时，都在额定负荷上考虑了一定的富裕量，所以锅炉运行时，风机和水泵的实际流量都小于设备的额定流量，都需要进行调节。过去都是靠节流调节，即关小进出口节流阀或挡板的开度，使流量减少，但电机功率没有明显地减少。

变频调速是通过变频器使电机转速降低，从而使电机输出功率降低。变频调速用于风机和水泵，普遍可节电 30%～40%。其初投资两个采暖季即可收回。同时，由于降速运行，减轻了机械磨损，延长了轴承寿命，提高了机械运行的可靠性。

（3）锅炉的自动控制　锅炉运行中，自动控制可以提高锅炉效率，节约能源。近些年来自动控制和微机监控技术发展较快。锅筒水位和上水自动控制装置较多。燃烧过程的自动控制和微机控制在燃油和燃气锅炉上应用较为普遍。对于层燃炉，有的锅炉房采用微机监测、人工调节的办法，也收到了较好的效果。锅炉的自动控制和微机监控仪表应以简单、实用为原则。

（4）热管换热器　目前国内有些单位将热管技术应用于工业锅炉的烟气回收，把气—液热管换热器安装在锅炉烟道内加热给水，节能效果显著。仅用一个采暖期就可回收用于换热器的投资。

热管是内部装有蒸发液体的真空管，利用管内工质的蒸发和冷凝进行传热。其工作原理如图 12-2 所示。它是由壳体，内壁贴有多孔材料构成的吸液芯，以及传递热能的工作液等组成的一个真空封闭系统。沿着热管长度方向分为加热段和冷却段。管内保持约 $1.3 \times 10^{-1} \sim 1.3 \times 10^{-4}$ Pa 的负压，管内液体在加热段被加热，迅速蒸发成为蒸汽进入空腔。在压差作用下向冷却段流动。在冷却段蒸汽放热给冷源工质凝结成液体，靠吸液蕊的毛细作用流回加热段。再受热蒸发，不断循环，将热量从加热段传到冷却段，这种带吸液蕊的热管称为吸液热管。

图 12-3 为重力式热管。它不设吸液芯，冷凝液靠重力沿管内壁流回加热段。安装时加热段必须在下，冷凝段在上，不能颠倒。重力热管可在与水平成 10°～90° 的倾角范围内有效地工作。重力热管的结构简单，价格低廉，是工业锅炉中采用的主要型式。

热管是依靠管内工作液的相变来传递热量的。

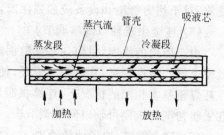

图 12-2　吸液式热管

热管的工作温度取决于管内工作液的种类及热管材料。选择热管的工作液和热管材料除了考虑其工作温度,耐压强度,还要考虑管内工作液有良好的化学热稳定性或称为材料与工作液的相容性。以避免工作液与管壳发生化学反应,生成不凝性气体,破坏热管的传热性能。

目前,碳钢/水热管的相容性已得到基本解决。工业锅炉及余热回收中多用碳钢/水热管换热器。

热管换热器属于热流体和冷流体互相不接触的表面式换热器。按热流体和冷流体的状态,热管换热器可分为气-气换热器和气-液式换热器。

图 12-4 所示为热管空气预热器。是由热管管束($D=25\sim32mm,L=1\sim4.5m$)、壳体、中间隔板和两端管板组成。

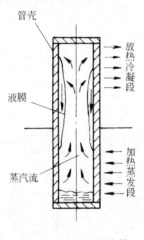

图 12-3 重力式热管

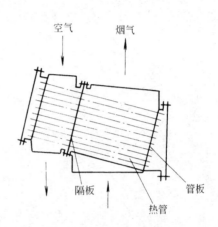

图 12-4 热管空气预热器

原有省煤器的锅炉,烟气温度大致可由 200℃ 降至 150℃,用空气预热可达 80℃,锅炉效率可提高约 5%。这类锅炉若燃用的煤质较差,也可减少部分省煤器,将空气温度预热到 120℃ 左右,以提高燃烧效率。为减少积灰,热管与水平成 15° 倾角布置。为了强化传热和增大受热面积,热管设置了翅片。高频焊翅片与 L 型套装翅片用的较多,镍粉钎焊片管具有最佳的传热性能,今后会在热管中发展。为了防止低温腐蚀和粉结性积灰,热管换热器烟气侧冷端壁温不应低于 80℃。

热管空气预热器的优点是:传热效率高,用于热回收时的回收率高;流动阻力小;体积小,重量轻;有利于防止和减轻低温腐蚀。

图 12-5 所示为热管省煤器结构简图。热管加热段在下,设于烟气室,冷凝段设于上部的水室中。热管内工质吸收烟气中的热量,蒸发汽进入冷凝段,受给水冷却凝结再返回蒸发段。由于热管的壁温较高,具有较好的防止低温腐蚀和堵灰的能力。

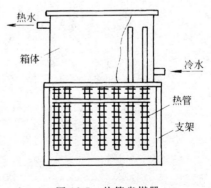

图 12-5 热管省煤器

复习思考题

1. 锅炉点火之前应做哪些检查准备工作？
2. 锅炉正常运行调节主要有哪些内容？
3. 何时采用紧急停炉措施？
4. 锅炉正常停炉应如何进行操作？
5. 锅炉事故分为哪几类？如何预防事故的发生？
6. 简述锅炉常见事故的处理方法。
7. 简述热水锅炉运行的要点。
8. 锅炉房管理人员的主要职责是什么？

附 录

物 理 量	法定计量单位	非法定计量单位	换 算 关 系	备 注
体 积	m^3 或 $L(l)$		$1l=1L=10^{-3}m^3$	
温 度	℃ 或 K		$t=T-273.15$	t—摄氏温度(℃) T—热力学温度(K)
力、重力	N $(1N=1kg \cdot m/s^2)$	kgf	$1kgf=9.80665N$ $1N=0.10197kgf$	
压力(压强)	Pa $(1Pa=1N/m^2)$	kgf/cm^2 或 at atm mmHg mmH_2O	$1kgf/cm^2=98066.5Pa$ $1atm=101325Pa=760mmHg$ $1mmHg=133.332Pa$ $1mmH_2O=9.80665Pa=1kgf/m^2$	atm 为标准大气压
功、热量	J $(1J=1N \cdot m)$ kJ	kcal	$1kcal=4.1868kJ$ $1kJ=0.23885kcal$ $1kW \cdot h=3600kJ$	
功 率	W $(1W=1J/s)$	$kgf \cdot m/s$	$1kgf \cdot m/s=9.80665W$	
热负荷	kW $(1kW=10^3W)$	kcal/h	$1kcal/h=1.163W$ $1W=0.85985kcal/h$	
焓	J/kg kJ/kg	kcal/kg	$1kcal/kg=4.1868kJ/kg$ $1kJ/kg=0.23885kcal/kg$	
导热系数	$W/(m \cdot K)$	$kcal/(m \cdot h \cdot ℃)$	$1kcal/m \cdot h \cdot ℃=1.163W/(m \cdot K)$ $1W/m \cdot K=0.85985kcal/(m \cdot h \cdot ℃)$	
换热系数	$W/(m^2 \cdot K)$	$kcal/(m^2 \cdot h \cdot ℃)$	$1kcal/m^2 \cdot h \cdot ℃=1.163W/(m^2 \cdot K)$	
传热系数			$1W/m^2 \cdot K=0.85985kcal/(m^2 \cdot h \cdot ℃)$	

附录2

蒸汽锅炉技术特性汇总表

锅炉型号	蒸发量 (t/h)	蒸汽压力 (MPa)	蒸汽温度 (℃)	给水温度 (℃)	排烟温度 (℃)	设计效率 (%)	适用燃料		锅炉形式	外形尺寸 长×宽×高 (m×m×m)	金属重量 t
							设计燃料	低位热值 (MJ/kg)			
SZL2-1.25-AⅡ	2	1.25	饱和		156.5	81.3	Ⅱ、Ⅲ类烟煤		链条炉	5.96×2.69×3.462	20
SZL4-1.25-AⅡ	4	1.25	饱和		164.5	83	Ⅱ、Ⅲ类烟煤		链条炉	6.51×3.13×3.462	28
SZL6-1.25-AⅡ	6	1.25	饱和		160	81.1	Ⅱ、Ⅲ类烟煤		链条炉	7.83×3.34×3.462	36
SZL6-2.5-AⅡ	6	2.5	饱和		161	81.04	Ⅱ、Ⅲ类烟煤		链条炉	7.83×3.34×3.462	40
SZL6-1.25/350-AⅡ	6	1.25	350		168	80.1	Ⅱ、Ⅲ类烟煤		链条炉	7.83×3.34×3.462	41
SZL10-1.25-AⅢ	10	1.25	194		168	78.0	Ⅱ、Ⅲ类烟煤		链条炉	7.2×3.4×3.54	27.1
SHL6-13-AⅡ	6	1.27	饱和	105	180	75.56	Ⅱ类烟煤		链条炉	10.4×6.4×8	~42
SHL10-13-AⅡ	10	1.27	饱和	105	152	76.8	Ⅱ类烟煤	≤18.841	链条炉	11×7×10	79
SHL10-25/400-AⅡ	10	2.45	400	105	163	76.38	Ⅱ类烟煤	≤18.841	链条炉	11.6×7×10	88
SHL20-13-AⅡ	20	1.27	饱和	105	167	77.73	Ⅱ类烟煤	17.693	链条炉	12.012×8.68×10.2	120
SHL20-25/400-AⅡ	20	2.45	400	105	172	76.97	Ⅱ类烟煤	17.693	链条炉	12.012×8.68×11.63	120
SHL20-13/350-AⅡ	20	1.27	350	105	168	77.36	Ⅱ类烟煤	17.693	链条炉	12.012×8.68×11.63	120
DZL1-0.7-AⅡ	1	0.7	170	20	143	74.1	Ⅱ类烟煤		链条炉	4.9×2.4×3.1	12
DZL2-0.7-AⅡ	2	0.7	170	20	145	75.85	Ⅱ类烟煤		链条炉	5.3×2.4×3.3	17
DZL2-1.0-AⅡ	2	1.0	183	20	145	75.85	Ⅱ类烟煤		链条炉	5.3×2.4×3.3	17
DZL4-1.25-AⅡ	4	1.25	194.1	20	146	80.73	Ⅱ类烟煤		链条炉	6.4×2.6×3.5	25
DZL6-1.6-AⅡ	6	1.6	203	20	159	78.21	Ⅱ类烟煤		链条炉	6.3×2.8×3.5	27
DZL10-1.25-AⅡ	10	1.25	194	20	160	81.76	Ⅱ类烟煤		链条炉	6.5×3.3×3.5	30
DZW2-1.25-AⅡ	2	1.25	194	20	143	75.85	Ⅱ类烟煤		往复炉排炉	5.3×2.4×3.3	17
DZW4-1.25-AⅡ	4	1.25	194	20	146	80.73	Ⅱ类烟煤		往复炉排炉	6.4×2.6×3.5	25

续表

锅炉型号	蒸发量 (t/h)	蒸汽压力 (MPa)	蒸汽温度 (℃)	给水温度 (℃)	排烟温度 (℃)	设计效率 (%)	适用燃料 设计燃料	低位热值 (MJ/kg)	锅炉形式	外形尺寸 长×宽×高 (m×m×m)	金属重量 t
DZW6-1.25-AⅡ	6	1.25	194	20	162	78.21	Ⅱ类烟煤		往复炉排炉	6.3×2.8×3.5	27
DZW10-1.25-AⅡ	10	1.25	194	20	160	81.72	Ⅱ类烟煤		往复炉排炉	6.5×3.3×3.5	30
SHF4-1.25-AⅠ	4	1.25	194	60		68	Ⅰ类烟煤	11.7	沸腾炉	6.32×3.31×9.5	18
SHF6-1.25-AⅠ	6	1.25	194	60		67	Ⅰ类烟煤	11.7	沸腾炉	7.15×3.55×10.6	24
SHF10-1.25-AⅠ	10	1.25	194	60		70	Ⅰ类烟煤	11.7	沸腾炉	8.23×4.51×10.8	36
SHF20-2.5/400-AⅠ	20	2.5	400	105		71.3	Ⅰ类烟煤	11.7	沸腾炉	10.03×5.81×11.8	83
SHFx6-1.25-LⅡ	6	1.25	194	60		80	Ⅱ类劣质煤	11.5~14.4	循环流化床	7.08×3.35×10.5	
SHFx10-1.25-LⅡ	10	1.25	194	104		82	Ⅱ类劣质煤	11.5~14.4	循环流化床	7.61×3.68×11.04	
SHFx15-2.45/400-L.Ⅱ	15	2.45	400	104		82	Ⅱ类劣质煤	11.5~14.4	循环流化床	9.5×4.2×12.45	
SHFx15-1.25-LⅡ	15	1.25	193	105		82	Ⅱ类劣质煤	11.5~14.4	循环流化床	9.5×4.2×12.45	
SHCF10-1.25-AⅠ	10	1.25	194	105		>82	Ⅰ类烟煤	>12.56	循环床沸腾炉	φ1.232×5.13(运输最大件)	3.5
WNS0.5-1.0-Y(Q)	0.5	1.0	184	20	220		轻油、重油、天然气、城市煤气		燃油(气)炉	3.625×1.865×1.925	2.9
WNS1-1.0-Y(Q)	1	1.0	184	20	230		轻油、重油、天然气、城市煤气		燃油(气)炉	4.07×2.43×2.81	6.86
WNS2-1.25-Y(Q)	2	1.25	194	20	225		轻油、重油、天然气、城市煤气		燃油(气)炉	5.035×2.43×2.81	7.95
WNS4-1.25-Y(Q)	4	1.25	194	20	225		轻油、重油、天然气、城市煤气		燃油(气)炉	6.2×2.7×3.15	12.3
WNS6-1.25-Y(Q)	6	1.25	194	105	220		轻油、重油、天然气、城市煤气		燃油(气)炉	6.335×2.7×3.495	16.6
WNS10-1.25-Y(Q)	10	1.25	194	105	220		轻油、重油、天然气、城市煤气		燃油(气)炉	8.06×3.33×3.995	27.1
WNS20-1.25-Y(Q)	20	1.25	194	105	220		轻油、重油、天然气、城市煤气		燃油(气)炉	8.89×4.05×4.85	41.5
SZS10-1.27-Y	10	1.27	饱和	105	240	86.1	40号重油		燃油炉	9.488×6.366×5.94	32.8
SZS10-2.45/400-Y	10	2.45	400	105	190	87.16	100号重油		燃油炉	11.38×8.212×5.82	57
SZS20-2.45/400-Y2	20	2.45	400	105	216	88.44	40号重油		燃油炉	11.4×7×7	64
SZS10-1.27-Q	10	1.27	饱和	105	177	88.16	天然气		燃气炉	10×7.2×5.0	28.1

热 水 锅 炉 技 术 特 性 汇 总 表

锅炉型号	额定热功率 (MW)	工作压力 (MPa)	出水温度 (℃)	进水温度 (℃)	排烟温度 (℃)	设计效率 (%)	适用燃料 设计燃料	适用燃料 低位热值 (MJ/kg)	锅炉形式	外形尺寸 长×宽×高 (m×m×m)	金属重量 t
SZL0.7-0.7/95/70-AⅡ	0.7	0.7	95	70	195	75.37	Ⅱ、Ⅲ类烟煤		链条炉	4.48×2.3×2.812	11.5
SZL1.4-0.7/95/70-AⅡ	1.4	0.7	95	70	190	79.6	Ⅱ、Ⅲ类烟煤		链条炉	5.96×2.69×3.462	20
SZL2.8-0.7/95/70-AⅡ	2.8	0.7	95	70	195	79	Ⅰ、Ⅱ类烟煤		链条炉	6.51×3.13×3.462	28
SZL2.8-1.0/95/70-AⅡ	2.8	1.0	95	70	160	81.2	Ⅰ、Ⅱ类烟煤		链条炉	7.83×3.34×3.462	36
SZL4.2-0.7/95/70-AⅡ	4.2	0.7	95	70	195	79.8	Ⅰ、Ⅱ类烟煤		链条炉		
SZL4.2-1.0/115/70-AⅡ	4.2	1.0	115	70	155	81.9	Ⅰ、Ⅱ类烟煤		链条炉	8.82×3.34×3.462	45
SZL5.6-1.0/115/70-AⅡ	5.6	1.0	115	70	158	78.7	Ⅰ、Ⅱ类烟煤		链条炉	7.78×3.35×2.286	20
SZL7-1.0/115/70-AⅡ	7	1.0	115	70	165	82	Ⅰ、Ⅱ类烟煤		链条炉	7.79×3.35×2.286	28
SZL7-1.25/150/90-AⅡ	7	1.25	150	90	170	81.72	Ⅰ、Ⅱ类烟煤		链条炉	10.59×3.35×2.286	30
SZL14-1.25/130/70-AⅡ	14	1.25	130	70	167	82	Ⅰ、Ⅱ类烟煤		链条炉	12×9×10	72.3
SHL7-0.98/115/70-AⅡ	7	0.98	115	70	162	78.1	Ⅱ类烟煤	16.86	链条炉	14.58×8.17×17.35	34.8
SHL14-1.25/130/70-A	14	1.25	130	70	175	80.6	烟		链条炉	10.3×4.93×6.8	19.5
DZL4.2-1.0/130/70-AⅡ	4.2	1.0	130	70	180	74.29	Ⅱ类烟煤		链条炉	5.37×2.05×3.14	15.6
DZL0.7-0.7/95/70-AⅡ	0.7	0.7	95	70	187	75.73	Ⅲ类烟煤		链条炉	4.91×2.16×3.41	16
DZL1.4-0.7/95/70-AⅡ	1.4	0.7	95	70	160	77	Ⅲ类烟煤		链条炉	5.68×2.4×3.5	20.6
DZL1.4-1.0/95/70-AⅡ	1.4	1.0	95	70	188	74	Ⅱ类烟煤		链条炉	6.29×3.12×3.53	32
DZL2.8-0.7/95/70-AⅡ	2.8	0.7	95	70	170	76.77	Ⅱ类烟煤		链条炉	6.76×3.10×3.42	30
DZL4.2-1.0/115/70-AⅡ	4.2	1.0	115	70		77.04	Ⅱ类烟煤		链条炉		
DZL7-0.7/115/70-AⅢ	7	0.7	115	70	159	81.75	Ⅲ类烟煤		链条炉	11.59×4.44×6.34	33.7

锅炉型号	额定热功率 (MW)	工作压力 (MPa)	出水温度 (℃)	进水温度 (℃)	排烟温度 (℃)	设计效率 (%)	适用燃料 设计燃料	适用燃料 低位热值 (MJ/kg)	锅炉形式	外形尺寸 长×宽×高 (m×m×m)	金属重量 t
DZL7-0.7/115/70-WⅢ	7	0.7	115	70	165	76.83	Ⅲ类无烟煤		链条炉	11.59×4.44×6.34	33.6
QXL1.4-0.7/95/70-AⅡ	1.4	0.7	95	70		74.14	Ⅱ类烟煤		链条炉	8.72×5.36×4.74	21.7
QXL4.2-0.69/95/70-AⅡ	4.2	0.69	95	70	165		Ⅱ类烟煤		链条炉	8.12×4.42×4.76	34.5
QXL10.5-1.0/115/70-AⅡ	10.5	1.0	115	70	160	78.39	Ⅲ类烟煤		链条炉	12.00×5.05×6.00	
DHL14-1.25/130/70-AⅡ	14	1.25	130	70	160	79.6	Ⅱ类烟煤		链条炉	13.4×8.4×16.7	
DHL29-1.6/150/90-AⅢ	29	1.6	150	90	170	80.3	Ⅲ类烟煤		链条炉	14.1×10.6×20.7	
DHL58-2.45/180/110-A	58	2.45	180	110	160	82	烟煤		链条炉	14×10×22	
SHFX10.5-0.7/95/70-LⅡ	10.5	0.7	95	70		87	Ⅱ类劣质煤	11.5~14.4	循环流化床炉	9.2×4.76×12.6	
SZW1.4-0.7/95/70-AⅠ	1.4	0.7	95	70		72	Ⅰ类烟煤	11.7	往复炉排炉	4.6×3.2×3.8	16
QXW4.2-0.98/115/70-A	4.2	0.98	115	70		79.4	烟煤		往复炉排炉		
CDZW1.4-95/70-AⅡ	1.4	0	95	70	180	78	Ⅱ类烟煤		往复炉排常压热水炉	4.9×2.1×3.3	17
CLSG0.35-95/70-A	0.35	0	95	70		79	烟煤(贫煤)		双层炉排常压热水炉	2.11×1.44×3.23	
WNS0.7-0.7/95/70-Y	0.7	0.7	95	70	190	90	轻柴油	42.7	油炉	4.13×2.25×2.9	
WNS1.4-0.7/95/70-Y	1.4	0.7	95	70	190	90	轻柴油	42.7	油炉	5.035×2.625×3.01	
WNS4.2-0.7/95/70-Y	4.2	0.7	95	70	190	90	轻柴油	42.7	油炉	6.335×3.1×3.41	

螺旋出渣机主要技术参数

项 目	型 号		项 目	型 号	
	LXL-1	LXL-1A		LXL-1	LXL-1A
额定出渣量(t/h)	0.8	0.8	电动机功率(kW)	0.8	1.1
最大出渣量(t/h)	1.5	1.5	总重量(kg)	1100	1200
主轴转速(r/min)	3.34	3.34			

注：LXL-1A 型为加长型,比 LXL-1 型加长 870mm。

马丁出渣机主要技术参数

参 数	型 号		参 数	型 号	
	STC-2	STC-4		STC-2	STC-4
出渣量(t/h)	2	4	电动机功率(kW)	2.2	2.2
出渣粒度(mm)	80	80	总重量(kg)	2751	—

圆盘出渣机主要技术参数

项 目	数 值		项 目	数 值	
最大出渣量(kg/h)	700	2000	出渣轮转速(r/min)	1.5	1.5
出渣盘直径(mm)	$\phi750$	$\phi750$	电动机功率(kW)	0.37	0.75

局部阻力系数 ζ

序号	名 称	示 意 图	局部阻力系数(对应于尺寸 d、b 或 F 处截面积的值)	
1	管端与壁平齐的入口		$\zeta=0.5$	
2	管端凸出的入口		$\delta/d\approx0$: $a/d\geqslant0.2$ $\zeta=1.0$ $0.05<a/d<0.2$ $\zeta=0.85$	$\delta/d\geqslant0.04$: $\zeta=0.5$
3	喇叭形入口		$r/d=0.05$ 与壁平齐的 $\zeta=0.25$ 凸出的 $\zeta=0.4$	与壁平齐的或凸出的 $r/d=0.1$ $\zeta=0.12$ $r/d=0.2$ $\zeta=0.02$
4	锥形入口		与壁平齐的或凸出的 $L=0.2d$ $L\geqslant0.3d$ $\alpha=30°$ $\zeta=0.4$ $\zeta=0.2$ $\alpha=50°$ $\zeta=0.2$ $\zeta=0.15$ $\alpha=90°$ $\zeta=0.25$ $\zeta=0.2$	

序号	名　称	示　意　图	局部阻力系数(对应于尺寸 d、b 或 F 处截面积的值)
5	经网格或孔板的通道入口	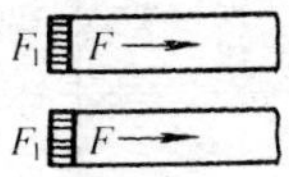	$\zeta=(1.707\dfrac{F}{F_1}-1)^2$ 式中　F_1—网格或孔板的有效截面； 　　　F—通道的有效截面
6	罩下通道入口或出口	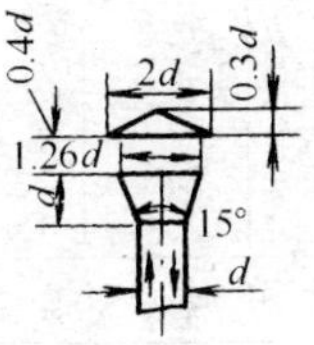	吸气时　$\zeta=0.5$ 排气时　$\zeta=0.65$
7	管道出口	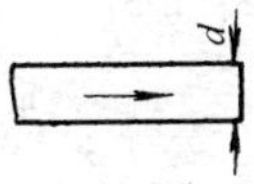	$\zeta=1.1$
8	单个侧孔出口	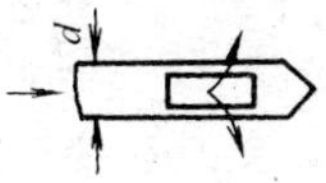	$\zeta=2.5$
9	全开状态的闸板或转动挡板	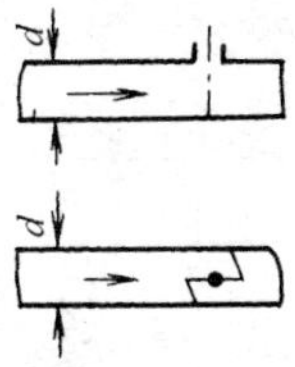	$\zeta=0.1$

序号 10　闸板

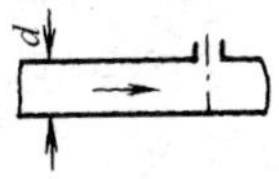

开启程度/%	5	10	30	50	70	90	100
ζ	1000	200	18	4	1	0.22	0.1

序号 11　转动挡板　ζ 值

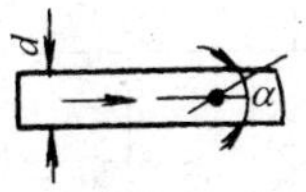

α° \ n	10	20	30	40	50	60	70	80	90
1	0.3	1.0	2.5	7	20	60	100	1500	8000
2	0.4	1.0	2.5	4	8	30	50	350	6000
3	0.2	0.7	2.0	5	10	20	40	160	6000
4	0.25	0.8	2.0	4	8	15	30	100	6000
5	0.2	0.6	1.8	3.5	7	13	28	80	4000

n—叶片数

序号	名　称	示　意　图	局部阻力系数(对应于尺寸 d, b 或 F 处截面积的值)					

12　突然扩大

F_x/F_d	0	0.2	0.4	0.6	0.8	1.0
ζ	1.1	0.7	0.4	0.18	0.1	0

13　突然缩小

F_x/F_d	0	0.2	0.4	0.6	0.8	1.0
ζ	0.5	0.4	0.3	0.2	0.1	0

14　直通道中扩张管

$\alpha < 40°$ 时，$\zeta = K\zeta_0$；ζ_0 按 12 项取用

$\alpha°$	5	10	20	30	40
K	0.07	0.17	0.43	0.81	1.0

$\alpha > 40°$ 时，按 12 项突然扩大取用 $\tan\dfrac{\alpha}{2} = \dfrac{d_1 - d}{2L}$，

矩形截面 α 取最大角度

15　直通道中收缩管

$\alpha < 20°$　$\zeta = 0$

$\alpha = 0° \sim 60°$　$\zeta = 0.1$

$\alpha > 60°$ 时，按 13 项突然缩小取用

$$\tan\frac{\alpha}{2} = \frac{d_1 - d}{2L}$$

16　三通管道

$F = bh$, $f = b_1 h$

f/F 为下值时的 ζ_z 值 (ζ_z —支管阻力系数)

工况 \ f/F	0.5	1
分　流	0.304	0.247
合　流	0.233	0.072

17　转角

$t = 0.10b$ 时　$\zeta = 0.80$

$t = 0.25b$ 时　$\zeta = 0.50$

18　缓弯头

$R = r + \dfrac{b}{2}$

对于圆管　$b = d$, $b = a$

$$\zeta = \zeta_0 K_a K_{a/b}$$

R/b	0.6	0.7	0.8	0.9	1.0	2.0	3.0
ζ_0	1.0	0.68	0.48	0.36	0.28	0.20	0.15

$\alpha°$	0	30	60	90	120	150	180
K_a	0	0.45	0.75	1.0	1.9	2.6	3.0

$K_{a/b}$　a/b \ R/b	0.4	0.6	0.8	1.0	2.0	3.0	4.0	8.0
$\leqslant 2$	1.22	1.14	1.07	1.0	0.86	0.85	0.9	1.0
> 2	1.55	1.35	1.15	1.0	0.45	0.40	0.43	0.6

序号	名　称	示　意　图	局部阻力系数(对应于尺寸 d, b 或 F 处截面积的值)							

序号 19　焊接弯头

$$\zeta = \zeta_0 K_a$$

R/d	0.6	0.7	0.8	0.9	1.0	2.0	3.0
ζ_0	1.0	0.87	0.80	0.74	0.70	0.34	0.23

K_a 同序号 18

序号 20　内外侧均呈弧形的急弯头　$r_w = r_n = r$

$$\zeta = \zeta_0 K_a K_{a/b}$$

r/b	0.1	0.2	0.3	0.4	0.5	0.6
ζ_0	0.84	0.53	0.38	0.32	0.27	0.25

K_a 及 $K_{a/b}$ 同序号 18

序号 21　内侧呈弧形的急弯头

$$\zeta = \zeta_0 K_a K_{a/b}$$

r/b	0.1	0.2	0.3	0.4	0.5	0.6	0.7
ζ_0	1.05	0.83	0.70	0.63	0.57	0.53	0.50

K_a 及 $K_{a/b}$ 同序号 18

序号 22　等错弯头

$$\zeta = \zeta_0 K_{a/b}$$

ζ_0 $\diagdown$ α　　R/d	30	45	60	90
1.5	0.18	0.25	0.30	0.39
1.0	0.23	0.30	0.38	0.48

$K_{a/b}$ 同序号 18

序号 23　不对称分支三通

F_z—主管截面积；
F_f—分支管截面积；
V_f—分支管风量份额；
V_z—主管风量份额；
$V_z + V_f = 1$

分支管局部阻力系数 $\zeta = V_f^2 (F_z/F_f)^2 \zeta_0$

ζ_0 $\diagdown$ $V_f(F_z/F_f)$　　$\alpha°$	0.4	0.6	0.8	1.0	1.5	2.0
45	4	1.4	0.7	0.5	0.4	0.5
90	7	3	1.8	1.3	0.8	0.6

主管局部阻力系数 $\zeta = V_z^2 \zeta_0$

V_z	0.2	0.4	0.6	0.8	1.0
ζ_0	5.0	0.9	0.2	0.02	0

序号	名　　称	示　意　图	局部阻力系数(对应于尺寸 d、b 或 F 处截面积的值)					

24	风机出口的渐扩管道		l/b \ ζ \ F_2/F_1	1.5	2.0	2.5	3.0	3.5
			1.0	0.20	0.47	0.60		
			2.0	0.04	0.22	0.40	0.54	0.70
			3.0		0.12	0.22	0.35	0.47
			4.0			0.15	0.24	0.34

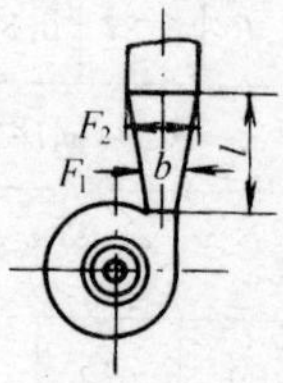

注:如果用截面 F_2 上的速度来计算阻力,
则 ζ 值应为表内数值的 $(F_2/F_1)^2$ 倍

25	吸风机或送风机的进口	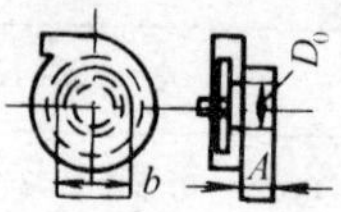	$\zeta=0.7$

26	二次风蜗壳	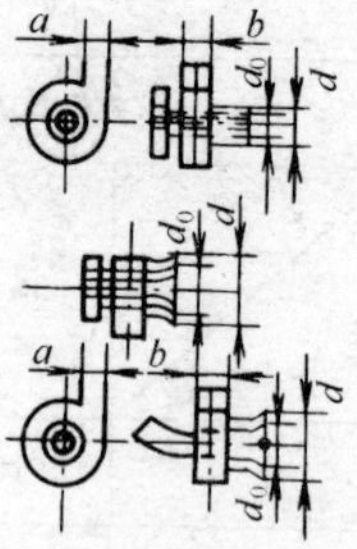	当 $a/b=0.3\sim0.9$;$d_0/d\leqslant0.61$ $ab/d^2=0.55\sim0.72$; $\zeta=5.0$(已包括出口损失)

27	烟囱入口		图 1　$\zeta=1.4$ 图 2　$\zeta=0.9$

国产离子交换树脂的主要性能

型　号	001×7	111×22	D₁₁₁	201×7
曾用型号	732 强酸 1 号	110	111	717 强碱 201
名　称	强酸性苯乙烯系阳离子交换树脂	弱酸性丙烯酸系阳离子交换树脂	大孔弱酸丙烯酸系阳离子交换树脂	强碱性季胺 I 型阴离子交换树脂
外　观	棕黄至棕褐色球状颗粒	白色或微黄色球状颗粒	白色不透明球状颗粒	浅黄至金黄色球状颗粒
功能基团	$-SO_3H$	$-COOH$	$-COOH$	$-N^+(CH_3)_3$
出厂型态	Na 型	Na 型	H 型	Cl 型
粒度 0.3~1.2mm(%)	≥95	0.25~1.2mm ≥95	≥95	≥95
含水量率(%)	45~55	50~55	50~55	40~50
湿真密度(g/mL)	1.23~1.28	1.17~1.19	1.1~1.15	1.06~1.18
湿视密度(g/mL)	0.75~0.85	0.77~0.82	0.70~0.80	0.65~0.75
转型膨胀率(%)	Na→H 5~10	H→Na 65~75	H→Na <75	Cl→OH 18~22
最高使用温度(℃)	H 型<100 Na 型<120	<100	<100	OH 型<40 Cl 型<100
适用 pH 范围	1~14	4~14	4~14	4~14
工作交换容量 mgCaCO₃(mL)	45~55	75~90	125~135	15~17.5
工作交换容量 mmol(mL)	0.9~1.1	1.5~1.8	2.5~2.7	0.3~0.35

附录9 离子交换软化系统中顺流和逆流再生离子交换器运行、再生操作各过程的工艺参数

设备名称	强酸氢离子交换			钠离子交换					二级钠离子交换
	固定床顺流再生	固定床逆流再生	浮动床	固定床顺流再生		固定床逆流再生		浮动床	固定床顺流再生
	树脂	树脂	树脂	树脂	磺化煤	树脂	磺化煤	树脂	树脂
运行滤速（m/h）	20～30	20～30	30～50	20～30	10～20	20～30	10～20	30～50	60
小反洗 流速（m/h）	—	5～10	—	—	—	5～10	—	—	—
小反洗 时间（min）	—	3～5	—	—	—	3～5	—	—	—
反洗 流速（m/h）	15	15	—	15	10～15	15	10～15	—	15
反洗 时间（min）	15	15	—	15	15	15	15	—	15
再生 品种	H_2SO_4	HCl	HCl	NaCl	NaCl	NaCl	NaCl	NaCl	NaCl
再生 耗量（g/mol）	100～150	50～55	50～55	100～120	100～200	80～100	80～100	80～100	400
再生 浓度（%）	1±0.2	2～5	2～5	5～8	5～8	5～8	5～8	5～8	5～8
再生 流速（m/h）	8～10	4～6	4～6	4～6	4～6	2～5	2～5	2～5	4～6
再生 时间（min）	计算确定								
置换 流速（m/h）	同再生	同再生	20	同再生	同再生	同再生	同再生	15	同再生
置换 时间（min）	计算确定								
小正洗 流速（m/h）		10～15				10～15			
小正洗 时间（min）		5～10				5～10			
正洗 水耗（m³/m³树脂）	3～6	3～6	1～2	3～6	3～6	3～6	3～6	1～2	—
正洗 流速（m/h）	15～20	15～20	15	15～20	15～20	15～20	15～20	15	20～30
工作交换容量（mol/m³树脂）	500～650	800～1000	800～1000	800～1000	250～300	800～1000	250～300	800～1000	—

注：硫酸再生应按分步再生法确定再生剂浓度。

逆流再生钠离子交换器技术参数

规格	工作压力（MPa）	工作温度（℃）	水压试验压力（MPa）	交换剂层高（mm）	出力（t/h）	设备净重（kg）
ϕ500				1550	4.91	820
ϕ750				1500	11.17	1039
ϕ1000				1780	19.78	1357
ϕ1200	≤0.6	≤50	0.9	1850	28.27	1809
ϕ1500				1900	44.42	2561
ϕ2000				2150	78.86	4118
ϕ2500				2250	123.11	5956

热力除氧器规格及性能

规格（t/h）	工作压力（MPa）	工作温度（℃）	进水压力（MPa）	进水温度（℃）	水箱有效容积（m³）	设备净重（kg）
10					5	2452
20	0.02	104	0.15～0.2	2.0	10	3591
45					25	7945
50					25	8010

ZSCD 型整体低位水喷射真空除氧器主要技术参数

名　称	单　位	规格型号				
		ZSCD-04	ZSCD-06	ZSCD-10	ZSCD-20	ZSCD-35
额定出力	t/h	4	6.5	10	20	35
最大出力	t/h	6	8	14	24	40
运行真空度	MPa	0.096	0.096	0.096	0.096	0.096
进水温度	℃	>5	>5	>5	>5	>5
进水压力	MPa	>0.2	>0.2	>0.2	>0.2	>0.2
出水含氧量	mg/L	<0.1	<0.1	<0.1	<0.1	<0.1
出水压力	MPa	>0.05	>0.05	>0.05	>0.05	>0.05
功率	kW	7.7	11	13	22.5	22.5
总体高度	mm	3435	3600	3900	4600	4900
占地尺寸(长×宽)	mm	4256×1800	4350×2000	4850×2100	5200×2450	5600×2700
设备重量	kg	3300	3700	4200	5100	6800

蒸汽往复泵性能表

型　号	流量 Q/(m³/h)	扬程 H(m)	允许吸上高度（m）	有效功率（kW）	进汽压力（MPa）	排汽压力（MPa）	蒸汽耗量 [kg/(kW/h)]
ZQS-4.8/17	3.2～4.8	175	4	2.28	1.37	0.05	30～40

型　号	流量 $Q(m^3/h)$	扬程 $H(m)$	允许吸上高度 (m)	有效功率 (kW)	进汽压力 (MPa)	排汽压力 (MPa)	蒸汽耗量 $[kg/(kWh)]$
ZQS-6/17	4～6	175	4	2.87	1.37	0.05	30～40
ZQS-9/17	5～11.5	175	4	4.27	1.37	0.05	30～40
ZQS-15/17	7～15	175	4	7.14	1.37	0.05	30～40
ZQS-29/17	19～29	175	4	10.0	1.37	0.05	30～40
ZQS-53/17	25～53	175	4	13.84	1.37	0.05	30～40

工业锅炉给水泵配套表　　　　　　　　附录14

锅炉容量 (t/h)	给水泵							
	电动泵					蒸汽泵		
	型　号	流量 (t/h)	扬程 (mH_2O)	电动机功率 (kW)	效率 (%)	型　号	流量 (t/h)	扬程 (MPa)
20	4GC-8	30～55	172～152	45	51～62	2QS-21/17	38～63	1.7
	4GC~8×5	30～55	215～190	55	51～62	2QS-53/19(qve)		
	4GC-8×8	30～55	344～302	90	51～62	2QS-30/30		
	65DG-50×4					2QS-21/17		
	65DG-50×7	25	364	55		或 2B-7		
	65DG-50×8	25	400	55				
10	2½GC-3.5×7	10～20	336～280	45	35～47	2QS-15/17	7～15	1.7
	2½GC-3.5×8	10～20	384～320	45	35～47	QB-5	16	1.75
	2½GC-3.5×9	10～20	432～360	55	35～47	2QSL-14/20	20	2.0
	2½GC-6×6	15～20	186～162	22	46～50			
	2½GC-6×8	15～10	248～216	30	46～50			
	50DG-50×4							
6 (6.5)	2GC-5×4	10	128	11	40	2QS-15/17	7～15	1.7
	2GC-5×5	10	160	15	40			
	2GC-5×6	10	192	18.5	40	2QS-9/17	5～9	1.75
4	1½GC-5×7	6	161	7.5	38	QB-3	4～6	1.75
	1½GC-5×8	6	184	11	38	2QS-9/17	5～9	1.75
	1½GCA-8	6	158	5.5	41.5	QB-3	4～6	
2	1½GC-5×5	6	115	7.5	38			
	1½GC-5×7	6	161	7.5	38			
	1W2.4-10.5	2.4	105	3	28	2QS-9/17	5～9	1.75
	1.5W2.5-12	2.5	120	3	29	QB-3	4～6	
	1.5DB-0.72	2.4	105	3				
	2.5WX-0.5	4.15	180	14		2QS-4.8/17	3.2～4.8	1.75

| 锅炉容量(t/h) | 给 水 泵 | | | | | | | |
| | 电 动 泵 | | | | | 蒸 汽 泵 | | |
	型　号	流量(t/h)	扬程(mH₂O)	电动机功率(kW)	效率(%)	型　号	流量(t/h)	扬程(MPa)
1	1½GC-5×5	6	115	7.5	38	2QS-4.8/17	3.18	1.75
	1½GC-5×7	6	161	7.5	38			
0.5	1W2.4-10.5	2.4	105	3	28	注水器 10#		
	1.5DB-0.7/3	2.4	105	3				

参 考 文 献

1 夏喜英主编. 锅炉与锅炉房设备. 北京:中国建筑工业出版社,1995

2 奚士光,吴味隆,蒋君衍. 锅炉及锅炉房设备. 北京:中国建筑工业出版社,1995

3 张永照,陈听宽,黄祥新等编. 工业锅炉. 北京:机械工业出版社,1995

4 解鲁生编著. 锅炉水处理及水分析. 北京:科学出版社,1998

5 周本省主编. 工业水处理技术. 北京:化学工业出版社,1997

6 赵振元,杨同球主编. 工业锅炉用户须知. 北京:中国建筑工业出版社,1997

7 刘弘睿主编. 工业锅炉技术标准规范应用大全. 北京:中国建筑工业出版社,2000

8 动力工程师手册编辑委员会编. 动力工程师手册. 北京:机械工业出版社,1999

9 燃油燃气锅炉房设计手册编写组编. 燃油燃气锅炉房设计手册. 北京:机械工业出版社,1999

10 工业锅炉房实用设计手册编写组. 工业锅炉实用设计手册. 北京:机械工业出版社,1991

11 陈秉林,侯辉主编. 供热、锅炉房及其环保设计技术措施. 北京:中国建筑工业出版社,1993

12 夏喜英主编. 锅炉与锅炉房设备. 哈尔滨:哈尔滨工业大学出版社,2001

13 秦裕琨主编. 燃油燃气锅炉实用技术. 北京:中国电力出版社,2001

14 姜湘山主编. 燃油燃气锅炉及锅炉房设计. 北京:机械工业出版社,2003